"十四五"
国家重点出版物出版规划项目

先进核科学与技术应用和探索丛书
核与辐射安全系列

总主编　欧阳晓平

辐射安全

主　编　宋玉收
副主编　胡力元　李　伟　刘辉兰

内容简介

本书共10章，内容包括核辐射与物质的相互作用、辐射安全的常用量、放射源、辐射的生物效应、辐射防护体系、辐射探测器、辐射测量方法、辐射监测、外照射的屏蔽与剂量计算及内照射剂量评估。

本书内容翔实、条理清晰、理论联系实际，可供核工程与核技术相关专业的学生使用，也可供核科学技术人员参考。

图书在版编目(CIP)数据

辐射安全 / 宋玉收主编. —哈尔滨：哈尔滨工程大学出版社，2024.4
ISBN 978-7-5661-4332-7

Ⅰ.①辐… Ⅱ.①宋… Ⅲ.①辐射防护 Ⅳ.①TL7

中国国家版本馆 CIP 数据核字(2024)第 061949 号

辐 射 安 全
FUSHE ANQUAN

选题策划	石　岭
责任编辑	宗盼盼
封面设计	李海波

出版发行	哈尔滨工程大学出版社
社　　址	哈尔滨市南岗区南通大街 145 号
邮政编码	150001
发行电话	0451-82519328
传　　真	0451-82519699
经　　销	新华书店
印　　刷	哈尔滨午阳印刷有限公司
开　　本	787 mm×1 092 mm　1/16
印　　张	15.5
字　　数	368 千字
版　　次	2024 年 4 月第 1 版
印　　次	2024 年 4 月第 1 次印刷
书　　号	ISBN 978-7-5661-4332-7
定　　价	58.00 元

http://www.hrbeupress.com
E-mail:heupress@ hrbeu.edu.cn

前　言

随着我国"双碳"战略和产业升级的持续推进,核能利用(动力核技术应用)将在我国发挥重要作用。截至2022年,我国拥有商运核电总装机容量5 559万kW(约占全国电力装机总量的2%),在建总装机容量2 419万kW。预计到2035年,核能发电量在我国电力结构中的占比将达到10%。核能多用途利用也进入加速期。山东海阳、浙江海盐、辽宁红沿河等多个核能供暖项目正式投运。未来我国将建立集发电、供热、制氢、海水淡化等为一体的多能互补、多能联供的区域综合能源系统。近10年,我国核技术应用(非动力核技术应用)年均增长率保持在15%以上,应用涵盖工业(如辐照加工、核仪表、无损检测)、医学(如诊断、治疗、消毒杀菌)、农业(如育种、保鲜)、环境保护(如废物处理)等诸多领域。但是,核技术产值仅占国内生产总值的0.6%左右,相比于欧美等核技术领先国家的核技术产值占国内生产总值的2%~3%,依然存在很大的上升空间和发展潜力。

随着电离辐射涉及的社会生产领域的拓展,辐射安全作为相关工作能够顺利开展的保障,也是相关生产活动得以实施的前提。近年来,国际形势变化给防止核扩散和核反恐等带来了新的挑战。希望通过对本书的学习,一方面,读者能够正确认识核辐射,消除不必要的恐慌。其实,地球上所有的生命(包括人类)都生活在一个天然辐射的环境中。一个人不可能完全消除所受的辐射,因为人体自身包含^{14}C、^{40}K等核素,它们也是放射源。另一方面,读者必须认识到过量辐射的危害是切实存在的,辐射是可以测量的,其危害是可以评估的。从事相关行业的工作人员需要根据相关法规和标准等制定适当的防护措施,以保障人身安全。诸如日本福岛核事故、地区战争中使用的贫铀弹等产生的过量辐射对周围公众的危害,需要有针对性地采取正确的策略、措施进行监测和防护,从而保证工作人员和公众的安全。

本书基于编者十余年辐射安全相关的教学经验编写而成,内容只包含电离辐射相关知识,不涉及非电离辐射。本书注重辐射安全的物理基础、技术方法等基础知识的讲解,同时对辐射防护体系框架进行了系统讲述。

本书尽量按照便于学习和认知的逻辑顺序呈现。

在本书出版过程中,中国辐射防护研究院、清华大学、中国人民解放军火箭军工程大学、南华大学、东华理工大学、南京航空航天大学、兰州大学等单位的专家、教授提出了宝贵意见和建议,在此表示感谢。同时,感谢对本书成稿做出贡献的同事和同学。

由于编者水平有限,书中难免存在不妥之处,恳请读者批评指正,提出宝贵意见。

编　者
2024年1月

目 录

第1章	核辐射与物质的相互作用	1
1.1	重带电粒子与物质的相互作用	1
1.2	快电子与物质的相互作用	8
1.3	光子与物质的相互作用	12
1.4	中子与物质的相互作用	19
习题		21
参考文献		22

第2章	辐射安全的常用量	23
2.1	描述辐射场的量	23
2.2	相互作用相关量	25
2.3	基本剂量学量	30
2.4	辅助剂量学量	36
2.5	运行实用量	37
习题		39
参考文献		40

第3章	放射源	41
3.1	天然放射源	41
3.2	人工放射源	49
习题		63
参考文献		63

第4章	辐射的生物效应	65
4.1	辐射对细胞的损伤	65
4.2	确定性效应	68
4.3	随机性效应	72
4.4	影响辐射生物学效应的因素	78
习题		80
参考文献		81

第5章	辐射防护体系	82
5.1	辐射防护体系的目的和适用范围	82
5.2	照射情况	83

5.3 照射分类 ······ 84
5.4 照射的评价方式 ······ 87
5.5 辐射防护水平 ······ 88
5.6 辐射防护的原则 ······ 90
5.7 照射的防护 ······ 94
5.8 辐射安全与防护的基础结构 ······ 96
5.9 核与辐射安全法规 ······ 97
习题 ······ 100
参考文献 ······ 101

第6章 辐射探测器 102
6.1 气体探测器 ······ 102
6.2 闪烁体探测器 ······ 112
6.3 半导体探测器 ······ 121
6.4 辐射探测器的性能参数 ······ 128
习题 ······ 133
参考文献 ······ 134

第7章 辐射测量方法 136
7.1 放射性测量中的统计分布与误差 ······ 136
7.2 符合测量 ······ 146
7.3 γ射线测量 ······ 149
7.4 慢中子的测量方法 ······ 160
7.5 快中子的测量方法 ······ 168
7.6 低水平放射性测量 ······ 176
习题 ······ 182
参考文献 ······ 183

第8章 辐射监测 185
8.1 个人剂量监测 ······ 185
8.2 工作场所监测 ······ 188
8.3 环境辐射监测 ······ 191
习题 ······ 199
参考文献 ······ 200

第9章 外照射的屏蔽与剂量计算 201
9.1 γ射线的屏蔽与剂量计算 ······ 201
9.2 中子的屏蔽与剂量计算 ······ 215
9.3 β射线的屏蔽 ······ 220
习题 ······ 224

参考文献 ··· 225

第 10 章 内照射剂量评估 ··· 227
10.1 内照射剂量评估方法 ··· 227
10.2 生物动力学模型 ··· 230
10.3 摄入量估算方法 ··· 235
10.4 内照射个人监测方法 ··· 237
10.5 内照射剂量估算实例 ··· 238
习题 ··· 240
参考文献 ··· 240

第1章 核辐射与物质的相互作用

核辐射与物质的相互作用导致射线能量损失、角度偏转和强度衰减;核辐射与物质发生能量传递,会引起物质的光、电、热、磁等效应,使物质本身的微观结构(晶格、分子)发生变化。因此,了解核辐射与物质的相互作用是认识辐射防护、辐射探测及其生物效应的基础。

这里的核辐射泛指电离辐射,也就是能够引起物质电离的载能粒子。为了方便说明问题,我们将核辐射与物质的相互作用归结为入射粒子和靶物质原子的相互作用。根据粒子与物质相互作用的方式的差异,可以将粒子归为四类进行讨论,即重带电粒子、快电子、光子和中子。常见的重带电粒子是失去一个或多个电子的原子(即正离子),如 α 粒子、质子、裂变产物或许多核反应的产物。快电子包括在核衰变中发射的正、负电子,以及由任何其他过程产生的高能电子。光子主要包括 X 射线和 γ 射线。中子主要来源于各种核反应过程,通常分为慢中子和快中子。

1.1 重带电粒子与物质的相互作用

1.1.1 带电粒子的相互作用原理

带电粒子在物质中与核相互作用截面(约 1.0×10^{-26} cm^2)要比库仑相互作用截面(约 1.0×10^{-16} cm^2)小很多。在考虑带电粒子与物质的相互作用时,我们主要考虑带电粒子与原子的轨道电子及原子核发生的库仑相互作用。

1. 电子阻止

带电粒子与核外电子间的非弹性碰撞会改变核外电子在原子中的能量状态。如果传递给电子的能量足以使电子克服原子的束缚,那么该电子就可脱离原子,成为自由电子,这时靶原子就分离成一个自由电子和一个正离子,该过程称为电离。原子最外层的电子受原子核的束缚最小,这些电子最容易被击出。电离过程中产生的自由电子通常具有很低的能量,但有时也具有很高的能量(δ 电子),可以在介质中使其他原子电离。当核外电子获得的能量较少,不足以克服原子的束缚成为自由电子时,将跃迁到较高能级,该过程称为激发。受激发原子是不稳定的,很快($1.0 \times 10^{-9} \sim 1.0 \times 10^{-6}$ s)会退激至原子的基态而发射 X 射线。带电粒子也会与阻止原子的核外电子发生弹性碰撞,这时带电粒子传递给核外电子的能量必须小于其最低激发能,在一般情形下,可以忽略不计。在阻止介质中,带电粒子与核外电子的非弹性碰撞导致原子的电离或激发,是带电粒子通过物质时能量损失的主要方式。我们把这种相互作用引起的能量损失称为电离能损。从介质对入射带电粒子的作用方面来讲,该作用过程又称作电子阻止。

2. 核阻止

入射带电粒子经过原子核近旁时,由于其间的库仑相互作用非常强,会获得较大的加速度,因而会发射电磁辐射,即所谓的轫致辐射。入射带电粒子因轫致辐射而损失能量,这种能量损失称为辐射能损。在靶介质原子核方面,质子、α粒子特别是更重的带电粒子,由于库仑相互作用有可能使之从基态跃迁到激发态,该过程称作库仑激发。发生这种作用方式的相对概率较小,一般情况下可忽略不计。带电粒子与阻止介质原子核可能发生弹性碰撞,这时碰撞体系保持总动能和总动量守恒,即带电粒子与原子核都不改变内部能量状态,也不发射电磁辐射。入射带电粒子的一部分动能,转移给原子核,使之反冲,发生晶格原子位移,形成缺陷,即引起辐射损伤。碰撞后,入射带电粒子带走绝大部分动能,且运动方向发生了偏转。这样入射带电粒子在物质中可继续与靶原子核进行多次弹性碰撞。仅对能量很低的较重带电粒子[$E/A \leq 10$ keV(E 为粒子的能量,A 为粒子的质量数)]来说,核碰撞能量损失对总能量损失的贡献才变得较为重要。从靶物质对入射带电粒子的阻止作用方面来讲,这种作用过程也称为核阻止。

1.1.2 阻止本领

从入射粒子能量损失的角度来看,带电粒子与物质原子碰撞时发生动能转移,入射粒子的一部分动能转移给靶原子中的电子或原子核。每一次碰撞时,靶原子中的电子获得的动能,相对于入射粒子的能量来讲,只是占其总能量的很小一部分。例如,入射粒子为 2 MeV 的 α 粒子,每个核子能量为 500 keV,单次碰撞时,靶原子中一个电子获得的最大能量为 1 keV。入射带电粒子穿过靶物质时,要与靶原子中的电子连续地发生多次这样的小能量转移碰撞,才逐渐损失能量。因此,粒子速度逐渐减慢,当其速度小到一定程度时,会发生电荷交换效应。低速运动粒子从靶物质中俘获电子,从而使入射粒子的有效核电荷数随粒子速度的减小而逐渐减少。如果靶物质厚度足够大,那么入射带电粒子与靶原子中的电子或原子核经过多次碰撞后,能使入射带电粒子能量全部耗尽,成为中性原子,停留在靶物质中。例如,一个初始能量为 1 MeV 的重带电粒子,在靶物质中要经受 1.0×10^4 次弹性和非弹性碰撞。为了描述带电粒子在靶物质中发生碰撞后,在空间上的能量损失率,这里引入阻止本领(S),则

$$S = -\frac{\mathrm{d}E}{\mathrm{d}x} \tag{1.1}$$

其中,$\mathrm{d}E$ 是粒子在运动路程 $\mathrm{d}x$ 上损失的能量。

对于能量不太低的重带电粒子来说,电子能损是主要的能量损失方式,如 100 keV 以上的 α 粒子在 Si 和 Pb 中的核阻止占比小于 2%。所以阻止本领通常可以用贝特-布洛赫(Bethe-Bloch)公式来描述,即

$$-\frac{\mathrm{d}E}{\mathrm{d}x} = \frac{4\pi e^4 z^2 Z N_\mathrm{V}}{m_e v^2} B, B = \ln\left[\frac{2m_e v^2}{I} - \ln(1-\beta^2) - \beta^2\right] \tag{1.2}$$

其中,v 和 z 分别是入射粒子的初速度和电荷数;ZN_V 是靶物质的电子数密度(Z 为靶物质的原子序数,N_V 为靶物质的原子数密度);e 是元电荷;m_e 是电子静止质量;$\beta = v/c$(c 是光速);

I 是靶原子的平均激发和电离能,一般通过实验测定。在近似估算中,对于低 Z 介质($Z<13$),$I \approx 13Z$(eV);对于高 Z 介质,$I \approx 9.76Z + 58.8Z^{-0.15}$(eV)。

下面根据贝特-布洛赫公式做如下讨论。

阻止本领只与入射粒子的速度有关($1/v^2$),而与其质量无关。这是重带电粒子质量比电子质量大得多的缘故,每次碰撞转移给电子的能量约为 $2m_e v^2$。因此,只要两种入射粒子的速度大小相同,其阻止本领就一定相同。阻止本领与重带电粒子的电荷数的平方成正比。比如,α 粒子和质子以同样速度入射到同种靶物质中,其阻止本领相差 4 倍。因此可以说,具有同样动能的带电粒子入射到介质中,质量越大,电荷态越高,空间能量损失率就越高。从入射介质的角度来看,阻止本领与介质的电子数密度 ZN_V 成正比,所以高 Z 物质、高密度物质对带电粒子的阻止本领更强。

如果带电粒子的速度大于靶物质原子中的轨道电子的速度,那么贝特-布洛赫公式普遍适用。不同能量的重离子在介质中的阻止本领随粒子能量的变化如图 1.1 所示。其中,E 是重离子单核能,为 $m_p c^2$(m_p 为单个核子的静止质量,在此以质子质量计)。在图 1.1 中,②区和③区的阻止本领可以通过式(1.2)进行描述。在②区,入射粒子确定的情况下,根据 $-dE/dx \propto 1/v^2$ 可知,阻止本领近似与 $1/E$ 成正比。在单核能小于 $3mc^2$(m 为质子静止质量)附近区域出现阻止本领的最小值。在能量继续升高的情况下,由于相对论效应,阻止本领略有增大。在①区,当重离子能量低于 $500I$(重离子速度 $v \approx 2v_0 z^{2/3}$,其中 v_0 为玻尔速度)时,入射粒子与靶物质之间的电荷交换效应变得很重要,离子从靶物质中俘获电子,因而离子的中性化概率变得很大。这时必须考虑外层电子对核库仑场的屏蔽,即考虑入射离子的有效电荷减少。这里贝特-布洛赫公式不再适用,阻止本领满足

$$-\frac{dE}{dx} = 8\pi^2 a_0 z^{1/6} N_V \frac{zZ}{(z^{2/3}+Z^{2/3})} \frac{v}{v_0} \qquad (1.3)$$

其中,a_0 为玻尔半径。阻止本领与重离子速度成正比。当能量很低时,重离子逐步中性化,电子阻止本领已趋近于零,核阻止起重要作用。图 1.2 所示为质子在 Pb、液态水、NaI 中阻止本领随能量的变化。

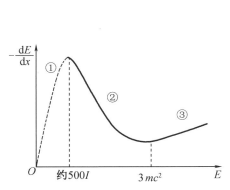

图 1.1 不同能量的重离子在介质中的阻止本领随粒子能量的变化

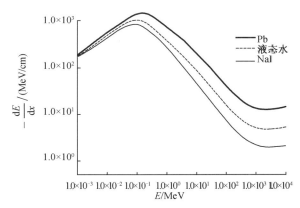

图 1.2 质子在 Pb、液态水、NaI 中阻止本领随能量的变化

根据上述相关公式可知，阻止本领与靶物质原子的种类相关，且入射介质通常并非单质。接下来介绍带电粒子入射到化合物（或者混合物）介质的阻止本领处理方法。设 N_V 为靶物质的原子数密度，这里引入阻止截面(Σ)，则

$$\Sigma = \frac{1}{N_V}\left(-\frac{dE}{dx}\right) \tag{1.4}$$

阻止截面的常用单位为 $eV \cdot cm^2$。化合物（或者混合物）的阻止截面，根据布拉格求和规则，由化合物的各组成元素的原子数权重乘以该元素单质阻止截面相加而得，可表示为

$$\frac{1}{N_{V,C}}\left(\frac{dE}{dx}\right)_C = \sum_i w_i \frac{1}{N_{V,i}}\left(\frac{dE}{dx}\right)_i \tag{1.5}$$

其中，$N_{V,C}$ 为化合物的原子数密度。设化合物各组成元素的原子量为 $M_1, M_2, \cdots, M_i, \cdots$，则对应的原子个数比为 $k_1:k_2\cdots k_{i-1}:k_i\cdots$。设 N_A 为阿伏加德罗常数，则

$$N_{V,C} = \frac{N_A \rho_C}{\dfrac{\sum_i k_i M_i}{\sum_i k_i}} \tag{1.6}$$

其中，ρ_C 为化合物的密度。相应地，$w_i = k_i / \sum_j k_j$，为第 i 种组成元素对应的原子数权重；$N_{V,i} = N_A \rho_i / M_i$，为第 i 种组成元素的原子数密度。需要说明的是，各介质即使化学构成相同，密度也可随温度、压强等物理参数而有所变化。方程中的原子数密度应该与测量阻止本领 dE/dx 所使用的介质相对应，化合物阻止本领与其原子数密度相对应。设化合物 $X_a Y_b$ 分子由 a 个 X 原子和 b 个 Y 原子构成，则化合物的阻止本领为

$$\left(\frac{dE}{dx}\right)_C = \frac{a}{a+b}\frac{N_{V,C}}{N_{V,a}}\left(\frac{dE}{dx}\right)_a + \frac{b}{a+b}\frac{N_{V,C}}{N_{V,b}}\left(\frac{dE}{dx}\right)_b \tag{1.7}$$

布拉格求和规则是一种近似，它忽略了化合物分子中各个原子间的结合能效应。在能量较高的带电粒子入射到中高 Z 物质的情形中，其适用性较好。

1.1.3 能量损失特征

1. 布拉格曲线

重带电粒子入射到物质中，其阻止本领随着深度的变化具有特征性，在此过程中形成的曲线称为布拉格曲线。图 1.3(a) 和图 1.3(b) 分别为通过蒙特卡罗模拟软件模拟得到的质子与 C^{6+} 在水中的阻止本领随入射深度变化的布拉格曲线。二者具有共同的特点，即在运动径迹的绝大部分它们的阻止本领处于较低的水平，并随着入射深度逐渐变大，近似正比于能量的倒数($1/E$)。这对应于图 1.1 中②区离子(随着入射深度增大)能量降低导致阻止本领升高的情况。在粒子停止运动之前接近运动径迹末端的阻止本领突然增大，随后由于低能离子电荷交换作用不可忽略，阻止本领迅速下降为零，这对应于图 1.1 中①区的情况。

在整个布拉格曲线上呈现两个特征迥异的区域，一个是坪区，另一个是布拉格峰。重带电粒子在物质中的吸收剂量随入射深度的变化也呈现出类似于布拉格曲线的形状。这赋予了重离子放射治疗先天的优势，它可以通过调整入射离子的能量针对一定深度的病灶进行辐照治疗，从而对外部穿过的区域伤害较小。另外，由图 1.3 可以看出，对穿透深度相

差不大的质子和 C^{6+}，质量数较大的 C^{6+} 的布拉格峰更窄、更尖锐。

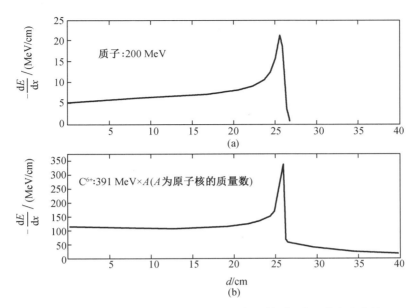

图 1.3　通过蒙特卡罗模拟软件模拟得到的质子与 C^{6+} 在水中的阻止本领随入射深度变化的布拉格曲线

2. 能量歧离

从微观上看，粒子是通过与物质原子发生多次碰撞逐渐损失能量的。对于一个特定的入射粒子来说，它沿着运动径迹所经历的碰撞次数及每次碰撞的作用方式和转移的能量都是随机的。在入射粒子的能量完全相同，入射位置和方向也相同的条件下，由于粒子碰撞过程中量子性存在统计涨落，因此在确定深度上的不同粒子的能量损失具有一定的分布。前面所描述的能量损失和阻止本领是对所有入射粒子求平均而得到的，而每一个粒子的能量损失是在该平均值附近涨落的。这种能量损失的统计涨落称为能量歧离，这一现象表现在能谱上，就是使能谱变宽了。

平均能量为 E_0 的准单能重离子入射到介质中，能谱随入射深度的变化如图 1.4 所示。对于薄靶，能量歧离导致的能谱是非对称的，可以用朗道分布来描述。随着入射深度变大，能量展宽增加，能谱可以近似为高斯分布。在运动径迹末段，由于离子能量变小，部分离子被停止，分布再次变窄。

1.1.4　射程

带电粒子在物质中运动时，不断损失能量，待能量耗尽，就停留在物质中。其沿原入射方向所穿过的最大距离，称为入射粒子在该物质中的射程（投影射程），用 R 表示。射程是沿入射方向从入射点到它的终止点（速度等于零）之间的直线距离，亦即沿入射方向穿透的深度。而路程则是入射粒子在吸收体中所经过的实际轨迹的长度。一般路程大于射程，路程在入射方向上的投影就是射程。实践中，路程、射程等具有长度量纲的物理量通常用质量长度表示，常用单位为 g/cm^2。质量长度可以避免由介质物态导致的物理量的差异。

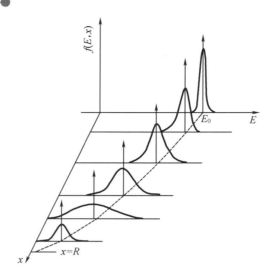

图 1.4 平均能量为 E_0 的准单能重离子入射到介质中,能谱随入射深度的变化

重带电粒子的质量大,它与核外电子非弹性碰撞和它与原子核的弹性碰撞作用,不会导致入射粒子的运动方向有很大的改变,它的轨迹几乎是直线,因此可以认为射程近似地等于路程。如果在整个能量范围内的阻止本领 dE/dx 已知,那么粒子的路程可由阻止本领从初始能量 E_0 到末端能量(等于零)积分而得到,则

$$R = \int_{E_0}^{0} \frac{dE}{-dE/dx} \tag{1.8}$$

通过这种方式计算的射程也称作连续慢化近似(CSDA)射程。入射粒子能量越低,路程和射程之间的差异就越大。对于不同吸收物质,这种差异大小也不同。对于靶物质为单晶的情况,由于沟道效应的存在,从不同方向入射的射程之间也会存在差异。

实践中,通常不会测量单个粒子的射程。以 α 粒子为例,经过准直的 α 粒子束经过不同厚度的介质,通过探测器测得其强度随介质厚度的变化(透射曲线)(图 1.5 中的实线)。当介质厚度 x 较小时,α 粒子的能量会减小,但是没有粒子停留在介质中($E>0$),所以其强度保持不变。当介质足够厚时,有 α 粒子在介质中停止,无法到达探测器,所以其强度开始下降。由于能量歧离的存在,有一部分 α 粒子能量损失较大先停止,而后在不同深度上 α 粒子逐渐全部停止,强度变为零。这种相同入射能量的带电粒子的射程不同的现象称为射程歧离。同时,图 1.5 中的虚线给出了单个 α 粒子在介质中射程的分布。该分布在不同位置的高度对应于 α 粒子的强度变化,即强度曲线的斜率。α 粒子强度曲线半高的位置出现最大斜率,对应于单个 α 粒子的射程分布的峰值,此处为 α 粒子的平均射程 R_m,对应于投影射程。实践中,通常以平均射程作为粒子的射程。另一个常用的射程是外推射程,即将透射曲线末端直线部分外推到零所在的位置 R_e,对应于连续慢化近似射程。α 粒子在空气中的射程有如下经验公式:

$$R_m = (0.285 + 0.005E)E^{3/2} \tag{1.9}$$

其中,能量单位为 MeV;所得射程单位为 cm。经验公式(1.9)针对 α 粒子能量为 4~11 MeV 的精度可达到 1% 以内。图 1.6 所示为不同能量的质子在干燥空气和液态水中的射程(CSDA 射程)。

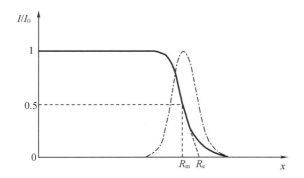

I_0—原始的入射粒子的强度;I—某一个厚度上入射粒子的剩余强度。

图 1.5　通过强度衰减测量射程的两种方法

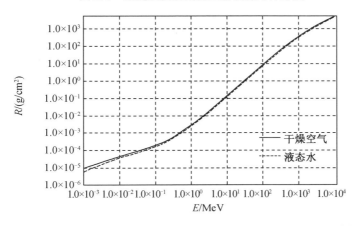

图 1.6　不同能量的质子在干燥空气和液态水中的射程(CSDA 射程)

根据实验测量结果,在能量不太高的情况下,带电粒子在不同介质中的平均射程满足如下经验公式:

$$\frac{R_i \rho_i}{R_j \rho_j} \approx \frac{\sqrt{M_i}}{\sqrt{M_j}} \quad (1.10)$$

其中,ρ_i、ρ_j 为不同介质的密度;R_i、R_j 为带电粒子在不同介质中的平均射程;M_i、M_j 为不同元素的单质原子量。

对于单质,M 为原子量;对于由质量占比为 a_i 的多种元素构成的化合物(或者混合物),M 为对应的质量数,且

$$\sqrt{M} = \sum_i a_i \sqrt{M_i} \quad (1.11)$$

空气的平均质量数为 3.18,在标准条件下,空气的密度为 1.29×10^{-3} g/cm³,由此可以根据公式(1.9)得到 α 粒子在空气中的射程,以及同样能量的 α 粒子在其他介质中的射程。经验公式(1.10)也称为布拉格定则,其预测精度随两种介质质量数的差异变大而降低。

通过强度衰减测量射程的两种方法如图 1.5 所示。

1.2 快电子与物质的相互作用

快电子与轨道电子的质量相同,因此其在单次碰撞过程中可能损失大部分能量或者发生大的偏转。此外,快电子与原子核作用可能导致其运动方向急剧改变。因而,轫致辐射造成的能量损失通常不可忽略。快电子相对于重带电粒子属于弱电离粒子,与物质相互作用的阻止本领远小于重带电粒子,而且其运动径迹要曲折得多。图1.7所示是通过蒙特卡罗模拟软件模拟获得的快电子在介质中运动的径迹。快电子与靶原子作用,可导致电离能损、辐射能损,以及发生散射。

图1.7 通过蒙特卡罗模拟软件模拟获得的快电子在介质中运动的径迹

1.2.1 能量损失

1. 电离能损

快电子通过靶物质时,与原子的核外电子发生非弹性碰撞,使物质原子电离或激发,损失能量,这与重带电粒子情况相类似。弹粒子和靶粒子的质量不能认为是无限大的,而需要考虑它们的折合质量。一次碰撞损失很多能量,最大转移能量可为电子能量的一半,大多数情况下的平均转移能量为几 keV。另外,弹粒子和靶粒子同为电子,因而是不可区分的,故应考虑其交换性质。考虑上述因素,我们给出针对电子电离导致的类似贝特-布洛赫公式的阻止本领的公式,即

$$\left(-\frac{dE}{dx}\right)_{ion} = \frac{2\pi e^4 N_V Z}{m_e v^2} B$$

$$B = \ln\frac{m_e v^2 E}{2I^2(1-\beta^2)} - \ln 2\left(2\sqrt{1-\beta^2} - 1 + \beta^2\right) + (1-\beta^2) + \frac{1}{8}\left(1-\sqrt{1-\beta^2}\right)^2 \qquad (1.12)$$

对于能量较低的非相对论电子,式(1.12)可近似为

$$-\frac{dE}{dx} = \frac{4\pi e^4}{m_e v^2} N_V Z \left(\ln\frac{2m_0 v^2}{I} - 1.2329\right) \qquad (1.13)$$

电子的阻止本领与粒子速度的平方成反比。在能量相同的情况下,电子的速度比 α 粒

子的速度大得多,因而电子的电离损失率比α粒子小得多。而电子穿透物质的本领比α粒子大得多;同时,其电离本领比α粒子弱很多。例如,4 MeV的α粒子在水中每微米能产生3 000个电子–离子对,而1 MeV的电子每微米只产生5个电子–离子对。

2. 辐射能损

快电子穿过物质时,除了使原子电离或激发损失能量外,还有另一种损失能量的方式——辐射能损。根据经典的电磁理论,电磁波的振幅正比于加速度,而加速度正比于入射带电粒子和原子核之间的库仑力,即加速度正比于 zZe^2/m。因此,电磁辐射的强度(对各种能量的光子积分)正比于振幅的平方($z^2Z^2e^4/m^2$)。根据量子电动力学可以得出,轫致辐射引起的辐射阻止本领有如下的关系,即

$$\left(-\frac{dE}{dx}\right)_{rad} = \frac{4N_V Z(Z+1)e^4}{137 m^2 c^4} E \left(\ln\frac{2E}{mc^2} - \frac{1}{3}\right) \tag{1.14}$$

其中,E 为入射粒子的能量;dx 为入射粒子的运动路程;N_V 为靶物质的原子数密度;Z 为靶物质的原子序数;e 为元电荷;c 为光速;m 为入射粒子的静止质量,此处 $m = m_e$。由式(1.14)可知,辐射能损的贡献严重依赖于入射粒子的质量和靶物质的 Z 值。离子质量比电子质量高出三个数量级以上时,通常可以忽略其辐射能损。然而,电子的阻止本领应该考虑电离能损和辐射能损两方面的贡献,即

$$\left(-\frac{dE}{dx}\right) = \left(-\frac{dE}{dx}\right)_{ion} + \left(-\frac{dE}{dx}\right)_{rad} \tag{1.15}$$

尤其在电子能量较高时两种能量损失形式存在竞争,有如下经验公式,即

$$\frac{(-dE/dx)_{rad}}{(-dE/dx)_{ion}} = \frac{ZE}{700} \tag{1.16}$$

其中,Z 为整数;E 以 MeV 为单位。图 1.8 给出了不同能量的电子入射到 Pb 和空气中,电离能损和辐射能损随电子能量变化的情况。对于 Pb 为靶的情况,$Z=82$,当入射电子能量 E 约为 10 MeV 时,电离能损和辐射能损贡献相当。而对于水和空气,在更大的能量范围内电离能损占主导地位。

入射电子的能量和 Z 值对两种能损贡献的影响对选择合适的材料进行电子防护非常重要。因为电离损失率与 Z 成正比,从电离损失方面考虑,采用高 Z 元素来阻挡电子;然而,这会产生很强的轫致辐射,反而起不到防护作用,所以应采用低 Z 元素来防护电子。例如,2 MeV 的电子,它的辐射能损占总的能量损失的比例,在有机玻璃中为 0.7%,而在 Pb 中为 8%。

3. 散射

电子与靶物质的原子核库仑场作用时,只改变运动方向而不辐射能量,该过程称为弹性散射。虽然电子质量小,但散射角度却很大,而且能发生多次散射,最后偏离原来的运动方向。电子在物质中经过多次散射后的散射角可能大于 90°,这种散射称为反散射。反散射系数 η(反散射粒子数占入射粒子数的比例)用来表征反散射严重程度。电子的反散射系数可用来进行金属薄层(如镀层)测量。图 1.9 所示为电子入射到 C、Al、Cu 上,其反散射系数

随能量的变化情况。入射电子能量越低,靶物质的原子序数(Z)越大,反散射也就越严重。

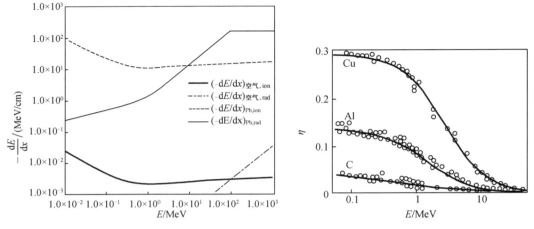

图1.8　不同能量的电子入射到 Pb 和空气中,电离能损和辐射能损随电子能量变化的情况

图1.9　电子入射到 C、Al、Cu 上,其反散射系数随能量的变化情况

进入探测器入射窗的电子,如果从表面散射回来,就会造成探测器对这部分电子的漏计,或者电子从源衬托材料上反散射进入探测器,造成测量计数偏大。低能电子在高原子序数厚样品物质上的反散射系数高达50%以上。在实验中,宜用低 Z 物质来做源衬托材料的托架,以减少反散射对测量结果的影响。在辐射防护中同样需要注意电子在材料表面反散射对辐射场产生的影响。

1.2.2　吸收与射程

电子和重带电粒子在物质中的射程有着显著的差异。电子的能量阻止本领比 α 粒子小,因此它比 α 粒子具有更大的射程。例如,在空气中,能量为 4 MeV 的电子,射程是 15 m;而相同能量的 α 粒子,射程只有 2.5 cm。此外,α 粒子与靶原子中的电子多次碰撞后逐渐损失能量,几乎是直线行走的,只是在射程末端能量较小时,与靶原子核的碰撞才使径迹有些偏离直线,因而 α 粒子有确定的射程(平均射程)概念。α 粒子的射程与径迹长度近似相等,因此 α 粒子只是在平均射程附近被明显吸收。由于能量歧离效应,存在射程歧离现象。而对电子来讲,射程概念不同于重带电粒子那样确切。由于电子质量小,在电离损失、辐射损失和与核的弹性散射过程中,电子运动方向有很大的改变,这样使电子穿过物质时走过的路程十分曲折、复杂,因而路程轨迹长度远大于它的射程。一束准直的单能电子入射到靶物质中后,由于能量损失的统计涨落较大和多次散射现象,电子的射程的不确定性大大增加。射程歧离可达射程值的 10%~15%。

β 射线或单能电子束穿过一定厚度的吸收物质时,强度减弱的现象叫作吸收。射线穿过不同厚度的介质后,到达探测器,记录其强度随吸收介质厚度的变化,即可得到吸收曲线。图1.10所示为 β 粒子和单能电子的吸收曲线,其中单能电子的能量和 β 衰变最大能量均为 E。单能电子束由于散射性强,即使吸收介质很薄,也会有部分电子偏离原来的入射方向,不能到达探测器;只有方向改变小的电子才能到达探测器被记录。当吸收介质厚度增加时,电子能量不断损失,偏转角度越来越大,到达探测器的电子数越来越少,渐渐趋近于零。单能电子的吸收是随介质厚度线性变化的。一般把单能电子的吸收曲线的线性部分外推到零,来确定电子外推射程 R。图 1.11 所示为不同能量的电子在液态水和干燥空气中的外推射程。

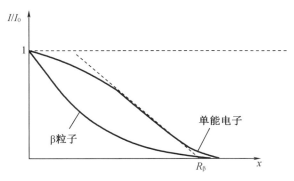

图 1.10 β粒子和单能电子的吸收曲线

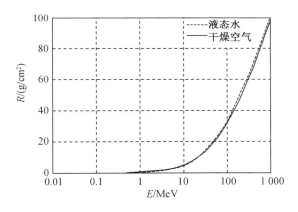

图 1.11 不同能量的电子在液态水和干燥空气中的外推射程

当 β 粒子的能量连续分布时,它的吸收曲线与单能电子的吸收曲线有明显的不同。能谱中能量低的电子很快被吸收,因此吸收曲线的开始部分斜率变化较大。对于 β 能谱中小的能量区间内的电子,可以认为其遵循线性吸收规律,但由于 β 能谱中电子能量连续分布,不同能量电子的吸收曲线的斜率不同,最终的吸收曲线是不同能量段电子线性叠加的结果。对于 β 能谱中主要部分的电子,吸收曲线近似地为指数曲线。因此,对 β 粒子没有确定的电子射程可言。用与 β 能谱中电子的最大能量所对应的射程来表示 β 射线的射程,称为 β 射线的最大射程 R_β。吸收曲线上外推到净计数为零的地方,与横轴交点即为 R_β。其与能量相同的单能电子外推射程基本一致。

最大能量为 E(单位为 MeV)的 β 粒子或者能量为 E 的单能电子,在低 Z 物质中的最大射程 R(单位为 g/cm^2)可由下列经验公式给出:

$$R=\begin{cases} 0.412E^{(1.265-0.0954\ln E)} & 0.01 \text{ MeV}<E<2.5 \text{ MeV} \\ 0.53E-1.06 & 2.5 \text{ MeV}\leq E<20 \text{ MeV} \end{cases} \quad (1.17)$$

1.2.3 正电子与物质的相互作用

正电子通过物质时,也像负电子一样,与核外电子和原子核相互作用,导致电离能损、辐射能损,以及发生散射。尽管负电子和正电子与物质作用时受到的库仑力或为排斥力或为吸引力,因为它们的质量相等,所以能量相等的正电子和负电子在物质中的能量损失与射程大致相同。适用于负电子的相关规律,也同样适用于正电子。同时,正电子有其明显的特点,即高速正电子进入物质后很快被慢化,也即能量为几百 keV 的高速正电子仅需经过 ps 量级即可降低到热振动的能量水平,然后在径迹末端遇到电子即发生湮灭,放出光子。正、负电子湮灭放出的光子称为湮灭光子。从能量守恒角度考虑,在发生湮灭时,正、负电子动能较小,所以两个湮灭光子的总能量应等于两个电子的静止质量,即

$$h\nu_1 + h\nu_2 = 2m_e c^2 \tag{1.18}$$

其中,h 为普朗克常量;ν_1、ν_2 为光子的频率。

考虑动量守恒,有

$$\frac{h\nu_1}{c} = \frac{h\nu_2}{c} \tag{1.19}$$

因而,两个光子背对背发射,湮灭光子的能量相同,均为 0.511 MeV,并且湮灭光子的发射是各向同性的。0.511 MeV 的光子贯穿靶物质的深度比正电子射程大,导致能量沉积远超过原来的正电子径迹范围。

1.3 光子与物质的相互作用

虽然 γ 射线、轫致辐射、湮没辐射和特征 X 射线等的起源不同,能量大小不等,但它们本质上都属于电磁辐射(光子)。光子与物质相互作用有许多方式。当光子的能量在 30 MeV 以下时,在所有相互作用方式中,光电效应、康普顿散射、电子对效应是较主要的三种。

1.3.1 光电效应

1. 原理与现象

光子与靶物质原子的轨道电子作用时,把全部能量转移给该轨道电子,使之电离成为自由电子,而光子消失,这种过程称为光电效应(图 1.12)。在光电效应中发射出来的电子叫作光电子。

原子吸收了光子的全部能量 $h\nu$,其中一部分消耗于光电子脱离原子束缚所需的电离能 B_i(电子在原子中的结合能),另一部分作为光电子的动能。所以,释放出来的光电子的能量就是入射光子能量和该束缚电子所处的电子壳层的结合能之差。虽然有一部分能量被原子的反冲核所吸收,但这部分反冲能量与入射光子能量、光电子能量相比可以忽略。则光电子的能量为

$$E_e = h\nu - B_i \tag{1.20}$$

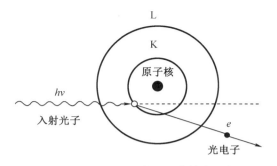

图 1.12　光子与原子发生光电效应示意图

光子入射到介质上要发生光电效应,光子能量必须大于电子的结合能。同时,发生光电效应的电子必须是束缚电子,自由电子无法发生光电效应。如果光子与自由电子发生光电效应,则二者无法达到动量守恒。束缚电子发生光电效应的体系实际是三体作用体系,整个原子作为第三者参与,以使动量守恒得以满足。电子在原子中被束缚得越紧,就越容易使原子参与上述过程,产生光电效应的概率也就越大。所以,在 K 壳层上打出光电子的概率最大,L 壳层次之,M 壳层更次之……如果入射光子的能量超过 K 壳层电子的结合能,则大约 80% 的光电吸收发生在 K 壳层轨道上。

发生光电效应后原子的内壳层就会出现空位,外壳层的电子会通过退激填充低轨道的空位。退激的过程有两种类型。一种是外层电子向内层跃迁,来填补这个空位,使原子恢复到较低的能量状态。两个壳层的结合能之差,就是跃迁时释放的能量,该能量将以特征 X 射线形式释放出来。另一种是原子的激发能交给外壳层的其他电子,使其从原子中发射出来,该电子称为俄歇电子。所以光电效应会伴随特征 X 射线、俄歇电子发射。

2. 截面

光电效应截面简称为光电截面 σ_{ph}。光电截面大小与光子能量和靶物质的原子序数有关。根据量子力学可以得到非相对论和相对论情况下的 K 壳层电子的光电截面,分别为

$$\sigma_{\mathrm{ph1}}^{\mathrm{K}} = \sqrt{32}\,\alpha^4 \left(\frac{m_{\mathrm{e}}c^2}{h\nu}\right)^{7/2} Z^5 \sigma_{\mathrm{th}} \quad (h\nu \ll m_{\mathrm{e}}c^2) \quad (1.21)$$

$$\sigma_{\mathrm{ph2}}^{\mathrm{K}} = 1.5\,\alpha^4 \frac{m_{\mathrm{e}}c^2}{h\nu} Z^5 \sigma_{\mathrm{th}} \quad (h\nu \gg m_{\mathrm{e}}c^2) \quad (1.22)$$

其中,σ_{th} 为汤姆逊截面,且

$$\sigma_{\mathrm{th}} = \frac{8\pi}{3}\left(\frac{e^2}{m_{\mathrm{e}}c^2}\right)^2 \quad (1.23)$$

α 为精细结构常数,且

$$\alpha = \frac{e^2}{4\pi\varepsilon_0 \hbar c} \approx \frac{1}{137} \quad (1.24)$$

其中,ε_0 为真空中的介电常数;$\hbar = \dfrac{h}{2\pi}$。

不论是高能光子还是低能光子,其光电截面严重依赖于 Z 值,且与入射光子的能量反

相关。光电效应的总截面 σ_{ph} 为

$$\sigma_{ph} = \sigma_{ph}^{K} + \sigma_{ph}^{L} + \sigma_{ph}^{M} + \cdots \tag{1.25}$$

图 1.13 给出了不同能量的光子在 Pb 中的光电效应总截面 σ_{ph} 随能量的变化,整体是随入射光子能量减少的。一些特定能量点有突然变大的跃变,这是由于入射光子能量达到相关壳层的轨道电子束缚能,该壳层电子的光电效应反应道被打开的原因。这些能量点通常被称作光电吸收限。

产生的光电子的能量由式(1.20)给定。由于光电效应体系是三体作用体系,动量由入射光子决定,因而其出射方向必然与入射方向有关,而不是各向同性。入射光子的能量越小,其对产物的出射角度影响也越小。图 1.14 给出了光电子的微分截面($d\sigma/d\Omega$)。由图 1.14 可见,在 0°和 180°没有光电子出射;能量越大的入射光子对应更加前向出射的光电子;不同能量入射光子的光电子存在最大的出射角度。

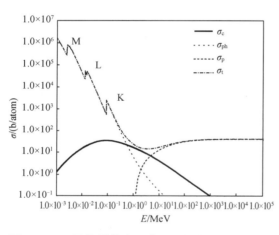

图 1.13 不同能量的光子在 Pb 中的光电效应总截面 σ_{ph} 随能量的变化

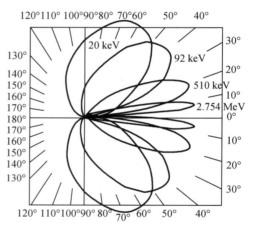

图 1.14 光电子的微分截面

1.3.2 康普顿散射

1. 原理与现象

光子与原子的轨道电子发生的康普顿散射是一种非弹性碰撞过程。入射光子的一部分能量转移给电子,使其脱离原子成为反冲电子,而光子的波长变长,运动方向也发生变化。如图 1.15 所示,散射光子与入射方向的夹角称为散射角(θ),反冲电子与入射方向的夹角称为反冲角(φ)。光电效应容易发生在束缚得最紧的内层电子上,而康普顿散射则倾向于发生在束缚得最松的外层电子上。虽然光子与束缚电子之间的康普顿散射,严格地讲是一种非弹性碰撞过程,但外层电子的结合能是较小的,一般是 eV 量级,与入射光子的能量相比较,完全可以忽略,所以可以把外层电子看作准自由电子。因此,康普顿散射就可以认为是光子与处于静止状态的自由电子之间的弹性碰撞过程。

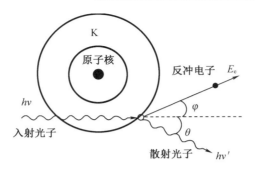

图 1.15 光子与原子发生康普顿散射的示意图

设入射光子的能量为 $h\nu$，散射光子的能量为 $h\nu'$。这里将光子和电子当作粒子对待，根据康普顿散射发生前后能量守恒，有

$$h\nu + m_e c^2 = h\nu' + \frac{m_e c^2}{\sqrt{1-\beta^2}} \tag{1.26}$$

其中，$\beta = v/c$ 为反冲电子的速度与光速的比值；m_e 为电子的静止质量。根据动量守恒，有

$$\begin{cases} \dfrac{h\nu'}{c}\sin\theta = \dfrac{m_e \beta c}{\sqrt{1-\beta^2}}\sin\varphi \\ \dfrac{h\nu}{c} = \dfrac{h\nu'}{c}\cos\theta + \dfrac{m_e \beta c}{\sqrt{1-\beta^2}}\cos\varphi \end{cases} \tag{1.27}$$

求解能量守恒方程和动量守恒方程可得散射光子的能量为

$$h\nu' = \frac{h\nu}{1+\dfrac{h\nu}{m_e c^2}(1-\cos\theta)} \tag{1.28}$$

反冲电子的能量为

$$E_e = h\nu - h\nu' = \frac{h\nu}{1+\dfrac{m_e c^2}{h\nu(1-\cos\theta)}} \tag{1.29}$$

散射角和反冲角满足如下关系：

$$\cot\varphi = \left(1 + \frac{h\nu}{m_e c^2}\right)\tan\frac{\theta}{2} \tag{1.30}$$

散射角 θ 可以为 $0° \sim 180°$，反冲角 φ 只能为 $0° \sim 90°$。若反冲电子的反冲角大于 $90°$，则反冲电子产生与入射光子方向相反的动量分量，如果要动量守恒，那么散射光子的动量需大于入射光子的动量，这将导致能量不守恒。所以，反冲电子的反冲角的取值为 $0° \sim 90°$。

散射光子与反冲电子出射方向和能量大小对应关系如图 1.16 所示。散射角 θ 趋近于 $0°$ 时，意味着入射光子倾向于没有被散射，散射光子的能量接近于入射光子的能量；反冲电子的反冲角趋近于 $90°$ 时，其能量趋近于零。散射角增大，散射光子的能量减小；反冲电子反冲角变小，其能量逐渐变大。当散射光子发生 $180°$ 反散射时，反冲电子沿入射光子的方

向出射，反冲电子获得最大反冲能，为

$$E_e\big|_{\theta=\pi} = \frac{h\nu}{1+\dfrac{m_e c^2}{2h\nu}} \tag{1.31}$$

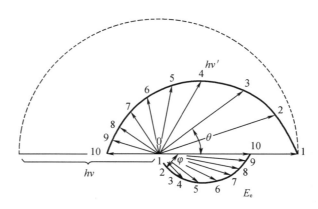

图 1.16 散射光子与反冲电子出射方向和能量大小对应关系

这个能量在 γ 能谱中也称为康普顿边沿。当入射光子能量较高时 $(h\nu \gg m_e c^2)$，散射光子的能量对入射光子的能量基本无依赖（图 1.17），此时散射光子的能量为

$$h\nu - E_e\big|_{\theta=\pi} \approx \frac{m_e c^2}{2} \approx 200 \text{ keV} \quad (h\nu \gg m_e c^2) \tag{1.32}$$

也就是说，此时反冲电子能量与入射光子能量约差 200 keV。

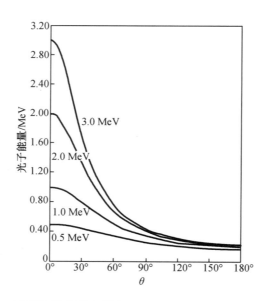

图 1.17 对于不同能量的入射光子，其散射光子能量随散射角的变化

2. 截面

康普顿散射是入射光子和介质原子的轨道电子之间的准弹性散射。入射光子与原子发生康普顿散射的总截面可以认为是所有电子康普顿截面的线性叠加。基于此认识，根据量子力学可得到不同能量的入射光子发生康普顿散射的截面，如下：

$$\sigma_c = \frac{8}{3} Z \pi r_0^2 \quad (h\nu \ll m_e c^2)$$

$$\sigma_c = Z \pi r_0^2 \frac{m_e c^2}{h\nu} \left(\ln \frac{2h\nu}{m_e c^2} + \frac{1}{2} \right) \quad (h\nu \gg m_e c^2) \tag{1.33}$$

其中，r_0 为经典电子半径，且

$$r_0 = \frac{e^2}{m_e c^2} = 2.8 \times 10^{-13} \text{ cm} \tag{1.34}$$

如上所述，康普顿散射发生后，散射光子与反冲电子的运动能量是相关联的。对于确定的入射光子，如果确定了散射角 θ，那么反冲角及出射粒子的能量都可以唯一确定。根据 Klein-Nishina 公式可知散射光子的微分截面为

$$\frac{d\sigma_{c,e}}{d\Omega}(\theta) = Zr_0^2 \left[\frac{1}{1+\alpha(1-\cos\theta)} \right]^2 \left(\frac{1+\cos^2\theta}{2} \right) \left\{ 1 + \frac{\alpha^2(1-\cos\theta)^2}{(1+\cos^2\theta)[1+\alpha(1-\cos\theta)]} \right\} \tag{1.35}$$

其中，$\alpha = h\nu / m_e c^2$；r_0 为经典电子半径。图 1.18 所示为在极坐标中散射光子的微分截面。可见，能量越高的入射光子，散射光子越倾向于前向出射。

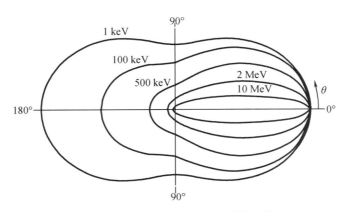

图 1.18 在极坐标中散射光子的微分截面

1.3.3 电子对效应

在原子核近旁强电场背景下，入射光子消失，同时产生一个负电子和一个正电子，这种相互作用称为电子对效应（图 1.19）。根据相互作用发生前后能量守恒，有

$$h\nu = E_{e^+} + E_{e^-} + 2m_e c^2 \tag{1.36}$$

其中，$h\nu$ 为入射光子能量；E_{e^+}、E_{e^-} 为产生的电子动能。据此，光子要发生电子对效应，其能量需满足大于两个电子的静止质量，即 $h\nu > 1.02$ MeV。另外，考虑与光电效应同样的原因，

这里必须有作为第三者的原子核参与,从而满足动量守恒的要求。因为原子核质量大,所以反冲能量很小,可以忽略不计,正电子和负电子的动能之和为常数。但就负电子或正电子某一种粒子而言,它的动能从零到 $h\nu-2m_ec^2$ 都是可能的。在三体作用体系中,负电子和正电子之间的能量分配是任意的。由于动量守恒关系,负电子和正电子几乎都是沿着入射光子方向的前向发射。入射光子能量越大,电子对的发射方向越是前倾。这里正电子的产生可以用狄拉克的电子理论解释。能量大于 $2m_ec^2$ 的光子从真空中处于负能级的电子跨过 $2m_ec^2$ 的禁区,跃迁到正能级,真空中留下的空穴就是正电子。产生的正电子最终经过慢化后会与一个负电子湮灭。正、负电子的湮灭,可以看作光子产生电子对效应的逆过程。

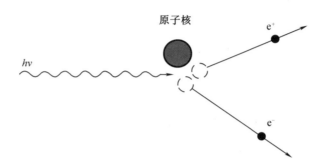

图 1.19　光子在原子核近旁发生电子对效应示意图

研究表明,发生电子对效应的截面(σ_p)满足如下关系:

$$\sigma_p \propto \begin{cases} Z^2(h\nu) & (h\nu > 2m_ec^2) \\ Z^2\ln(h\nu) & (h\nu \gg 2m_ec^2) \end{cases} \quad (1.37)$$

在低能区时,σ_p 随光子能量线性增加;在高能区时,σ_p 与光子能量的变化就缓慢一些。但是不论是在低能区还是在高能区,都有 $\sigma_p \propto Z^2$。

1.3.4　相互作用的竞争

根据上述讨论,光子入射到介质中,当三种主要相互作用方式的基本条件满足时,总的相互作用截面为三者之和,即

$$\sigma_\gamma = \sigma_{ph} + \sigma_c + \sigma_p \quad (1.38)$$

例如,图 1.13 给出了不同能量的光子入射到 Pb 中,光电效应截面和总截面随能量的变化情况。表 1.1 总结了这三种相互作用方式的截面随光子能量($h\nu$)及 Z 的变化规律。三种相互作用方式的截面与 Z 都是正相关的,对 Z 依赖的强弱关系为 $\sigma_{ph} > \sigma_p > \sigma_c$。此外,对光子能量的依赖 σ_{ph} 和 σ_c 是反相关的,而 σ_p 是正相关的。所以对于低能光子,高 Z 物质光电效应占主导(图 1.20);对于高能光子,在高 Z 区电子对效应占主导,在其他区域康普顿散射占主导。相对来讲,低 Z 物质更倾向于康普顿散射。

表 1.1　三种相互作用方式的截面随光子能量($h\nu$)及 Z 的变化规律

作用方式	随 $h\nu$ 的变化规律	随 Z 的变化规律
光电效应	$\sigma_{ph} \propto \begin{cases} h\nu^{-7/2} & (h\nu \ll m_e c^2) \\ h\nu^{-1} & (h\nu \gg m_e c^2) \end{cases}$	$\sigma_{ph} \propto Z^5$
康普顿散射	$\sigma_c \propto h\nu^{-1} \quad (h\nu \gg m_e c^2)$	$\sigma_c \propto Z$
电子对效应	$\sigma_p \propto \begin{cases} h\nu & (h\nu > 2m_e c^2) \\ \ln(h\nu) & (h\nu \gg 2m_e c^2) \end{cases}$	$\sigma_p \propto Z^2$

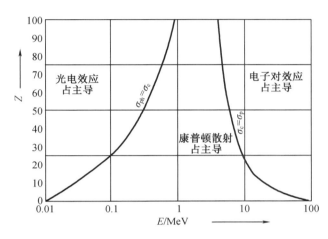

图 1.20　光子与物质的三种相互作用在不同区域的主导

1.4　中子与物质的相互作用

中子的质量略大于质子的质量,约为 939.565 MeV/C²。自由的中子不稳定,会发生 β⁻衰变,半衰期为 611 s,衰变能为 0.78 MeV。中子不带电,只能与原子核发生核反应。不同能量中子的相互作用方式差别较大,通常将中子划分不同的能区。在室温条件下,与周围物质达到热平衡的中子称为热中子。热中子的能量为 0.025 eV,速度约为 2 km/s。能量低于热中子的中子称为冷中子。中子能量分区情况见表 1.2。需要注意的是,Cd 对 0.55 eV 以下的中子会进行强吸收,所以定义该能量为镉截止能,这在中子的探测和防护中会用到。

表 1.2　中子能量分区情况

名称	能量范围
高能中子	>20 MeV
快中子	0.1~20 MeV
中能中子	1~100 keV

表 1.2(续)

名称	能量范围
慢中子	0.025~1 keV
热中子	0.025 eV
冷中子	<0.025 eV

中子与原子核的反应可以归为两类:散射和吸收。散射还可分为弹性散射和非弹性散射。吸收使得中子和原子核的性质都发生了变化,这类过程包括俘获过程和散裂反应。

1.4.1 散射

在弹性散射时,中子的一部分能量传递给原子核,但散射前后中子与原子核的总动能保持不变。得到了能量的原子核叫作反冲核,原子核越轻,中子转移给原子核的能量就越多。中子与氢核散射时,中子平均有一半能量转移给反冲质子,有时中子能失去它的全部能量。

非弹性散射不同于弹性散射。中子转移给靶原子核的一部分能量用于激发原子核。动能和方向都发生改变的入射中子,称为散射中子,被激发的原子核放出 γ 射线回到基态。这一过程记作(n,n';γ)。在发生非弹性散射时,中子能量的损失较为客观,但并不是所有能量的中子都能发生非弹性散射,只有当入射中子的动能高于靶原子核的第一激发态的能量时才能使靶原子核激发。非弹性散射存在阈能。

慢中子与轻核作用以弹性散射为主。非弹性散射一般只在中子能量大于 0.1 MeV 时才发生,且重核发生非弹性散射的概率比轻核大。放出带电粒子的中子俘获过程截面很小,且只限于轻核。

1.4.2 吸收

当中子飞近原子核时,可能被原子核俘获。俘获了中子的原子核立即发射出带电粒子或 γ 射线。例如,氮原子核俘获一个中子后,放出一个质子,本身变成了碳原子核,这个过程写作(n,p)。又如,氢原子核俘获一个中子后变成氘原子核,同时放出 γ 射线,这个反应称作(n,γ)反应。一般把放出 γ 射线的俘获过程称为辐射俘获。

中子入射到一些重核素上会发生裂变。如一些易裂变核素 ^{233}U、^{235}U、^{239}Pu 等,热中子与其具有很大的诱发裂变反应截面。当入射中子能量超过一定阈值时也会引起可裂变核素,如 ^{238}U、^{232}Th 等的裂变。

能量很高的中子能引起原子核的散裂。在该过程中,吸收了高能中子的原子核会放出两个或两个以上的粒子。例如,碳原子核吸收一个高能中子后,即散裂成一个中子和三个 α 粒子,写作(n,n';3α)。

习　　题

1. 已知 ^{241}Am 发射能量为 $E = 5.544$ MeV 的 α 粒子，试估算该能量的 α 粒子在空气中的射程。

2. 50 MeV 的 α、p 分别穿过厚度为 50 μm 的平面硅探测器，试估算两种带电粒子在其中发生能量损失的比值。其中 50 MeV 的 α 粒子在硅中的射程约为 1 mm。

3. 已知 ^{137}Cs 发射的 γ 射线能量为 $E = 662$ keV。试求其发生康普顿散射时反冲电子的最大动能，以及此时散射 γ 光子的能量。

4. 准单能重离子平行束垂直入射到介质中，介质足够厚，重离子在介质中不断损失能量直至全部停止。其能谱随入射深度是如何变化的？并解释能谱发生变化的原因。

5. 重离子射程（投影射程）与运动路程有什么区别？重离子的射程可以通过

$$R = \int_{E_0}^{0} \frac{\mathrm{d}E}{-\mathrm{d}E/\mathrm{d}x}$$

计算得到。电子是否适合通过该式计算？请说明原因。

6. 试根据化合物（或者混合物）阻止本领的布拉格求和规则，给出化合物（或者混合物）单位质量长度上的能量损失 $\mathrm{d}E/(\rho \mathrm{d}x)$ 的表达式。已知 1 MeV 的 α 粒子对应 H 和 O 的单位质量长度上的能量损失分别为

$$\left(\frac{\mathrm{d}E}{\rho \mathrm{d}x}\right)_\mathrm{H} = 7.17 \times 10^3 \text{ cm}^2/\text{g}$$

$$\left(\frac{\mathrm{d}E}{\rho \mathrm{d}x}\right)_\mathrm{O} = 1.78 \times 10^3 \text{ cm}^2/\text{g}$$

（1）请据此求水对应单位质量长度上的能量损失。

（2）实验数据给出

$$\left(\frac{\mathrm{d}E}{\rho \mathrm{d}x}\right)_{\mathrm{H_2O}} = 2.19 \times 10^3 \text{ cm}^2/\text{g}$$

试分析通过实验和布拉格求和规则计算所得结果差异的原因。

7. 已知 1 MeV 的 α 粒子在氢气中的射程为 1.67×10^{-4} g/cm²，根据布拉格求和规则确定其在氧气及水中的射程，请问多厚的铝膜可以将其阻挡？

8. 请比较 50 kV 电子分别在钨靶和铅靶上通过轫致辐射产生的 X 射线的能量利用率。

9. 试说明自由电子为什么不能发生光电效应。

10. 能量为 1 MeV 的 α 粒子在空气中的射程 $R \approx 0.3$ cm。那么一个能量为 5 MeV 的 α 粒子在空气中运动，其能量降低至 4 MeV 时穿过的距离是否等于 0.3 cm？

参 考 文 献

[1] FRANK H A. Introduction to radiological physics and radiation dosimetry[M]. 雷家荣,崔高显,译. 北京:中国原子能出版社,2013.

[2] HERMAN C,THOMAS E J. Introduction to health physics[M]. New York:McGraw-Hill com Inc,2009.

[3] 吴治华,赵国庆,陆福全,等. 原子核物理实验方法[M]. 3版(修订本). 北京:原子能出版社,1997.

[4] KNOLL G F. Radiation detection and measurement[M]. 4th ed. Hoboken:John Wiley & Sons,Inc,2010.

第2章 辐射安全的常用量

在辐射安全领域的研究中,人们曾经提出过许多物理量和单位。本章将介绍辐射安全的常用量,主要包括描述辐射场的量、相互作用相关量、基本剂量学量、辅助剂量学量和运行实用量。本章对各物理量的定义、说明主要是依据国际辐射单位与测量委员会(International Commission on Radiation Units and Measurements, ICRU)和国际放射防护委员会(International Commission on Radiological Protection, ICRP)的相关出版物给出的。

2.1 描述辐射场的量

2.1.1 通量

通量($\dot{N}$)是指单位时间内增加的粒子数,单位为 s^{-1},即

$$\dot{N} = \frac{dN}{dt} \tag{2.1}$$

其中,dN 是 dt 时间段内增加的粒子数。相应地,能量通量($\dot{R}$)是指单位时间内增加的辐射能,单位为 W,对于能量为 E 的单能粒子,有

$$\dot{R} = \frac{E dN}{dt} \tag{2.2}$$

其中,$E dN$ 是 dt 时间段内增加的辐射能。通量与能量通量通常适用于某一空间区域内(如透过准直器)的粒子。对于粒子源发射,粒子通量需要考虑所有方向的出射粒子。

2.1.2 注量

为了描述辐射的空间强度,这里引入注量(Φ)。对于均匀辐射场[图2.1(a)],各处辐射场都相同,取垂直于辐射场方向的平面,穿过单位面积的粒子数即为辐射场的注量,也就是

$$\Phi = \frac{N}{a} \tag{2.3}$$

其中,N 为垂直穿过面积为 a 的平面的粒子数。对于非均匀辐射场,各处辐射场并不相同,辐射场的注量是针对某一点而言的,此时借助数学上微分的概念对其进行定义。设以该点为球心的微分小球,其截面积为 da[图2.1(b)],则注量(Φ)定义为进入小球中的粒子数 dN 与截面积 da 的比值(单位为 m^{-2}),即

$$\Phi = \frac{dN}{da} \tag{2.4}$$

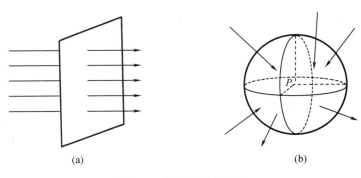

图 2.1 注量概念示意图

注量率(φ)是指单位时间内注量的增量(单位为 m^{-2}/s),即

$$\varphi = \frac{d\Phi}{dt} \tag{2.5}$$

相应地,定义空间中一点的能量注量(Ψ)为入射到微分小球的辐射的能量与截面积 da 的比值(单位为 J/m),对于单能(能量为 E)辐射,有

$$\Psi = E\frac{dN}{da} = E\Phi \tag{2.6}$$

能量注量率(ψ)为单位时间内能量注量的增量(单位为 W/m^2),即

$$\psi = \frac{d\Psi}{dt} \tag{2.7}$$

考虑一个辐射强度为 Q(即单位时间内发射 Q 个粒子)且在各个方向上强度均匀的点源(图 2.2),距离该点源 r 处的注量率可简单地表示为

$$\varphi = \frac{Q}{4\pi r^2} \tag{2.8}$$

上述关系称为平方反比规律。

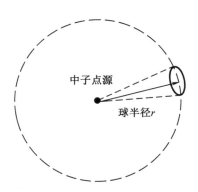

图 2.2 一个点源的注量率示意图

这里举一个计算点源注量率及能量注量率的例子。考虑有一 ^{60}Co γ 点源，其活度为 0.1 TBq。已知 ^{60}Co 一次衰变能够发射两个 γ 光子（因此 $Q = 2.0 \times 10^{11}$ s^{-1}），其能量分别为 1.173 MeV 和 1.332 MeV，则距点源 1 m 外的 γ 注量率为

$$\varphi = \frac{Q}{4\pi r^2} = \frac{2 \times 10^{11}}{4\pi \times 1^2} \text{ m}^{-2}/\text{s} = 1.6 \times 10^{10} \text{ m}^{-2}/\text{s}$$

能量注量率为

$$\begin{aligned}
\psi &= \frac{\varphi}{2} E_1 + \frac{\varphi}{2} E_2 \\
&= \frac{\varphi}{2}(E_1 + E_2) \\
&= \frac{1.6 \times 10^{10}}{2} \times (1.173 + 1.332) \times 1.602 \times 10^{-13} \\
&= 3.21 \times 10^{-3} \text{ W/m}^2
\end{aligned}$$

2.2 相互作用相关量

2.2.1 截面

为了描述微观相互作用过程发生的概率，这里引入截面这一概念，也可称之为微观截面。如图 2.3(a) 所示，入射粒子 I_0 打在靶物质的原子数密度为 N_V 的薄靶上，设发生反应的粒子数为 ΔI，则发生反应的概率（P）与 N_V 及靶厚 d 成正比，即

$$P = \frac{\Delta I}{I_0} \propto N_V d \tag{2.9}$$

设比例系数为 σ，则式(2.9)可写为

$$\frac{\Delta I}{I_0} = \sigma N_V d \tag{2.10}$$

此处 σ 为反应截面，则

$$\sigma = \frac{\frac{\Delta I}{I_0}}{N_V d} = \frac{\frac{\Delta I}{I_0}}{N_S} \tag{2.11}$$

其中，$N_S = N_V d$ 为靶粒子数面密度。σ 表征的是单位靶粒子数面密度的反应概率。截面具有面积的量纲，其专用单位为靶恩(b)，1 b = 1.0×10^{-24} cm^2。

发生相互作用后出射粒子沿不同的方向出射的概率也会存在差异。为了描述发生相互作用后出射粒子在不同方向的出射概率，这里引入微分截面这一概念。如图 2.3(b) 所示，从 (θ, φ) 方向 $d\Omega$ 立体角出射的粒子数为 dI，则有

$$\frac{dI}{I_0} \propto N_S d\Omega$$

$$\frac{dI}{I_0} = \sigma(\theta,\varphi) N_s d\Omega \tag{2.12}$$

进而可得微分截面 $\sigma(\theta,\varphi)$ 的表达式为

$$\sigma(\theta,\varphi) = \frac{dI}{I_0} \frac{1}{N_s d\Omega} \tag{2.13}$$

微分截面表征的是单位立体角反应产物粒子从 (θ,φ) 方向出射的概率,也可以写作 $d\sigma/d\Omega$。立体角的单位为球面度(sr),微分截面的单位为(b/sr)。对式(2.12)积分可得式(2.10),从而得到反应截面与微分截面的关系为

$$\begin{aligned}\sigma &= \int \sigma(\theta,\varphi) d\Omega \\ &= \int_0^{2\pi} \int_0^{\pi} \sigma(\theta,\varphi) \sin\theta d\theta d\varphi \\ &= 2\pi \int_0^{\pi} \sigma(\theta,\varphi) \sin\theta d\theta \end{aligned} \tag{2.14}$$

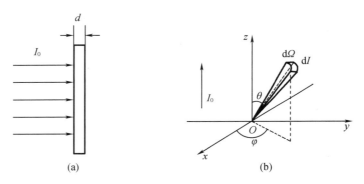

图 2.3 截面定义的示意图

2.2.2 衰减系数

如图 2.4 所示,窄束光子入射到介质上,入射粒子数为 I_0,在深度 x 处粒子数为 $I(x)$,经过一个小的厚度为 dx 的介质,粒子数变化量为 dI。所谓窄束意味着粒子在介质中只要发生相互作用,就无法到达右侧的探测器(认为粒子数发生了衰减)。粒子数变化与 x 处的粒子数 I 及厚度 dx 成正比($dI \propto I dx$)。引入比例系数 μ,则有

$$dI = -\mu I dx \tag{2.15}$$

比例系数 μ 为线性衰减系数,其含义为粒子在单位路程发生相互作用的概率。其表达式为

$$\mu = -\frac{dI}{I} \frac{1}{dx} \tag{2.16}$$

相应地,μ 的倒数则表示平均发生一次相互作用所走过的路程,也就是平均自由程(λ)。其表达式为

$$\lambda = \frac{1}{\mu} \tag{2.17}$$

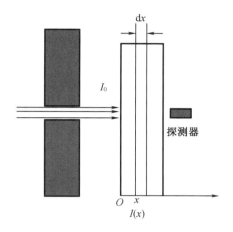

图 2.4 窄束光子在介质中的衰减

针对厚度 dx 的介质,应用截面公式(2.10)可得 $dI/I = \sigma N_V dx$,结合式(2.15)可得

$$\mu = \sigma N_V \tag{2.18}$$

可见衰减系数由粒子与介质的相互作用截面及靶物质的原子数密度决定。对式(2.15)积分,并考虑初始条件 $I(0) = I_0$,可得

$$I(x) = I_0 e^{-\mu x} \tag{2.19}$$

可见窄束光子在介质中衰减满足指数规律。其他入射粒子只要满足前面所述窄束条件也同样适用如上关系。

确定介质的线性厚度 x 对粒子的衰减能力还依赖于介质的物理形态。比如同样是 $1~cm^3$ 的水,对应的状态是水蒸气、液态水或者冰,其对粒子的衰减能力都不同。即使同样的物理状态,温度、压力等外界条件不同,其衰减能力也存在差异。所以实际应用中通常使用质量厚度 $x_m = \rho x$(ρ 为介质的密度)来消除这种对粒子衰减的差异。质量厚度的单位通常为 g/cm^2。为了保持式(2.19)关系不变,相应地有质量衰减系数(μ_m)。其表达式为

$$\mu_m = \frac{\mu}{\rho} = -\frac{dI}{I}\frac{1}{x_m} \tag{2.20}$$

质量衰减系数表征了单位质量厚度介质中粒子相互作用的概率,与靶介质的物态无关,单位通常为 cm^2/g。相应地,式(2.19)可以写作

$$I(x) = I_0 e^{-\mu_m x_m} \tag{2.21}$$

对应式(2.18),有

$$\mu_m = \frac{\sigma N_V}{\rho} = \sigma \frac{N_A}{M} \tag{2.22}$$

其中,N_A 为阿伏加德罗常数;M 为单质元素对应的原子量。

由式(2.18)可知,如果靶介质确定,则总的质量衰减系数是各种相互作用机制对应质量衰减系数之和。以光子为例,若忽略光核效应,则总的质量衰减系数等于光电效应、康普

顿散射、电子对效应对应的质量衰减系数之和,即

$$\mu_{\mathrm{m}} = \frac{1}{\rho} N_{\mathrm{V}} (\sigma_{\mathrm{ph}} + \sigma_{\mathrm{c}} + \sigma_{\mathrm{p}}) = \frac{\mu_{\mathrm{ph}}}{\rho} + \frac{\mu_{\mathrm{c}}}{\rho} + \frac{\mu_{\mathrm{p}}}{\rho} \tag{2.23}$$

其中,σ_{ph}、σ_{c}、σ_{p} 分别为光子与物质主要三种相互作用方式的截面。

如果靶物质由化合物(或者混合物)构成,那么在入射粒子确定的情况下,总的质量衰减系数应该为各构成成分对应质量衰减系数的质量加权求和,即

$$\mu_{\mathrm{m}} = \sum_i w_i \mu_{\mathrm{m}i} \tag{2.24}$$

其中,w_i 为第 i 种构成成分在该化合物(或者混合物)中的质量权重;$\mu_{\mathrm{m}i}$ 是第 i 种构成成分的质量衰减系数。

2.2.3 授予能

入射粒子在某体积内单次相互作用中的能量沉积可以写作

$$\varepsilon = \varepsilon_{\mathrm{int}} - \varepsilon_{\mathrm{out}} + Q \tag{2.25}$$

其中,$\varepsilon_{\mathrm{int}}$ 为入射粒子的能量(不包括静止能量);$\varepsilon_{\mathrm{out}}$ 为因相互作用产生的所有带电粒子与非带电粒子的能量之和(不包括静止能量);Q 为参与相互作用的所有粒子与核的静止能量变化($Q>0$ 时,静止能量减少;$Q<0$ 时,静止能量增加)。入射粒子在一个指定体积中的所有能量沉积之和称为授予能,记作 ε,根据其定义可表示为

$$\varepsilon = \sum_i \varepsilon_i \tag{2.26}$$

其中,ε_i 是在该体积中第 i 次相互作用造成的能量沉积。

需要说明的是,ε 是一个随机量,入射粒子的授予能可以对应一次或多次能量沉积事件。授予能的期望值被称为平均授予能 $\bar{\varepsilon}$。在介质的某一体积中的平均授予能可通过下式计算:

$$\bar{\varepsilon} = E_{\mathrm{int}} - E_{\mathrm{out}} + \sum Q \tag{2.27}$$

其中,E_{int} 为所有进入该体积的带电粒子与非带电粒子的平均辐射能;E_{out} 为所有离开该体积的带电粒子与非带电粒子的平均辐射能;$\sum Q$ 为在该体积中所有粒子减少的静止能量。

2.2.4 传能线密度

对于给定类型和能量的带电粒子,物质的传能线密度(linear energy transfer,LET)定义为带电粒子在介质中穿行单位距离沉积的平均能量,即

$$\mathrm{LET} = \frac{\mathrm{d}E}{\mathrm{d}l} \tag{2.28}$$

其中,$\mathrm{d}E$ 为带电粒子在介质中穿行 $\mathrm{d}l$ 距离沉积的能量。LET 的单位为 J/m。在原子与核的尺度上,E 更常用 eV、keV 等作为单位,于是 LET 的单位可为 eV/m、keV/μm 等。一些典型辐射在水中的 LET 的近似值见表 2.1。粒子按 LET 不同,可分为高 LET 粒子(如重离子、中子)和低 LET 粒子(如 γ 粒子、电子)。通常高 LET 粒子造成的生物损伤比低 LET 粒子

严重。

表 2.1　一些典型辐射在水中的 LET 的近似值

辐射类型	LET/(keV/μm)
^{60}Co 的 γ 射线	0.2
250 kV X 射线	2.0
10 MeV 质子	4.7
150 MeV 质子	0.5
14 MeV 中子	12
2.5 MeV α 粒子	166
2 GeV Fe 离子	1 000

2.2.5　质能转移系数

非带电粒子授予物质能量的第一步,是与物质发生相互作用产生次级带电粒子,并将部分能量转移给次级带电粒子。非带电粒子在某一体积元内转移给次级带电粒子的初始动能之和称为转移能,用 E_{tr} 表示。转移能包括了在该体积中发生的次级过程所产生的任何带电粒子的能量。

对光子而言,在辐射防护工作中所关注的主要物理量为光子转移给电子的能量。因此,对于给定类型与能量的非带电粒子,这里引入了其在物质中的质能转移系数 μ_{tr}/ρ 这一物理量,其表示单位质量厚度上,非带电入射粒子的动能中转移给次级带电粒子的能量所占的比例,即

$$\frac{\mu_{tr}}{\rho} = \frac{1}{\rho dl} \frac{dE_{tr}}{E} \tag{2.29}$$

其中,ρ 为物质的密度;dl 为物质厚度单元;E 为入射粒子的辐射能;dE_{tr} 为入射粒子在穿过 ρdl 的厚度时转移给次级带电粒子的动能均值。质能转移系数的常用单位为 cm^2/g。

质能转移系数与相互作用截面之间存在如下关系:

$$\frac{\mu_{tr}}{\rho} = \frac{N_A}{M} \sum_j f_j \sigma_j \tag{2.30}$$

其中,N_A 为阿伏加德罗常数;M 为靶物质的摩尔质量;σ_j 为第 j 次相互作用的截面;f_j 为第 j 次相互作用中转移给带电粒子的平均动能与入射非带电粒子的动能之比。

对于物质为化合物(或者混合物)的情形,其非带电粒子在物质中的质能转移系数为

$$\frac{\mu_{tr}}{\rho} = \sum_i \frac{\mu_{tr,i}}{\rho} w_i \tag{2.31}$$

其中,$\mu_{tr,i}/\rho$ 为第 i 种单质的质能转移系数;w_i 为第 i 种单质在材料中的质量之比。

2.2.6　质能吸收系数

非带电粒子在与物质发生相互作用的过程中,部分动能转移给产生的次级带电粒子。

次级带电粒子在与物质发生相互作用的过程中,动能中有部分能量会在韧致辐射过程中损失而未沉积到物质中(记这部分损失的能量占比为 g),故引入质能吸收系数(μ_{en}/ρ),其定义为

$$\frac{\mu_{en}}{\rho}=\frac{\mu_{tr}}{\rho}(1-g) \tag{2.32}$$

可见质能吸收系数用来表示单位质量厚度上,入射粒子的动能中沉积到物质中的能量所占的比例。

对于化合物(或者混合物),其质能吸收系数取决于阻止本领。从原则上说,不能简单地通过求和方式估算其质能吸收系数,但如果 g 值很小,那么通过求和方法则能得到较为接近的数值。

2.3 基本剂量学量

2.3.1 比释动能

比释动能(K)是与人体内辐射能量沉积相关的重要物理量。比释动能(K)的定义是:间接电离辐射(即非带电粒子)在质量为 dm 的某物质中所释放的全部带电粒子的初始动能之和 dE_{tr} 除以 dm,即

$$K=\frac{dE_{tr}}{dm} \tag{2.33}$$

比释动能的单位为 J/kg,所采用的专用单位与吸收剂量一样为戈瑞(gray),记作 Gy,则有

$$1 \text{ Gy} = 1 \text{ J/kg} \tag{2.34}$$

单位时间内的比释动能称为比释动能率($\dot{K}$),即

$$\dot{K}=\frac{dK}{dt} \tag{2.35}$$

比释动能率的单位为 Gy/s。

单能(E)的非带电粒子形成的均匀辐射场中的某点处,数量为 N 的粒子垂直穿过的小面元 ds 对应的辐射能为 NE,则该点的能量注量 $\Psi=E\Phi=EN/ds$,其中 Φ 为粒子注量。考虑式(2.29),有

$$\Psi\frac{\mu_{tr}}{\rho}=\frac{NE}{ds}\frac{dE_{tr}}{NE}\frac{1}{\rho dl}=\frac{dE_{tr}}{\rho dl ds} \tag{2.36}$$

可得比释动能 K 与注量 Φ 及能量注量 Ψ 间存在如下关系:

$$K=\Psi\frac{\mu_{tr}}{\rho}=E\Phi\frac{\mu_{tr}}{\rho} \tag{2.37}$$

由式(2.37)可知,当能量注量 Ψ 相同时,比释动能 K 与质能转移系数 μ_{tr}/ρ 成正比。相同的辐射场在物质1和物质2中的比释动能满足以下关系:

$$\frac{K_1}{K_2} = \frac{(\mu_{tr}/\rho)_1}{(\mu_{tr}/\rho)_2} \tag{2.38}$$

当能量注量具有能量分布时，比释动能 K 与能量注量 $\Psi(E)$ 可以写作下面的积分形式：

$$K = \int \Psi(E) \left(\frac{\mu_{tr}}{\rho}\right)_E dE \tag{2.39}$$

2.3.2 吸收剂量

吸收剂量（D）是在辐射生物学、临床放射学和放射防护中的重要物理量，被定义为粒子在单位质量物质中的平均授予能，即

$$D = \frac{d\bar{\varepsilon}}{dm} \tag{2.40}$$

单位为 J/kg，专用单位为戈瑞（Gy）。单位时间内的吸收剂量定义为吸收剂量率（$\dot{D}$），即

$$\dot{D} = \frac{dD}{dt} \tag{2.41}$$

单位为 Gy/s。

1. 次级带电粒子平衡

考虑一非带电粒子辐射场，在其中某点处取任一感兴趣的小体积元 ΔV。一方面，非带电粒子可能在 ΔV 中产生次级带电粒子，该次级带电粒子可能会在其中沉积全部能量，也有可能只沉积部分能量；另一方面，非带电粒子可能在 ΔV 外产生次级带电粒子，该次级带电粒子进入 ΔV 并将部分能量沉积其中。如果每有一个次级带电粒子从 ΔV 内出来，就有一个相同类型、能量的带电粒子从 ΔV 外进入，我们就说这达到了带电粒子平衡（CPE）状态。从宏观上来讲，就是对于空间中某一点 P，进入和离开其周围小体积元 ΔV 的带电粒子总能量和能谱都相同。在 ΔV 中产生的带电粒子对从 ΔV 中逃逸的次级带电粒子形成一种补偿，这也称为补偿原理。图 2.5 所示为带电粒子平衡条件示意图，其中 d 为所考虑的体积元 ΔV 离介质边界的最短距离，R_{max} 为次级带电粒子在介质中的最大射程。当 ΔV 满足以下条件（称为带电粒子平衡条件）时，带电粒子能够达到平衡状态。

（1）d 不小于 R_{max}。

（2）在与 ΔV 边界的距离等于 R_{max} 的体积内，非带电粒子的注量率各处相等。

（3）ΔV 内介质均匀一致。

如下几种典型情况是不能满足带电粒子平衡条件的。

（1）靠近放射源的位置。靠近放射源的辐射场极不均匀，相对放射源同一方位不同距离或者同一距离不同方位的辐射场变化剧烈。

（2）不同材料交界处。不同的介质产生的次级带电粒子通常有较大差异，无法形成补偿。

（3）高能辐射。高能中性粒子产生的次级带电粒子动能大，R_{max} 较大，中性粒子在穿过 R_{max} 距离时通常已有明显的注量率的衰减。

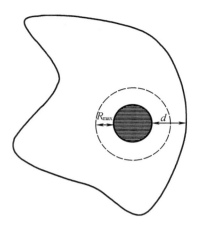

图 2.5 带电粒子平衡条件示意图

2. 比释动能与吸收剂量

在非带电粒子与物质发生相互作用的情况下,当满足次级带电粒子平衡条件时,若次级带电粒子的韧致辐射能量损失可以忽略,则在介质内感兴趣的体积元 ΔV 中(质量为 dm),非带电粒子转移给次级带电粒子的能量 dE_{tr} 等于沉积到该物质中的授予能 $d\bar{\varepsilon}$,即有

$$\frac{dE_{tr}}{dm} = \frac{d\bar{\varepsilon}}{dm} \tag{2.42}$$

也就是说,在此情况下,比释动能与吸收剂量相等:

$$K = D \tag{2.43}$$

但是,若韧致辐射能量损失不能忽略(如高能 X 射线的情况),则吸收剂量较比释动能要小,二者满足如下关系:

$$D = K(1-g) \tag{2.44}$$

g 的含义同式(2.32)一样。

2.3.3 当量剂量

为了评价电离辐射照射所引起的危害,仅仅依靠平均吸收剂量本身是不够的。不同的辐射,即使产生相同的吸收剂量,其生物效应会因为辐射的种类和能量不同而有所差异。为了考虑不同种类的辐射随机效应的差别,这里引入辐射权重因子(w_R),用以反映特定类型的辐射造成的机体损伤能力。在某一组织或器官 T 内的防护量当量剂量 H_T 可以定义为

$$H_T = \sum_R w_R D_{T,R} \tag{2.45}$$

辐射权重因子 w_R 没有量纲,当量剂量的单位是 J/kg,专用单位名称为希弗(Sv)。

辐射权重是通过对不同辐射在随机效应方面的相对生物效应(RBE)的评价得出的。RBE 的值是在相同的辐照条件下能产生相同的给定生物效应的两种辐射的相应吸收剂量的比值(参考辐射的剂量值除以引起相同水平效应所考虑辐射的相应剂量值)。实验得到的值与所选择的参考辐射有关。一般来讲,选择低辐射作为参考,大多数实验研究采用 ^{60}Co 或 ^{137}Cs 射线,或大于 200 kV 的高能 X 射线。在辐射防护中,大多数实验研究采用不同能量

的光子相关数据的平均值作为参考。光子、电子和缪子都是低 LET 辐射,其 LET 值小于 10 keV/μm。对于低 LET 辐射,其辐射权重因子设置为 1。α 和其他重离子的辐射权重因子设置为 20。因为中子的次级辐射随着中子能量变化,所以其辐射权重因子依赖于能量。中子能量由低到高,在组织内的主要作用过程会发生如下变化:在组织内被吸收(随着中子能量减少而增加)时产生次级光子;反冲质子能量随着中子能量的增加而增加;在较高中子能量情况下重带电粒子的产生;非常高能中子引起的核散裂过程。热中子的辐射权重因子为 2.5,快中子的辐射权重因子则由 2.5 升至 20。不同能量中子的辐射权重因子可由下式表示(图 2.6):

$$w_R = \begin{cases} 2.5+18.2e^{-(\ln E)^2/6}, & E<1 \text{ MeV} \\ 5.0+17.0e^{-(\ln E)^2/6}, & 1 \text{ MeV} \leqslant E \leqslant 50 \text{ MeV} \\ 2.5+3.25e^{-[\ln(0.04E)]^2/6}, & E>50 \text{ MeV} \end{cases} \quad (2.46)$$

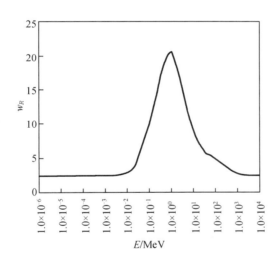

图 2.6 中子辐射权重因子的能量依赖

常见辐射的辐射权重因子列于表 2.2 中。

表 2.2 常见辐射的辐射权重因子

辐射类型	辐射权重因子 w_R
质子	1
电子和 μ 子	1
质子和带电介子	2
α 粒子、裂变碎片、重离子	20
中子	中子能量的连续函数[参见图 2.6 和式(2.46)] 热中子:2.5;快中子:2.5~20

注:所有值都与入射到人体上的辐射有关。内部辐射源与所加入的放射性核素发射的辐射有关。

这里举例说明当量剂量的计算过程。如果一名工人在一年内皮肤接受了 0.01 Gy 的 γ 吸收剂量、0.002 Gy 的热中子剂量，以及 0.000 2 Gy 的快中子剂量（假设快中子的辐射权重因子为 20），则有 γ 的当量剂量为

$$H_{T,\gamma} = 0.01 \times 1 \text{ Sv} = 0.01 \text{ Sv}$$

热中子的当量剂量为

$$H_{T,\text{thermal}} = 0.002 \times 2.5 \text{ Sv} = 0.005 \text{ Sv}$$

快中子的当量剂量为

$$H_{T,\text{fast}} = 0.000\,2 \times 20 \text{ Sv} = 0.004 \text{ Sv}$$

于是总的当量剂量为

$$H_T = H_{T,\gamma} + H_{T,\text{thermal}} + H_{T,\text{fast}} = 0.019 \text{ Sv}$$

单位时间内的当量剂量为当量剂量率，即

$$\dot{H}_T = \frac{\mathrm{d}H_T}{\mathrm{d}t} \tag{2.47}$$

单位为 Sv/s。

2.3.4 有效剂量

为了考虑人体器官或组织在随机效应的辐射危害方面的相对辐射敏感性，这里引入了组织权重因子 w_T。组织权重因子是相对值，人全身器官或组织的组织权重因子的和等于 1，即

$$\sum_T w_T = 1 \tag{2.48}$$

如果辐射场均匀或空间吸收剂量均匀分布，那么有效剂量在数值上等于每个器官和组织的当量剂量。不同器官或组织的组织权重因子见表 2.3。对不同器官或组织的当量剂量加权求和得到的有效剂量为

$$E = \sum_T w_T H_T = \sum_T w_T \sum_R w_R D_{T,R} \tag{2.49}$$

与当量剂量一样，有效剂量的单位是 J/kg，专用单位同样是 Sv。

表 2.3　不同器官或组织的组织权重因子

器官或组织	组织权重因子 w_T
性腺	0.08
骨髓（红）	0.12
结肠	0.12
肺	0.12
胃	0.12
乳腺	0.12

表 2.3(续)

器官或组织	组织权重因子 w_T
膀胱	0.04
肝	0.04
食道	0.04
甲状腺	0.04
皮肤	0.01
骨表面	0.01
脑	0.01
唾液腺	0.01

注:表中数值来自所有年龄段和男、女两种性别,可应用于普通人的有效剂量计算。

有效剂量实际上是不可测量的,对其评估是基于仿真人体模型(体模)完成的。采用 ICRP 成年参考男人和成年参考女人的参考计算体模来计算器官和组织的当量剂量。在放射防护应用中,对两种性别采用单一的有效剂量值。

单位时间内的有效剂量称为有效剂量率。它的表达式为

$$\dot{E} = \frac{dE}{dt} \tag{2.50}$$

单位为 Sv/s。

2.3.5 照射量

照射量(X)用来描述光子(X 射线或 γ 射线)在空气中电离能力的大小,其定义为:光子在质量为 dm 的干燥空气中释放或产生负电子和正电子,当它们完全阻停于干燥空气中时,在空气中产生的某一种符号的离子总电荷量的绝对值 dq 与 dm 的比值。其定义式为

$$X = \frac{dq}{dm} \tag{2.51}$$

照射量的单位为 C/kg。传统单位为伦琴(R),定义是在标准条件下,使 1 cm³ 干燥空气产生 1 个电子-离子对的照射量,1 R = 2.58×10⁻⁴ C/kg。照射量可以用粒子注量的能量分布 Φ_E 来表示,即

$$X \approx \frac{e}{w}\int \Phi_E E \frac{\mu_{tr}}{\rho}(1-g)dE \approx \frac{e}{w}\int \Phi_E E \frac{\mu_{en}}{\rho}dE \tag{2.52}$$

其中,e 为元电荷;w 为干燥空气中每形成 1 个电子-离子对所需的平均能量;g 为光子在空气中所产生的电子动能中因韧致辐射损失的份额。对于能量为 1 MeV 量级或较低能量的光子,g 值较小,式(2.52)可以近似为

$$X \approx \frac{e}{w}K_{air}(1-\bar{g}) \tag{2.53}$$

其中,K_{air} 为初级光子在干燥空气中的比释动能;$\bar{g}$ 为 g 的平均值。单位时间内的照射量定

义为照射量率,即

$$\dot{X} = \frac{dX}{dt} \tag{2.54}$$

单位为 C/(kg·s)。

2.4 辅助剂量学量

2.4.1 待积剂量

出于对放射性核素的照射和辐射剂量长期累积进行监管的需要,这里引入待积剂量的概念。待积剂量又可以分为待积当量剂量和待积有效剂量,它们的单位均为 Sv。

假设器官或组织 T 在 t_0 时刻摄入了放射性物质,在此后经过 τ 年,T 内总的当量剂量被定义为待积当量剂量:

$$H_T(\tau) = \int_{t_0}^{t_0+\tau} \dot{H}_T(t) dt \tag{2.55}$$

考虑不同的器官或组织,对 H_T 进行加权求和得到待积有效剂量为

$$E(\tau) = \sum_T w_T H_T(\tau) \tag{2.56}$$

对于从事放射性工作的人员,积分时间 $\tau = 50$ a;而对于公众,成年人选择 $\tau = 50$ a,婴儿与儿童选择 $\tau = 70$ a。

2.4.2 集体剂量

上面介绍的各种剂量学量均是针对参考人设置的。由于辐射防护的任务包括优化和减少职业受照人群或公众的辐射照射,因此 ICRP 引入了集体剂量。集体剂量又可以分为集体当量剂量和集体有效剂量,它们考虑了在指定时间段内,受照于某一特定辐射的人群。它们的单位均为 Sv·人。

对于一个群体,将其分成多个小组,则集体当量剂量被定义为

$$S_T = \sum_i \overline{H}_{T,i} N_i \tag{2.57}$$

其中,N_i 为第 i 小组内的人数;$\overline{H}_{T,i}$ 为第 i 个小组的平均当量剂量。

相应地,集体有效剂量为

$$S = \sum_i \overline{E}_i N_i \tag{2.58}$$

其中,$\overline{E}_i$ 为第 i 小组的平均当量剂量。

2.5 运行实用量

比释动能、吸收剂量、当量剂量和有效剂量等基本剂量学量用于制定工作人员与公众的剂量限值。然而,这些量在实际工作中不能被直接测量。为此,ICRU 引入了运行实用量的概念,通常记作 H。运行实用量可以为公众在大多数照射条件下的受照或潜在受照的相关防护量提供一个估计值或上限。它们经常被用于实际的规程和导则中。对于外照射监测,ICRU 定义的运行实用量包括周围剂量当量、定向剂量当量、个人剂量当量等,单位都是 Sv。这些运行实用量可以测量,且能够代表相应的基本剂量学量。内照射剂量学还没有定义可直接提供当量或有效剂量评价的运行实用剂量学量。通常根据放射性活度测量结果和生物动力学模型来评估人体内放射性核素的当量或有效剂量。

运行实用量 H 的基本定义为

$$H = DQ \tag{2.59}$$

其中,D 为吸收剂量;Q 为辐射品质因子。辐射品质因子 Q 用来考虑不同辐射的生物效应差异。辐射品质因子是传能线密度的函数,即 $Q(\text{LET})$。表 2.4 给出了 ICRP 第 60 号出版物推荐的对应于不同 LET 数值的 Q。

表 2.4 ICRP 第 60 号出版物推荐的对应于不同 LET 数值的 Q

LET/(keV/μm)	$Q(\text{LET})$
<10	1
10~100	0.32LET−2.2
>100	300LET$^{-0.5}$

2.5.1 扩展场与扩展齐向场

为了定义运行实用量,需先介绍扩展场与扩展齐向场。扩展场是一个假想的辐射场,在所研究的整个体积 V 内,粒子的注量及其方向分布、能量分布均与实际场中的参考点 x 处相一致,即

$$\Phi(V, E, \Omega) = \Phi(x, E, \Omega) \tag{2.60}$$

则称体积 V 中的辐射场 $\Phi(V, E, \Omega)$ 是实际场中 x 点处辐射场的扩展场。

扩展齐向场也是一种假想辐射场,是指在所研究的整个体积 V 内,粒子的注量及其能量分布与实际场中的 x 点处相一致,但粒子沿特定方向 (θ, φ) 运动的场,即

$$\Phi_{\theta,\varphi}(V, E) = \Phi(x, E, \Omega) \tag{2.61}$$

则称体积 V 中的辐射场 $\Phi_{\theta,\varphi}(V, E)$ 为实际场中 x 点处辐射场的扩展齐向场。实际场与扩展齐向场之间的比较如图 2.7 所示。

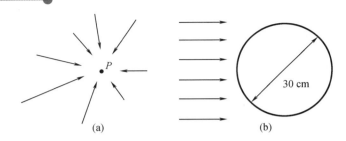

图 2.7 实际场与扩展齐向场之间的比较

在图 2.7 中,直径为 30 cm 的球体表示 ICRU 球。ICRU 球是一个直径为 30 cm 的组织等效塑料,密度为 1 g/cm³,组成为:76.2%(质量分数)的 O、11.1%(质量分数)的 C、10.1%(质量分数)的 H 以及 2.6%(质量分数)的 N。ICRU 球并不能被制造生产,但可在计算中模拟。后面定义各种运行实用量也需要用到这个概念。

2.5.2 周围剂量当量

为了进行区域辐射监测,用于评价基本剂量学量和刻度监测仪器的运行实用量应为点量,即能够为指定辐射场中的点提供一个单值,且与辐射场的方向分布无关。为控制个人剂量,三个主要的基本剂量学量为有效剂量、眼睛晶状体剂量及皮肤剂量。ICRU 推荐的用于近似上述剂量学量的运行实用量称为周围剂量当量。辐射场中某点处的周围剂量当量是在对应的扩展齐向场的 ICRU 球中,沿着与场的方向相反的半径矢量方向的某一深度 d 处的剂量 $H^*(d)$。该深度通常选择 10 mm,对应的周围剂量当量记为 $H^*(10)$(图 2.8)。

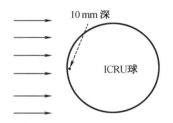

图 2.8 周围剂量当量定义示意图

我们可以利用定向剂量当量来评估皮肤剂量、手足剂量及眼睛晶状体剂量。在扩展场的 ICRU 球中,沿着 Ω 方向的径向 d 深处的剂量称为定向剂量当量,记作 $H'(d,\Omega)$。对于不同的器官或组织,深度 d 有着不同的数值。例如,对于眼睛晶状体,$d=3$ mm;对于皮肤,$d=0.07$ mm。

2.5.3 个人剂量当量

外照射的个人监测通过佩戴个人剂量计来实现。对于该种应用人们定义了运行实用量个人剂量当量,记作 $H_p(d)$。其值为身体上某指定点下深度为 d 处,按照 ICRU 球定义的软组织的剂量当量。为了保持一致性,个人剂量当量的部位与深度需要指定。同周围剂量当量与定向剂量当量一样,对于强贯穿辐射,选择 $d=10$ mm;对于眼睛晶状体,选择 $d=$

3 mm；对于皮肤，选择 $d=0.07$ mm。对于个人剂量当量，身体躯干经常被考虑，因为其被认为是个人剂量监测中最为通用的部位。针对身体躯干的个人剂量当量，ICRU 指定了一个尺寸为 30 cm×30 cm×15 cm、组成为 ICRU 组织成分的厚体模，并记其相应的个人剂量当量为 $H_{\text{p,slab}}(d)$。在实践中，剂量计常采用由聚甲基丙烯酸甲酯（PMMA）或装有水的 PMMA 盒组成的体模来进行刻度。

习 题

1. 现有一个活度为 $3.7×10^8$ Bq 的点状 ^{60}Co 源，其每次衰变同时发射两个 γ 光子，能量分别为 1.17 MeV 和 1.33 MeV。试求在距离该点源 2 m 处的 γ 射线注量率与能量注量率。

2. 考虑一个活度为 $3.7×10^8$ Bq 的点状 ^{137}Cs 源，其发射的 γ 射线能量为 662 keV。已知其在空气中的质能吸收系数为 $\mu_{\text{en}}/\rho = 2.931×10^{-2}$ cm^2/g，试求在距离该点源 5 m 处空气总的吸收剂量率。

3. 已知某能量的 γ 射线在铅中的线性衰减系数为 0.6 cm^{-1}。试求：
（1）该 γ 射线在铅中的质量衰减系数；
（2）该 γ 射线与铅作用的总截面。

4. 已知进行胸片和胸透检查时，病人的各器官或组织受到的当量剂量见表 2.5。

表 2.5　习题 4 表

H	性腺	乳腺	红骨髓	肺	甲状腺	骨表面	其余
$H_{胸片}$	0.01	0.06	0.25	0.05	0.08	0.08	0.11
$H_{胸透}$	0.15	1.30	4.10	2.30	0.16	2.60	0.85

请计算并比较两种检查方式使病人接受的有效剂量。

5. 对于 1 MeV 的 γ 射线，已知 H 和 O 的质量衰减系数分别为 $1.26×10^{-2}$ m^2/kg 和 $6.37×10^{-3}$ m^2/kg，请计算水对 1 MeV 的 γ 射线的质量衰减系数。

6. 已知一个活度为 $3.7×10^8$ Bq 的点状 ^{137}Cs 源。若空气的电离能为 33.85 eV，试求在距离该点源 2 m 处的空气中产生的照射量率。已知其比释动能率常数为 $\Gamma_K = 2.12×10^{-17}$ Gy·m²·Bq^{-1}·s^{-1}。

7. 已知人类的半致死照射剂量为 4 Gy，试分析对应的能量全部变成热量被人体吸收而导致人体升温的情况（忽略能量损耗）。

8. 试说明达到带电粒子平衡所需满足的条件。

9. 试说明比释动能和吸收剂量的区别。何种情况下可以用比释动能来代替吸收剂量？

参 考 文 献

[1] HALL E J, GIACCIA A J. Radiobiology for the radiologist[M]. Philadelphia:Wolters Kluwer William and Wilson, 2019.

[2] MARTIN A, HARBISON S, BEACH K, et al. An introduction to radiation protection[M]. 7th ed. Boca Raton:CRC Press, 2019.

[3] DEWJI S A, HERTEL N E. Advanced radiation protection dosimetry[M]. Boca Raton:CRC Press, 2019.

[4] 方杰. 辐射防护导论[M]. 北京:原子能出版社, 1991.

[5] MURSHED H. Fundamentals of radiation oncology[M]. London:Academic Press, 2019.

第3章 放 射 源

核衰变能够释放出 α、β、γ、中子,核裂变能够产生裂变碎片和中子,核反应产生包括上述粒子在内的各种粒子。这些经由核衰变、核裂变或核反应等过程释放粒子的原子核均可视为放射源。另外,原子的壳层跃迁或者电子入射通过韧致辐射也能够产生 X 射线,从而使其成为放射源。

地球上包括人类在内的所有物种都在天然辐射环境中生存、进化。随着过去一个世纪的核科学发展,人类与其他生物也开始暴露于人工放射源之下。如表 3.1 所示,人类日常接触的辐射照射约有 80% 来自天然放射源,约有 20% 来自人工放射源(主要来自医疗)。

表 3.1 辐射照射的来源分布

辐射照射来源	氡	土壤	宇宙射线	医疗	食物
百分比/%	42	16	13	20	9

3.1 天然放射源

地球自诞生起,其环境就暴露于辐射之中。这些天然放射源来自外部空间和地球本身的放射性物质。按照产生机制,天然放射源可分为宇宙射线、宇生放射性核素与原生放射性核素。

3.1.1 宇宙射线

1. 宇宙射线的来源与成分

从地球的视角看,将来自地球外的粒子称为初级宇宙射线;初级宇宙射线同地球大气中的原子相碰撞的产物,被称作次级宇宙射线。

初级宇宙射线包括太阳耀斑期间产生的初级太阳宇宙射线和太阳系外产生的初级银河宇宙射线。初级太阳宇宙射线的能量高达 $1.0\times10^{15} \sim 1.0\times10^{16}$ eV,典型能量为 $1\sim100$ MeV;初级银河宇宙射线的能量高达 1.0×10^{21} eV,典型能量为 $0.1\sim20$ GeV。地球磁层外的初级宇宙射线主要是银河宇宙射线,强度受到太阳活动周期的调制而呈周期性变化。初级宇宙射线由原子核、电子及电磁辐射组成。在大气层顶部,初级宇宙射线中的原子核包括约 87% 的质子,约 11% 的 He 核,约 1% 的更重的核和约 1% 的电子。

次级宇宙射线主要包括质子、中子、电子、γ 射线、介子和 μ 子等。它们是初级宇宙射线同大气中的原子相互作用(包括级联的相互作用)产生的。

(1)电离和核碰撞的作用,使质子与中子注量率在低层大气中大大衰减。

(2)π介子与K介子由于寿命较短,在到达海平面前就会发生衰变。π介子衰变过程中产生的γ射线会引起电子对效应,并进一步产生新的γ射线。此过程会产生大量的电子,因此被称作广延大气簇射(EAS)。

(3)μ子与大气中的原子核反应截面较小,因此能够在衰变之前到达海平面(μ子平均寿命为2.2 μs),是宇宙射线在海平面处的主要成分。

2. 宇宙射线的影响因素

来自太阳的初级宇宙射线随着太阳活动周期性强弱变化而增强和减弱。到达太阳系的初级银河宇宙射线的强度在很长时间内可以认为是恒定的。但是,到达地球的宇宙射线会受到太阳活动的调制,随着太阳活动强度的变化而反向变化。太阳的活动周期为11年,地球的宇宙射线强度也按照该周期变化。次级宇宙射线的强度及造成的空气吸收剂量率随着海拔高度与纬度有着显著的变化规律,分别称为"海拔效应"和"纬度效应"(图3.1)。

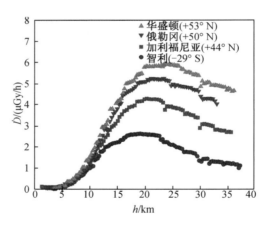

图 3.1　2016 年 8 月 20—22 日,不同纬度地区宇宙射线造成的空气吸收剂量率($\dot{D}$)随海拔高度(h)的变化

首先介绍宇宙射线的"海拔效应"。在海拔60 km以上的大气层中,由于几乎没有空气,只有初级宇宙射线,因而其强度不变。随着海拔高度的下降,大气层中的空气密度逐渐增加,造成产生次级宇宙射线的概率增大,因而宇宙射线的强度是增加的;同样,由于空气密度的增加,空气对宇宙射线的吸收也在增强。在上述两个因素的影响下,宇宙射线的强度在海拔约20 km处达到极大值。在海拔20 km以下,随着高度的下降,空气密度越来越大,对次级宇宙射线的吸收也越来越强,因而宇宙射线的强度及所造成的空气吸收剂量是越来越弱的。由图3.1也可看出,在低空(约海拔700 m以下),空气吸收剂量随着高度的增加有着降低的趋势,这是由于陆地γ辐射强度随着高度的增加而减弱。此外,宇宙射线的不同成分对总剂量当量率的贡献随着海拔的变化也在不断变化(图3.2)。

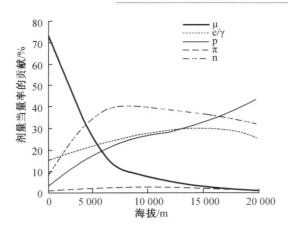

图 3.2 宇宙射线不同粒子剂量当量率的贡献随海拔变化

其次介绍宇宙射线的"纬度效应"。地磁南极与北极分别位于地球的北极和南极地区。在极地地区,地磁线大致垂直于地球表面,而在赤道地区,地磁线则大致平行于地球表面。当带电粒子来到地球时,由于地磁场的影响,入射到极地地区的带电粒子要比入射到赤道地区的带电粒子更容易到达大气层。换句话说,带电粒子到达地磁赤道处的大气层所需的能量要大于到达其他纬度大气层所需的能量。因而,从赤道开始,随着纬度的增加,宇宙射线的强度也有所增加,但在南、北纬42°以上则基本不再变化。图 3.1 所示为四个不同地区的空气吸收剂量率($\dot{D}$)随海拔高度(h)的变化,可以发现在北半球的三个地区的同一海拔高度处的空气吸收剂量率随着纬度的增加而增大。

在不同地区,宇宙射线造成的年有效剂量有较大差异。例如,在低海拔居住的人群接受的由宇宙射线造成的年平均有效剂量约为 0.3 mSv,在海拔约 2.3 km 的墨西哥城该剂量值约为 1 mSv,而在海拔约 3.7 km 的拉萨该剂量值约为 1.8 mSv。再如,飞机乘客可能会接受更多的辐射照射:在巡航高度上飞行 10 h,宇宙射线所造成的平均有效剂量为 0.03~0.08 mSv。也就是说,一趟纽约—巴黎往返航班给一个乘客能带来约 0.05 mSv 的有效剂量,这大致相当于一次常规胸部 X 光检查所带来的有效剂量。表 3.2 给出了不同成分的宇宙射线年有效剂量率($\mu Sv/a$)人口加权平均值。对于不同海拔的情况,人口加权平均值通常在海平面剂量率基础上乘以海拔权重因数,直接电离成分的权重因数取 1.25,中子海拔成分的权重因数取 2.5。对于室内的情况,人口加权平均值通常在表 3.2 中数据的基础上乘以建筑屏蔽因子(通常取 0.8)。

表 3.2 不同成分的宇宙射线年有效剂量率($\mu Sv/a$)人口加权平均值

情况描述	直接电离成分			中子海拔成分			总量
海平面	北半球	南半球	全球	北半球	南半球	全球	全球
户外	272	265	270	49	35	48	318

3.1.2 宇生放射性核素

当初级、次级宇宙射线与大气原子发生相互作用时,通过核反应可以产生一系列放射性核素,这些核素称为宇生放射性核素。除了在大气层中发生相互作用外,宇宙射线与生物圈和岩石层也能通过核反应产生放射性核素,这些放射性核素同样属于宇生放射性核素。由于地球磁场大小的变化和太阳活动的影响,宇生放射性核素的产生速率并不恒定,而是随时间变化。重要的宇生放射性核素包括 ^{14}C、^{22}Na、^{3}H、^{7}Be 等,所造成的年有效剂量分别为 12 μSv、0.15 μSv、0.1 μSv、0.03 μSv 等。部分宇生放射性核素见表 3.3。

表 3.3 部分宇生放射性核素

核素	半衰期	衰变模式	产生模式
^{3}H	12.32 a	β^{-}	同 ^{14}N 或 ^{16}O 发生 $(n, ^{3}H)$、$(p, ^{3}H)$、$(\mu, ^{3}H)$ 反应
^{7}Be	53.29 d	EC	N、O 同位素上发生质子散裂反应
^{10}Be	1.51×10^{6} a	β^{-}	N、O 同位素上发生质子散裂反应
^{14}C	5.73×10^{3} a	β^{-}	$^{14}N(n, p)^{14}C$
^{26}Al	7.17×10^{5} a	EC	Ar 同位素上发生质子散裂反应
^{36}Cl	3.01×10^{5} a	β^{-}、EC	K 同位素上发生质子散裂反应
^{39}Ar	2.69×10^{2} a	β^{-}	$^{40}Ar(n, 2n)^{39}Ar$
^{81}Kr	2.29×10^{5} a	EC	$^{80}Kr(n, \gamma)^{81}Kr$
^{85}Kr	10.739 a	β^{-}	$^{84}Kr(n, \gamma)^{85}Kr$
^{129}I	1.57×10^{7} a	β^{-}	Xe 同位素上发生质子散裂反应,以及中子同 ^{128}Te 和 ^{130}Te 发生的反应

^{14}C 由次级宇宙射线中子与大气中 ^{14}N 发生核反应产生,与 O 结合形成了放射性气体 $^{14}CO_2$ 参与生物代谢和 C 循环。很长时间内宇宙射线的强度基本上是稳定的,所以 ^{14}C 的丰度也基本保持恒定(图 3.3)。然而,在过去的 200 年时间里,两项人类活动对大气中 ^{14}C 的丰度产生了较大影响。第一项是化石燃料的燃烧产生了大量的低(或接近于无)^{14}C 的 CO_2 排放到大气中,造成了大气中 ^{14}C 被稀释而丰度降低;第二项是 20 世纪 50 年代开始的大量核试验导致 ^{14}C 的丰度快速上升,直到 1963 年禁止核试验条约签订,大气中的高 ^{14}C 丰度的 CO_2 与海洋及生物圈中的 C 不断交换,大气中 ^{14}C 丰度才逐渐回落,直到 2000 年左右基本达到核试验开始之前的水平。^{14}C 的食入对人类而言是最重要的照射途径。成人经食入途径对 ^{14}C 的年摄入量约为 20 000 Bq,年有效剂量约为 12 μSv。

在这几种宇生放射性核素中,^{3}H 既是宇生核素(本底),又可人工生成(核试验和核反应堆)。^{3}H 的半衰期 $T_{1/2}$ = 12.32 a,衰变模式为 β^{-},参加自然界水循环,在陆地露天水系中的含量为 0.4 Bq/m^{3}。^{3}H 可以通过饮用水或者食物进入人体,年吸收剂量约为 10 nGy。^{7}Be 同样会进入水循环,在雨水中含量约为 700 Bq/m^{3},在地表水中的含量约为 3 mBq/m^{3}。其进入人体的主要途径是通过带叶蔬菜,平均年摄入量约为 50 Bq,所产生的年有效剂量约为

3 μSv。^{22}Na 按照年摄入量 50 Bq 进行估算,在组织中的年吸收剂量为 0.1~0.3 μGy,对应的年有效剂量为 0.2 μSv。尽管^{22}Na 的产生率和在大气中的含量都很低,但是由于 Na 在人体内的代谢行为和^{22}Na 的衰变方式,使得它所产生的年吸收剂量远高于^{3}H。

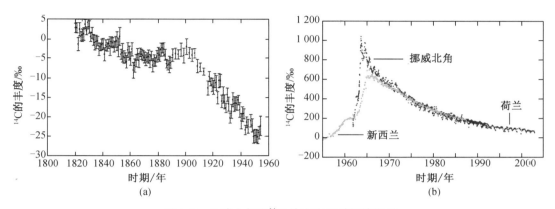

图 3.3　地球大气中^{14}C 的丰度随时间的变化

3.1.3　原生放射性核素

原生放射性核素自地球形成时即已存在于地壳之中,它们具有相当长的寿命和半衰期(可与地球寿命相比较)。这些原生放射性核素存在于岩石、土壤、空气、水、有机物质和生物体中,因此其产生的辐射既能够对人体造成外照射,也能够通过食入、吸入等途径进入人体造成内照射。原生放射性核素可以分为长寿命独立放射性核素与天然放射性系两类。

1. 长寿命独立放射性核素

一些典型的长寿命独立放射性核素及其基本性质列于表 3.4 中。在这些核素中,^{40}K 和^{87}Rb 是最重要的两种核素。^{40}K 是环境放射性领域中的关键放射性核素,1 g 天然 K 每秒放出 28 个能量为 1.31 MeV 的 β$^-$ 粒子和 3 个能量为 1.46 MeV 的 γ 光子。K 是生命的必要元素,成人体内的含量可以达到 60 Bq/kg。人体内所含的^{40}K 所造成的内照射年有效剂量约为 165 μSv。^{87}Rb 在人体中的含量平均为 8.5 Bq/kg,年有效剂量约为 6 μSv。

表 3.4　一些典型的长寿命独立放射性核素及其基本性质

核素	半衰期/a	衰变模式	同位素丰度/%
^{40}K	1.248×10^9	β$^-$、EC	0.011 7
^{50}V	2.1×10^{17}	β$^-$、EC	0.250
^{87}Rb	4.97×10^{10}	β$^-$	27.83
^{115}In	4.41×10^{14}	β$^-$	95.71
^{123}Te	>9.2×10^{16}	EC	0.89
^{138}La	1.02×10^{11}	β$^-$、EC	0.088 81

表 3.4(续)

核素	半衰期/a	衰变模式	同位素丰度/%
^{144}Nd	2.29×10^{15}	α	23.798
^{147}Sm	1.06×10^{11}	α	14.99
^{148}Sm	7.0×10^{15}	α	11.24
^{176}Lu	3.76×10^{10}	$β^-$	2.599
^{174}Hf	2.0×10^{15}	α	0.16
^{187}Re	4.33×10^{10}	$β^-$	62.60
^{190}Pt	6.5×10^{11}	α	0.012

此外,在自然界中,由于原生放射性核素的产生同特定的地质系统相关,因此其可以作为宝贵的地质鉴年工具,其中典型的核素包括^{40}K、^{87}Rb、^{39}Ar、^{176}Lu、^{174}Hf 等。

2. 天然放射性系

地球上存在钍系、铀系、锕系等三种天然放射性系(图 3.4、图 3.5 和图 3.6)。它们分别以^{232}Th、^{238}U、^{235}U 三种核素作为母核,在衰变过程中会产生一系列的放射性核素。这三种天然放射性系的主要性质总结于表 3.5 中。由表 3.5 可见:

(1)某一指定天然放射性系中各核素质量数服从一定规律,即钍系核素的质量数为 4 的倍数,故也记作 $4n$ 系;同理,铀系、锕系分别记作($4n+2$)系和($4n+3$)系。

(2)各天然放射性系的最后一个核素都是 Pb 的同位素。

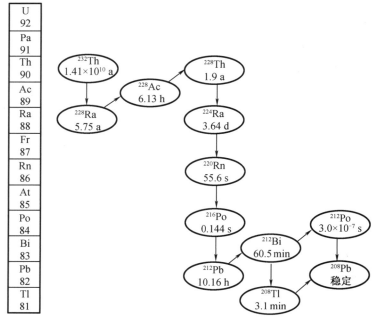

图 3.4 钍($4n$)系核素

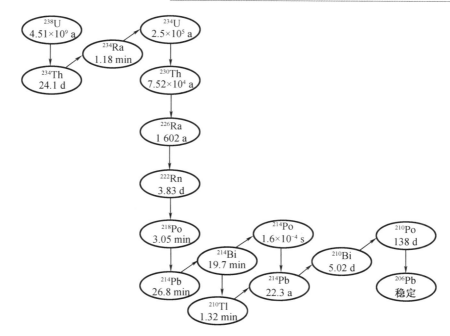

图 3.5 铀($4n+2$)系核素

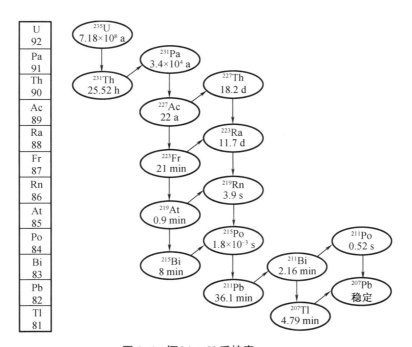

图 3.6 锕($4n+3$)系核素

表 3.5　天然放射性系的主要性质

质量数	放射性系名	母核	半衰期/a	最后一个核
$4n$	钍系	^{232}Th	1.41×10^{10}	^{208}Pb
$4n+2$	铀系	^{238}U	4.51×10^{9}	^{206}Pb
$4n+3$	锕系	^{235}U	7.18×10^{8}	^{207}Pb

3. 环境中的原生放射性核素及其影响

环境中的原生放射性核素能够造成外照射。土壤中的原生放射性核素对地表 γ 外照射剂量的贡献可达约 95%。其中约 35% 来自 ^{40}K，50% 来自 ^{232}Th 系（主要是 ^{208}Tl 和 ^{228}Ac），15% 来自 ^{238}U 系（主要是 ^{214}Pb 和 ^{214}Bi）。在世界范围内的土壤中主要原生放射性核素含量及其产生的空气吸收剂量率见表 3.6。由于土壤对 γ 射线具有吸收和衰减性能，因此其对地表 γ 剂量的贡献主要来自地表至地表下 30 cm 深的土层。世界上典型土壤的 ^{238}U 和 ^{232}Th 的平均含量均为 0.025 Bq/g（湿重），相应的年有效剂量为 0.3~0.6 mSv。有些地区的土壤中可能有更多的 ^{238}U 和 ^{232}Th，相应的年有效剂量也就更多。例如，印度的喀拉拉（Kerala）狭窄的沿海地带 Th 含量较高，相应的年有效剂量可以达到 3.8 mSv。

表 3.6　在世界范围内的土壤中主要原生放射性核素含量及其产生的空气吸收剂量率

核素	土壤中含量（人口加权平均）/(Bq/kg)	空气吸收剂量率（人口加权平均）/(nGy/h)
^{40}K	420	18
铀系	33	15
钍系	45	27
总量	—	60

环境中的原生放射性核素也能够造成内照射。原生放射性核素可以通过土壤和水迁移到植物与动物体内，因而也存在于人类的食物和饮用水中，对人体产生内照射。例如，在鱼类与贝类体内，^{210}Pb 与 ^{210}Po 有很高的富集，因此大量食用海产品的人体内有可能有更高的剂量。又如，北极驯鹿所食用的地衣中含有相对较高浓度的 ^{210}Po，因而北极地区食用大量驯鹿肉的人体内有相对较高的剂量。联合国原子辐射效应科学委员会（UNSCEAR）估计，食物及饮品中的天然放射源所造成的平均有效剂量约为 0.3 mSv，其中主要来自 ^{40}K、^{238}U 系和 ^{232}Th 系。

在各天然放射性系中，均有 Rn 同位素产生。在钍系、铀系和锕系中，所产生的 Rn 同位素分别是 ^{220}Rn、^{222}Rn 和 ^{219}Rn，它们构成了氡气的组成部分。其中，^{219}Rn 的半衰期很短，因而在氡气中往往不予考虑；^{220}Rn 半衰期同样很短，仅在钍矿等 Th 含量较多的区域才加以考虑。因此，对氡气常常只考虑 ^{222}Rn。^{222}Rn 产生于岩石和土壤中存在的 ^{238}U 的衰变过程。当氡气被人体吸入时，^{222}Rn 的衰变产物（称为氡子体，主要是 ^{218}Po 和 ^{214}Po）将在肺部滞留，并释放 α 粒子，这会对呼吸道细胞造成照射，有造成肺癌的风险。氡气存在于空气中，可直接通过墙壁和地板等渗入建筑物空间,并在室内蓄积。特别是当房屋供暖时,热空气上升并通过窗户或墙壁缝隙从房屋上面逸出,在一楼和地下室等产生低压,从而使得氡气通过房屋底部的缝隙从土壤中渗出。世界平均室内氡浓度约为 50 Bq/m³,但不同地区存在较大差异。例如,塞浦路斯、埃及和古巴的平均室内氡浓度约为 10 Bq/m³,而在捷克、芬兰和卢森堡,该值约为 100 Bq/m³。根据 UNSCEAR 发布的结果,氡气所造成的世界平均年有效剂量约为 1.3 mSv,这约占所有天然放射源造成的世界平均年有效剂量(约为 2.4 mSv)的一半。

3.2　人工放射源

过去几十年,随着核能事业和核技术应用的大力发展,人们接触辐射的机会越来越多,除了一直存在的天然本底放射源外,还存在着多种人工放射源。本节首先对常用放射源的基本原理进行了讲述,其次对核反应堆、加速器、医学辐射应用等典型场景的放射源项进行了简要介绍。

3.2.1　常用放射源

1. α源

重核(通常 A>140)能够发生 α 衰变,因此可以作为 α 放射源。α 衰变可用下式来表达:

$$^{A}_{Z}X \rightarrow ^{A-4}_{Z-2}Y + \alpha \tag{3.1}$$

其中,X 和 Y 分别为 α 衰变的母核与子核。α 衰变所释放的 α 粒子的动能 T_α 与衰变能 E_d 具有如下关系:

$$T_\alpha = \frac{A-4}{A}E_d \tag{3.2}$$

可见 α 粒子的动能取决于衰变过程中母核与子核所处的能态。相比于母核与子核都处在基态的 α 衰变,当母核处于激发态、子核处于基态时,所释放的 α 粒子称为长射程 α 粒子;当母核处于基态、子核处于激发态时,所释放的 α 粒子称为短射程 α 粒子。由此可见,α 能谱是离散的能谱。大多数 α 衰变所释放的 α 粒子的动能为 4~6 MeV。图 3.7 所示为 ^{238}Pu 的 α 衰变能谱(每道对应 3 keV)及其对应的衰变纲图,其中,横坐标 ch 为道址,纵坐标 N/ch 为计数/道址。

事实上,α 粒子的动能同母核的半衰期有着密切的关联:当 α 粒子的动能大于 6.5 MeV 时,可以推断出母核的半衰期会小于几天,因此这种 α 源的使用价值有限;而当 α 粒子的动能小于 4 MeV 时,可以推知母核的半衰期很长,但如果半衰期过长,则意味着 α 粒子的发射强度会很弱,因此同样不适合作为 α 源。^{241}Am 是最为通用的用来刻度探测器的 α 源,常被用来刻度 Si 探测器。其半衰期为 433 a,所释放的 α 粒子的动能包括两个组分:一个约为 5.486 MeV,另一个约为 5.443 MeV。由于 α 粒子的穿透能力很弱,因而制作的 α 源要非常薄。

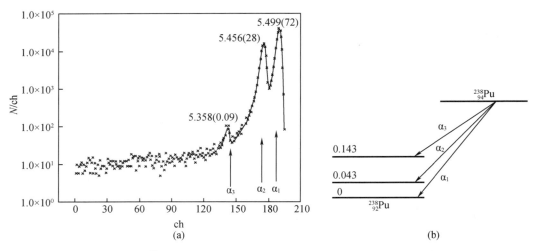

图 3.7　^{238}Pu 的 α 衰变能谱（每道对应 3 keV）及其对应的衰变纲图

2. β 源

β 衰变（准确地说是 β⁻衰变）是产生快电子较为典型的方式之一。β⁻衰变可以由下式表达：

$$^{A}_{Z}X \rightarrow ^{A}_{Z+1}Y + \beta^- + \bar{\nu} \tag{3.3}$$

其中，X 和 Y 分别为 β⁻衰变的母核与子核；$\bar{\nu}$ 为反中微子。由于反中微子和中微子一样，同物质发生相互作用的概率极小，因此并不作为放射源使用。反冲核 Y 的反冲动能也相当小。因此，在 β⁻衰变中，唯一重要的电离辐射就是快电子。所以，具有 β⁻放射性的核素可以作为快电子源，或称 β⁻源。

中子轰击稳定材料后所产生的绝大多数放射性核素具有 β⁻放射性，多数的 β⁻源核素是通过反应堆产生的。β⁻源的半衰期跨度很大，有的长达 1.0×10^5 a（如 ^{36}Cl、^{99}Tc 等），有的仅有几十天（如 ^{32}P、^{63}Ni 等）。绝大多数 β⁻衰变的子核都处在激发态上，因此后续的退激过程释放的 γ 光子常常伴随电子发射；但也有一些核在 β⁻衰变后直接处于子核的基态，这种 β⁻衰变核素称为纯 β⁻发射体，包括 ^{3}H、^{14}C、^{32}P、^{33}P、^{35}S、^{36}Cl、^{45}Ca、^{63}Ni、^{90}Sr/^{90}Y、^{99}Tc、^{147}Pm 和 ^{204}Tl 等。由于 β⁻衰变的末态有三体分配能量与动量，因此不同于 α 能谱，β⁻能谱是连续的能谱，且其最大能量即为衰变能。图 3.8 所示为 ^{36}Cl 的 β 衰变纲图及能谱（纵坐标 I 为强度，横坐标 E_β 为 β 粒子的能量）。

3. γ 源

原子核从激发态跃迁到低能级的过程即 γ 衰变（可以释放 γ 光子）。在实践中，处于激发态的 γ 源核素通常由其母核通过 β 衰变产生。常用的 γ 源包括 ^{22}Na、^{57}Co、^{60}Co 和 ^{137}Cs 等，它们的衰变纲图如图 3.9 所示。图 3.9 中标注了各种光子的来源，对于 γ 光子还标注了其发射概率。对于这些放射源，母核 β 衰变具有长达数百天甚至更长的半衰期，是慢过程；而子核由激发态退激则具有相当短的平均寿命（大约为 ps 量级），是快过程。因此这类 γ

源可以用母核的半衰期来表征。同时,其所释放的 γ 光子的能量等于子核能级差值。例如,^{60}Co γ 源所释放的 γ 光子的强度可由 ^{60}Co 的半衰期(5.26 a)来表征,但其实该 γ 光子来源于子核 ^{60}Ni 的能级跃迁。

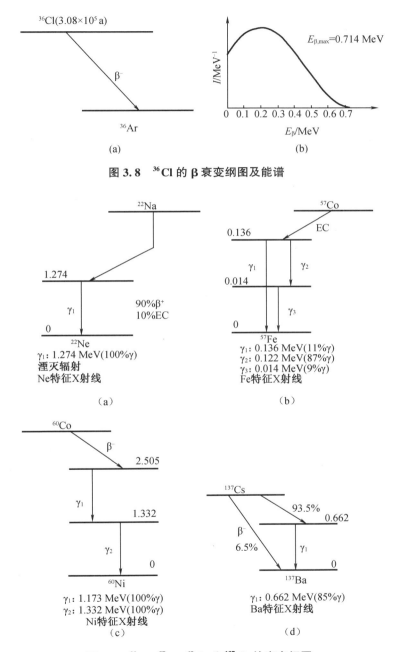

图 3.8　^{36}Cl 的 β 衰变纲图及能谱

图 3.9　^{22}Na、^{57}Co、^{60}Co 和 ^{137}Cs 的衰变纲图

由于原子核各能级均有确定的能量,因此由 γ 跃迁所释放的 γ 光子能量也是确定的。通用的 γ 源能量常为 2 MeV 以下。对于任何辐射实验室而言,γ 参考源对 γ 探测都是相当

关键的。这种实验室用的 γ 参考源常置于塑料盘或塑料柱中,其活度大概为 $1.0×10^5$ Bq 的量级;包装物的厚度常常设置得较厚,以阻止母核衰变产生的粒子穿透,从而使得表面唯一发出的辐射是子核衰变产生的 γ 射线(但仍可能存在湮灭辐射和轫致辐射这样的次级辐射)。尽管这类 γ 源造成的辐射危害很小,但其 γ 发射率足以用作大多数 γ 射线探测器的刻度(例如探测效率的刻度等)。

4. X 射线源

同位素如果具有 β 放射性,那么发生电子俘获(EC)或者内转换(IC)都会使原子的内壳层(主要是 K 壳层)出现空位,继而原子发生跃迁,发射特征 X 射线。这也是同位素 X 射线源发射 X 射线的主要方式。例如,常用的 X 射线源 ^{55}Fe(衰变纲图如图 3.10 所示),主要通过 EC 跃迁到 ^{55}Mn 的基态,与此同时,^{55}Mn 的 K 壳层出现一个空位,通过 K_α 跃迁发射约 5.9 keV 的 X 射线。

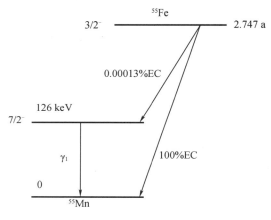

图 3.10 ^{55}Fe 的衰变纲图

传统医学诊断、工业和研究使用的 X 射线管于 1913 年由美国物理学家威廉·柯立芝发明,其示意图如图 3.11 所示。其通过加热阴极丝产生的电流通常在 mA 量级。电子管上几十到几百 kV 的电压差加速了电子形成单能束,电子的动能用 eV 表示,在数值上等于电子管上的电压。高速电子被嵌在阳极中的高原子序数的金属靶阻止。当电子突然停止时,电子束中的一些动能转化为 X 射线(轫致辐射)。当电压小于几百 kV 时,X 射线主要以与电子束方向成 90° 左右的角度发射。在对应的位置上 X 射线管的保护屏蔽上有一个孔,可以让有用的 X 射线束出来。

以这种方式产生的 X 射线具有连续的能量分布。如果电子被瞬间阻止,那么电子的动能全部转化为 X 射线光子的能量,这对应于给定电压下穿过电子管的最大能量(或最短波长)光子。然而,这个最大极限只能接近,因为没有电子可以瞬间停止。对于不同的电离和激发碰撞,电子将以不同的速率运动,这一事实导致了连续的能量分布,直到理论最大能量,该能量仅由 X 射线管两端的高电压决定。光子的理论最大能量等于电子撞击目标时的动能,而动能又等于电子加速前的势能 qV。施加的电压(V)和最小波(λ_{min})长之间的关系为

$$\frac{hc}{\lambda_{min}} = qV \tag{3.4}$$

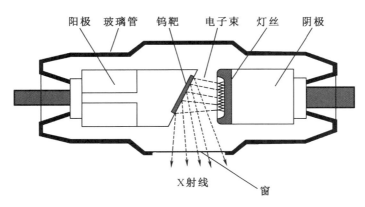

图 3.11　X 射线管示意图

5. 中子源

(1) 基于(α,n)反应的中子源

利用重核的 α 衰变释放的 α 粒子同某种靶物质发生核反应有可能产生中子。基于这种原理制成的中子源称为(α,n)中子源,它是由具有 α 衰变的放射性核素同合适的靶物质混合制成的。较为常用的靶物质是 ^{9}Be,它与 α 粒子发生的核反应表示如下:

$$\alpha + {}^{9}_{4}\text{Be} \rightarrow {}^{12}_{6}\text{C} + n \tag{3.5}$$

其 Q 值为 5.71 MeV。

当一束 α 粒子轰击厚 Be 靶时,其中子产额 Y 随 α 粒子能量 E_α 的变化关系如图 3.12 所示。在厚靶中,大部分的 α 粒子均被靶物质所吸收,每 10 000 个 α 粒子中只有一个能同 Be 核发生反应。实际上,当 α 放射性核素同 Be 的核素紧密混合时,其各处的中子产额相同。在实际工作中,所采用的 α 放射性核素都是锕系元素,锕系元素同 Be 元素组成 MBe$_{13}$ 形式的稳定合金,其中的 M 代表锕系元素。常用的 Be(α,n)中子源及其特征列于表 3.7 中。其中 ^{239}Pu-Be 中子源的中子能谱如图 3.13(a)所示,横坐标为中子能量 E_n,纵坐标为相对中子强度 I。图 3.13(a)中绘制的是包含 80 g Pu 的 ^{239}Pu-Be 中子源的中子能谱的两个实验测量结果,一个是乳胶室测量结果(其统计误差绘制于接近横轴的位置),另一个是芪晶体测量结果(误差未在图中显示)。

除了 Be 可以作为靶物质同 α 粒子产生中子外,^{7}Li、天然 B、^{19}F、^{13}C 也可以作为靶物质引起(α,n)反应,其中子能谱如图 3.13(b)所示。

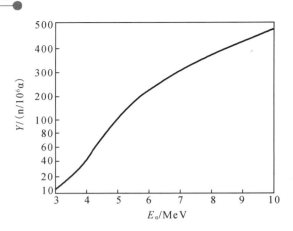

图 3.12 当一束 α 粒子轰击厚 Be 靶时,其中子产额 Y 随 α 粒子能量 E_α 的变化关系

表 3.7 常用的 Be(α, n) 中子源及其特征

中子源	半衰期	E_α/MeV	中子产额(每 1.0×10⁶ 个 α 粒子)		百分比产额(E_n<1.5 MeV)	
			计算值	实验值	计算值	实验值
²³⁹Pu-Be	24 000 a	5.14	65	57	11	9~33
²¹⁰Po-Be	138 d	5.30	73	69	13	12
²³⁸Pu-Be	87.4 a	5.48	79	—	—	—
²⁴¹Am-Be	433 a	5.48	82	70	14	15~23
²⁴⁴Cm-Be	18 a	5.79	100	—	18	29
²⁴²Cm-Be	162 d	6.10	118	106	22	26
²²⁶Ra(子体)-Be	1 602 a	多个	502	—	26	33~38
²²⁷Ac(子体)-Be	21.6 a	多个	702	—	28	38

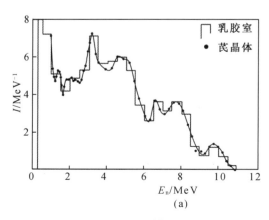

(a)

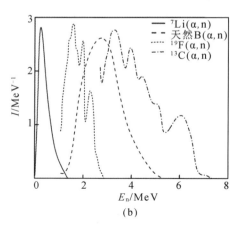

(b)

图 3.13 ²³⁹Pu-Be 中子源的中子能谱与其他(α,n)中子源的中子能谱

（2）基于转移反应的中子源

利用离子加速器加速氘核,使其与氘核或氚核发生核反应产生中子,其反应式为

$$_1^2\text{H} + _1^2\text{H} \rightarrow _2^3\text{He} + n, \quad Q = 3.26 \text{ MeV} \tag{3.6}$$

和

$$_1^2\text{H} + _1^3\text{H} \rightarrow _2^4\text{He} + n, \quad Q = 17.6 \text{ MeV} \tag{3.7}$$

二者分别称为 D-D 反应与 D-T 反应,被广泛地用于"中子发生器"的开发中。由于在上述反应中,入射粒子与靶核之间的库仑势垒非常小,因此氘核不必加速到非常高的能量。所产生的中子能量较为稳定,分别约为 3 MeV 和 14 MeV。一束电流为 1 mA 的氘束,在厚的氘靶上每秒能够产生约 1.0×10^9 个中子,而在厚的氚靶上每秒能够产生约 1.0×10^{11} 个中子。紧凑型中子发生器的中子产额则相对较低,其采用包含离子源和靶的密封管以及一个便携式的高压产生器。

除了 D-D 与 D-T 中子源外,还有一些采用其他核反应过程的重离子加速器中子源,如 $^9\text{Be}(d,n)$、$^7\text{Li}(p,n)$ 和 $^3\text{H}(p,n)$ 等。

（3）自发裂变中子源

自发裂变中子源就是利用裂变过程中释放的中子制成的中子源。最常用的自发裂变中子源为 ^{252}Cf 源,其每次裂变平均产生 3.8 个中子,^{252}Cf 的裂变中子产额为 0.116 n/(s·Bq);从质量的角度来说,1 mg 的 ^{252}Cf 样品每秒产生 2.3×10^6 个中子。其中子能谱如图 3.14 所示,横坐标 E 为中子能量,纵坐标 I 为任意单位的强度。可见,其峰值位于 0.5~1 MeV,可由下式来近似表述：

$$\frac{dN}{dE} = \sqrt{E} e^{-E/T} \tag{3.8}$$

其中,常数 T 对于 ^{252}Cf 而言约为 1.3 MeV。不同于自发裂变重带电粒子源,自发裂变中子源常常将超铀元素封装于较厚的容器中,以使只有快中子与 γ 光子发射出来（每次裂变除了平均发射 3.8 个中子外,还平均发射 8 个 γ 光子）。

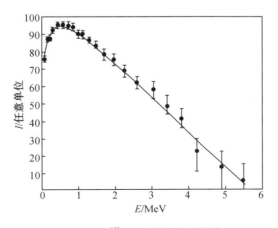

图 3.14 ^{252}Cf 的裂变中子能谱

6. 重带电粒子源

自发裂变重带电粒子源是利用自发裂变产生的裂变碎片制成的源,其广泛用于重离子测量中探测器的刻度上。

原则上,所有的重核都存在着衰变与自发裂变的竞争。由于裂变势垒的存在,裂变的发生受到了一定的限制,只有少数的大质量数超铀元素的裂变过程才比较显著。^{252}Cf 是被广泛应用的自发裂变源,其自发裂变半衰期(即假设自发裂变为唯一衰变过程时的半衰期)为 85 a;同时,^{252}Cf 也有很高的 α 衰变概率,因此其实际半衰期仅为 2.65 a。例如,1 mg 的 ^{252}Cf 每秒会发射 1.92×10^7 个 α 粒子,每秒经历 6.14×10^5 次自发裂变。

大多数情形下,^{252}Cf 每次裂变都会产生两个裂变碎片,其质量数 A 分布如图 3.15 所示(纵坐标为裂变产额 Y)。可见,其质量数分布通常为非对称形式,即一个碎片的质量数较大(平均 143),另一个的则较小(平均 108)。在裂变碎片刚刚产生时,显而易见,其为带正电的离子,但在运动过程中其与物质发生相互作用,俘获物质中的电子,使有效电荷下降。

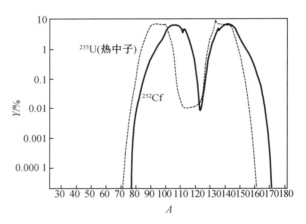

图 3.15 ^{252}Cf 自发裂变产生的裂变碎片质量数分布
(同 ^{235}U 被热中子诱发裂变产生的碎片质量数分布比较)

^{252}Cf 产生的两个裂变碎片分享的平均能量约为 185 MeV。由于裂变碎片的质量数不对称,其动能(E_F)分布同样不对称,如图 3.16 所示(纵坐标为裂变产额 Y)。可见,轻碎片被分配了更多的能量,重碎片所分得的能量则较少。由于裂变碎片的穿透能力很弱,因此自发裂变源通常为衬底平面上的薄层沉积,每次裂变只有一个碎片可以从表面逸出,而另一个碎片则被薄层吸收。

3.2.2 核反应堆

在核反应堆中,作为核燃料的 ^{233}U、^{235}U、^{239}Pu、^{238}U 等核素在中子的轰击下发生诱发裂变。裂变过程会产生中子和 γ 射线,因此运行中的核反应堆是强中子和 γ 射线源。随着核反应堆的运行,会产生与积累大量具有放射性的裂变产物和活化产物。即使停堆后,其中的裂变产物和活化产物依然具有放射性。

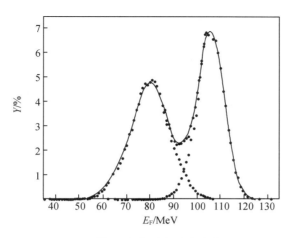

图 3.16 ^{252}Cf 自发裂变碎片的动能分布

1. 放射性的产生

^{235}U 一次裂变大约平均放出 2.5 个裂变中子,携带的能量大约为 5 MeV。一个 900 MW 的压水堆,瞬发裂变中子的强度约为 4.0×10^{20} MeV/s(2.0×10^{20} n/s),单位体积内的强度约为 6.5×10^{12} n/(s·cm^3)。瞬发裂变中子的能量为 1 eV~17 MeV,但超过 10 MeV 的中子所携带的能量不到总能量的 1%,所以一般认为中子能量的上限为 14 MeV。其他中子源包括缓发中子、活化产物中子和光致中子。缓发中子是裂变产物衰变时放出的中子,每次裂变放出的缓发中子只有 0.015 8 个,且能量较低。

每次裂变平均放出 8.1 个光子,这些光子带走的总能量为 7.25 MeV,光子的能量为 10 keV~10 MeV。一个 900 MW 的压水堆核电厂,热功率约为 2 600 MV,瞬发裂变 γ 源的强度约为 5.84×10^{20} MeV/s。设堆芯的体积约为 31 m^3,则单位体积瞬发裂变 γ 源的强度约为 1.89×10^{13} MeV/(s·cm^3)。每次裂变大约有 6.65 MeV 的 γ 能量在裂变 1 s 后由裂变产物放出,其中 3/4 以上的能量在 1 000 s 内放出。其他 γ 源包括热中子俘获 γ 射线、快中子非弹性 γ 射线、核反应产物的 γ 射线、活化产物的 γ 射线、湮灭辐射和韧致辐射等。这些 γ 源无论数量还是携带的总能量都不大,但俘获 γ 射线和快中子非弹性 γ 射线可在屏蔽体内产生,能量为 6~8 MeV,屏蔽计算时必须予以考虑。

核反应堆中的可裂变物质在诱发裂变过程中释放中子、γ 光子,同时产生裂变碎片(表 3.8)及超铀核素(次锕系核素,见表 3.9)。裂变产生的中子还能够与核燃料中的杂质、冷却剂、反应堆结构材料等发生反应("活化"),所产生的反应产物中许多都具有放射性,它们被称为活化产物。核反应堆产生的放射性核素包括裂变产物、超铀核素和活化产物。

表3.8 主要的长寿命裂变产物的半衰期

裂变产物	半衰期/a
^{85}Kr	10.7
^{90}Sr	29
^{137}Cs	30.08
^{134}Cs	2.065
^{135}Cs	2.30×10^6
^{129}I	1.57×10^7
^{79}Se	3.25×10^5
^{93}Zr	1.53×10^6
^{96}Zr	2.0×10^{19}
^{99}Tc	2.11×10^5
^{107}Pd	6.5×10^6

表3.9 主要的次锕系核素的半衰期

超铀核素	^{237}Np	^{241}Am	^{243}Am	^{244}Cm	^{245}Cm
半衰期/a	2.14×10^6	4.33×10^2	7.37×10^3	1.76×10^1	8.50×10^3

冷却剂内含有的放射性物质可分为两类:第一类,冷却剂本身的活化产物、冷却剂内原有杂质的活化产物、冷却回路管道和堆芯内设备表面腐蚀产物的活化产物;第二类,燃料包壳破损时由元件逸出的裂变产物、燃料包壳表面和其他结构材料表面杂质中铀的裂变产物。压水堆冷却剂及其中杂质的主要活化产物有^{16}N、^{17}N、^{19}O、^{18}F、^{14}C等(表3.10)。其中^{16}N通常作为蒸汽发生器破损的标志核素。^{18}F是中子与质子发生弹性散射时,反冲质子通过反应^{18}O(p,n)^{18}F产生的。由于冷却剂中含有较高浓度的B,能量高于1.2 MeV的中子可以与其发生核反应产生氚。为了调节pH值,冷却剂中添加LiOH,其中^{6}Li、^{7}Li都会在中子照射下产生氚。由于氚的穿透力较强,在辐射防护中需要重点考虑。堆芯中子可以分别通过(n,p)、(n,α)、(n,γ)与^{14}N(压力容器周围空气)、^{17}O(一回路水)、^{13}C发生反应产生^{14}C。活化腐蚀产物主要有^{58}Co、^{60}Co、^{51}Cr、^{54}Mn、^{56}Mn、^{59}Fe、^{24}Na等,有的压水堆中还观测到^{110m}Ag。活化腐蚀产物的种类和活度与以下几个因素有关:一回路水的化学控制、一回路设备的材料、反应堆的运行时间和工况。

表 3.10 压水堆冷却剂中主要的活化产物及其放射性

活化对象	核反应	生成核半衰期	生成核释放能量/MeV
冷却剂	$^{16}O(n,p)^{16}N$ $^{15}N(n,\gamma)^{16}N$	7.13 s	β^-:10.41,4.29 γ:6.13,7.12,2.74
	$^{17}O(n,p)^{17}N$	4.173 s	β^-:8.68,4.13,7.81 γ:0.870,2.184 n:0.40,1.1709,1.700
	$^{18}O(n,p)^{18}N$	0.63 s	β^-:9.4 γ:0.820,1.65,1.98,2.42,2.47 γ:0.197,1.356
	$^{14}N(n,p)^{14}C$	5730 a	β^-:0.156
	$^{10}B(n,2\alpha)^3H$	12.3 a	β^-:0.0057
	$^{18}O(p,n)^{18}F$	1.83 h	β^+:0.634
结构材料	$^{59}Co(n,\gamma)^{60}Co$	5.26 a	β^-:0.315 γ:1.173,1.332
	$^{58}Ni(n,p)^{58}Co$	70.83 d	γ:0.810
	$^{50}Cr(n,\gamma)^{51}Cr$	27.72 d	γ:0.32
	$^{55}Mn(n,\gamma)^{56}Mn$	2.582 h	β^-:2.838,1.028,0.718 γ:0.8467,1.8107,2.113
	$^{54}Fe(n,p)^{54}Mn$	312.13 d	γ:0.834
	$^{58}Fe(n,\gamma)^{59}Fe$	45.1 d	β^-:0.461,0.269 γ:1.0992,1.2916
	$^{27}Al(n,\alpha)^{24}Na$	14.95 h	β^-:5.516

2. 放射性物质的释放

在正常运行情况下,核反应堆产生的裂变产物、超铀核素及活化产物可通过放射性废气、放射性废液、放射性固体废物等进入环境。核反应堆向大气环境中释放的放射性废气中主要有放射性 Kr、Xe、I 等裂变产物和 ^3H、^{14}C、^{13}N、^{16}N、^{35}S、^{41}Ar 等活化产物。这些放射性气体的成分和排放率同反应堆堆型、废气处理设施与实际运行情况等因素有关。核反应堆的放射性废水来自一回路的冷却水、燃料元件冷却池的冷却水和附属设施的废水。同样,废水中的放射性核素为裂变产物与活化产物。根据 1979 年美国对 31 个压水堆和 19 个沸水堆的放射性废水的测定结果可知,在压水堆中,Co、Cs 和 I 的放射性活度分别约占总活度的 60%、30% 和 6%;而在沸水堆中,Cs 的放射性贡献最大,约为 70%。核反应堆的固体废物包括离子交换树脂、过滤器、过滤器上的泥浆、蒸发器上的残渣、燃料元件碎片及废弃的防护用品等,涉及的放射性核素主要是 ^{51}Cr、^{55}Fe、^{56}Mn、^{60}Co 等。

在反应堆发生事故时会有部分裂变产物释放到堆外。惰性气体和易挥发的物质是需要重点考虑的。惰性气体化学性质不活泼,当燃料元件熔化时,会全部释放出来。但在放射性裂变气体中除少数几个核素(如^{133}Xe、^{135}Xe、^{85}Ke)外,其余核素的半衰期都很短。即使安全壳破损,只要在破损前能将它们阻留几个小时,放射性影响就可大大地降低。它们被释放到环境中将对周围公众产生外照射。卤素元素是气态或挥发性很强的裂变产物,极易从燃料元件中逸出。但由于它们的化学性质很活泼,因此很容易被阻留在冷却剂或安全壳内。卤素元素中,以^{131}I的放射性影响最大,被释放到环境中会造成蔬菜、牧草及牛奶的污染。

3.2.3 加速器

在加速器真空室引出的原始粒子束(如电子、质子、氘核、重离子等)常用导管或薄金属窗传送。由于粒子束具有较强的穿透能力,因而需要屏蔽。其还存在较强的射线散射问题。粒子束轰击靶核能够引发多种核反应,进而引起若干种辐射。

对于电子加速器,需要考虑X射线的产生。当快电子与物质发生相互作用时,其部分能量以轫致辐射的形式转移成电磁辐射。电子能量中被转移的部分随着电子能量的增加而增加,而且当吸收材料的原子序数很高时,这一比例较大。这一特性对于传统的X射线管产生X射线是十分重要的。

在指定材料中减速并停止的单能电子的轫致辐射能谱是连续的,且轫致辐射最大能量等于电子能量。图3.17所示为5.3 MeV的电子轰击到Au-W靶上产生的轫致辐射能谱,即轫致辐射产额同光子能量k之间的关系。由图3.17可见,低能光子能量占据主要地位,光子的平均能量仅占入射电子能量的一小部分。由于轫致辐射能谱连续,因而其不能直接用于探测器的能量刻度上。

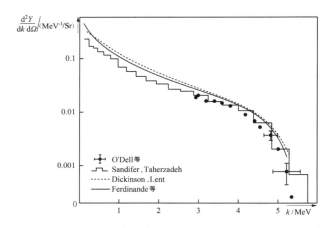

图3.17 5.3 MeV的电子轰击到Au-W靶上产生的轫致辐射能谱

射线束或被散射的射线在加速器的各个部件上有可能产生感生放射性,从而对操作人员造成危害。这种感生放射性类似于裂变产物,半衰期范围很宽。感生放射性在初期衰变得很快,这对于加速器的维护具有意义。

除了射线束与感生放射性外,加速器运行时还能够产生O_3,并在空气中引起(γ, n)反应,产生诸如^{15}O、^{13}N一类的放射性气体。这些放射性气体的浓度取决于射线束的功率、持续时间、靶的材料、通风率等。

3.2.4 医用放射源

电离辐射在医学领域的应用主要包括诊断和治疗两个方面。其所使用的放射性核素主要用于显影成像或者杀死病变细胞,但需要考虑降低对人体的伤害。所以要求选用的核素半衰期要短,同时核素本身及其子体最好没有化学毒性,能够代谢出体外。

其中,^{99m}Tc 是医学诊断中应用最为广泛的放射性核素,是^{99}Mo 的 β 衰变子体;而^{99}Mo 可以通过^{98}Mo 的中子俘获反应——^{98}Mo(n,γ)^{99}Tc 产生。利用核反应堆中子辐照^{98}Mo,而后将^{99}Mo 从裂变产物中区分开,并放入用 Pb 屏蔽的 Mo-Tc 发生器中,其间^{99}Mo 会发生衰变产生^{99m}Tc。在使用时,可利用 NaCl 溶液将^{99m}Tc 淋洗出来。

^{99m}Tc 处于亚稳态,具有约 6 h 的半衰期,在衰变时会放出一个 140 keV 的 γ 射线。^{99m}Tc 是单光子发射计算机断层成像仪(SPECT)显像应用的首选核素,可用于心血管显像、脑显像、肿瘤显像、肝胆显像、肾显像和骨显像等。这里以甲状腺的诊断为例说明利用^{99m}Tc 和 γ 相机进行诊断的基本过程:将^{99m}Tc 的氧化物注入体内后,其将于甲状腺区域富集;利用体外的 γ 相机对^{99m}Tc 放出的 γ 射线进行探测,从而实现对甲状腺的成像。

^{131}I 和^{123}I 亦可用于甲状腺的成像诊断,这里对二者做一下比较。裂变产物^{131}I 具有约 8 d 的半衰期,经过 β 衰变到达^{131}Xe 的激发态,^{131}Xe 有 81%的概率发射 364 keV 的 γ 射线;而^{123}I 则由回旋加速器产生,它经过约 13 h 的半衰期,通过轨道电子俘获到达^{123}Te 的激发态,^{123}Te 会发射 159 keV 的 γ 射线。比较两种 I 的同位素可以推知,^{123}I 的半衰期要比^{131}I 短很多,更适合成像过程;同时^{123}I 没有 β 射线放出,而^{131}I 则有平均能量为 200 keV 的 β 射线放出,这些 β 射线会在短距离内被吸收,从而对甲状腺造成额外的有效剂量;此外,^{123}I 释放的 γ 能量对成像而言也比较理想。

除了上述放射性核素外,通过回旋加速器或反应堆还产生了很多类型的用于医学应用的放射性核素,分别列于表 3.11 和表 3.12 中。

表 3.11 回旋加速器产生的典型医用放射性核素

核素	半衰期	衰变方式	应用
^{11}C	20 min	EC	正电子发射断层扫描(PET)、心肌代谢
^{13}N	10 min	EC	PET、脑生理病理学
^{15}O	122 s	EC	PET、局部脑血流
^{18}F	110 min	EC	PET、葡萄糖代谢
^{57}Co	272 d	EC	器官大小标记、校准源
^{64}Cu	13 h	EC、β$^-$	铜代谢
^{67}Cu	62 h	β$^-$	放射性治疗
^{67}Ga	3.3 d	EC	肿瘤成像
^{68}Ga	68 min	EC	PET、肿瘤定位

表 3.11(续)

核素	半衰期	衰变方式	应用
^{68}Ge	271 d	EC	^{68}Ga 的生产
^{81m}Kr	13 s	IT	成像、肺功能检查
^{82}Rb	1.3 min	EC	PET、心肌灌注
^{82}Sr	25 d	EC	^{82}Rb 的产生
^{111}In	2.8 d	EC	肿瘤定位
^{123}I	13 h	EC	成像、脑内受体
^{201}Tl	3.0 d	EC	心脏诊断
^{211}At	7.2 h	EC、α	靶向治疗、癌症

表 3.12　反应堆产生的典型医用放射性核素

核素	半衰期	衰变方式	应用
^{24}Na	15 h	β^-	体内电解质的研究
^{32}P	14 d	β^-	真性红细胞增多症的治疗
^{40}K	12 h	β^-	交换性钾的研究
^{51}Cr	28 d	EC	肾脏清除率的研究
^{59}Fe	44 d	β^-	代谢研究
^{60}Co	5.2 a	β^-	灭菌、校准源
^{75}Se	120 d	EC	消化酶的研究
^{89}Sr	51 d	β^-	止痛、癌症
^{90}Y	64 h	β^-	治疗、癌症、止痛
^{99}Mo	66 h	β^-	^{99m}Tc 的产生
^{99m}Tc	6.0 h	IT	肾脏研究、骨骼转移瘤的影像学表现
^{103}Pd	17 d	EC	近距离治疗源
^{125}I	59 d	EC	血栓形成定位、肾脏研究
^{131}I	8.0 d	β^-	治疗、甲状腺疾病、甲状腺成像
^{133}Xe	5.2 d	β^-	肺通气的研究
^{137}Cs	30 a	β^-	血液灭菌、校准源
^{153}Sm	120 d	EC	止痛、癌症
^{165}Dy	2.3 h	β^-	治疗、关节炎
^{166}Ho	27 h	β^-	诊断和治疗、癌症
^{169}Er	9.4 d	β^-	关节炎的疼痛缓解
^{169}Yb	32 d	EC	脑内脑脊液的研究
^{177}Yb	1.9 h	β^-	^{177}Lu 的产生
^{177}Lu	6.6 d	β^-	疼痛缓解、癌症、治疗、内分泌肿瘤
^{186}Re	3.7 d	β^-	止痛、癌症

表 3.12(续)

核素	半衰期	衰变方式	应用
^{188}Re	17 h	β^-	冠状动脉照射(预防再狭窄)
^{192}Ir	74 d	β^-	近距离治疗源
^{212}Pb	11 h	β^-	靶向治疗、癌症
^{213}Bi	46 min	β^-	靶向治疗、癌症

习　　题

1. 地球宇宙射线的强度随"海拔效应"和"纬度效应"如何变化？在海平面附近宇宙射线的主要成分是什么？
2. 试分析在北方城市，氡气剂量随季节和楼层高度的变化规律。
3. 原生放射性核素主要通过哪些射线给人体带来外照射？通过哪些射线带来内照射？
4. α源所释放的α粒子与β源所释放的β粒子在能谱上有什么区别？为什么会产生这样的区别？
5. ^{239}Pu-Be 中子源通过(α,n)反应产生中子，^{239}Pu 产生的α粒子能量是不连续的，试分析为什么产生的中子能量接近连续能谱？
6. 自发核裂变核素^{252}Cf 是一种常用的同位素人工放射源，试述该核素可以用作何种辐射的放射源？
7. 试说明在实际应用中，通常通过哪些核反应提供中子源？发射的中子能谱有什么差异？
8. 反应堆在正常运行过程中，一回路主要的放射性来源是什么？哪种核素通常作为蒸汽发生器破损的标志？该核素是如何产生的？
9. 发生事故时应该主要关注哪些类型的放射性物质？
10. 人体的构成包括 C、H、O、N 等主要元素，要维持正常的生理活动，Na、K、Ca、Fe 等元素也是必不可少的。如果将人体视为一个放射源，请分析人体内各放射性核素的活度。

参　考　文　献

[1] VALKOVIC V. Radioactivity in the environment: physicochemical aspects and applications [M]. Amsterdam: Elsevier Science, 2000.

[2] ANDERSON M E, NEFF R A. Neutron energy spectra of different size ^{239}Pu-Be(α, n) Sources [J]. Nuclear Instruments & Methods, 1972, 99(2): 231-235.

[3] GEIGER K W, ZWAN L V D. The neutron spectra and the resulting fluence-kerma

conversions for ^{241}Am-Li(α, n) and ^{210}Po-Li(α, n) sources [J]. Health Physics, 1971, 21(1): 120-123.

[4] LORCH E A. Neutron spectra of ^{214}Am/B, ^{241}Am/Be, ^{241}Am/F, ^{242}Cm/Be, ^{238}Pu/^{13}C and ^{252}Cf isotopic neutron sources [J]. The International Journal of Applied Radiation and Isotopes, 1973, 24(10): 585-591.

[5] NERVIK W E. Spontaneous fission yields of Cf252 [J]. Physical Review, 1960, 119(5): 1685.

[6] WHETSTONE S L, Jr S L. Coincident time-of-flight measurements of the velocities of Cf252 fission fragments [J]. Physical Review, 1963, 131(3): 1232-1243.

[7] FERDINANDE H, KNUYT G, VIJVER R V D, et al. Numerical calculation of absolute forward thick-target bremsstrahlung spectra [J]. Nuclear Instruments & Methods, 1971, 91(1): 135-140.

[8] KNOLL G F. Radiation detection and measurement [M]. 4th ed. Hoboken: John Wiley & Sons, Inc, 2010.

[9] EISENBUD M, GESELL T. Environmental radioactivity from natural, industrial & military sources [M]. 4th ed. Amsterdam: Elsevier Science, 1997.

[10] 宋妙发, 强亦忠. 核环境学基础 [M]. 北京: 原子能出版社, 1999.

[11] MARTIN A, HARBISON S, BEACH K, et al. An introduction to radiation protection [M]. 7th ed. Boca Raton: CRC Press, 2019.

[12] AHMED S N. Physics and engineering of radiation detection [M]. Amsterdam: Elsevier Science, 2014.

[13] 俞誉福. 环境放射性概论 [M]. 上海: 复旦大学出版社, 1993.

[14] 莫 H J. 辐射安全教程 [M]. 北京: 原子能出版社, 1979.

[15] 环境保护部辐射环境监测技术中心. 核技术应用辐射安全与防护 [M]. 杭州: 浙江大学出版社, 2012.

[16] ISAKSSON M, RÄÄF C L. Environmental radioactivity and emergency preparedness [M]. Boca Raton: CRC Press, 2017.

[17] BETHGE K, KRAFT G, KREISLER P, et al. Medical applications of nuclear physics [M]. Heidelberg: Springer, 2004.

第4章 辐射的生物效应

自1896年Rontgen发现X射线、Becquerel发现放射性不久,人们就已经观察到了辐射对人体的生物效应。辐射的生物效应源于辐射与人体之间发生的相互作用。辐射可能来自体外的辐射源,也可能来自体内存在的放射性物质。辐射通过电离与激发过程向人体细胞转移能量,进而可能导致一些临床症状。而症状的特点、严重程度以及出现的时间则依赖于辐射的吸收量与吸收率。除了受到辐射的人体出现辐射生物效应外,如果性腺中的生殖细胞遭受辐照,还可能会造成后代出现辐射生物效应。本章首先介绍了辐射的生物效应产生的微观机理,接着讨论了辐射的确定性效应与随机性效应,以及影响辐射生物学效应的因素。

4.1 辐射对细胞的损伤

4.1.1 细胞

所有的生物和有机体都是由细胞组成的。细胞的基本组成部分包括细胞核、细胞质以及细胞膜。简单地说,细胞质是细胞的"工厂",而细胞核则包含了细胞执行其功能和自我增殖所需要的全部信息。细胞质中的某些结构将营养物质分解为更小的分子,这些小分子可合成多种生物大分子并储存体内,以供细胞增殖之用。细胞核中含有染色体,染色体是由基因组成的微小线状结构。由脱氧核糖核酸(DNA)和蛋白质分子组成的染色体,携带着决定子细胞的遗传信息。人类细胞通常含有46条染色体。

细胞增殖能够补偿细胞死亡造成的损失。对于不同类型的人类细胞,其寿命从几个小时到几年不等,增殖率也不尽相同。细胞的增殖有两种方式,即有丝分裂和减数分裂。根据细胞功能,组成人类的细胞可分为两大类,即体细胞和生殖细胞。人体内的体细胞进行有丝分裂,在有丝分裂过程中染色体中的DNA复制,蛋白质合成,原始细胞分裂成两个新的细胞,每个新的细胞都与原始细胞相同。生殖细胞则进行减数分裂,这是精子和卵子形成过程中的一种特殊分裂。减数分裂在细胞的生命周期中只发生一次,而且只在生殖细胞中发生。在有性生殖过程中,精子和卵子结合,染色体结合形成一个含有来自父母双方基因的新细胞(即受精卵),胚胎即由受精卵发育而来。

DNA是所有活细胞所共有的,它提供了通用的遗传密码。DNA具有高分子量,是构成染色体的主链,而染色体则包含在细胞的细胞核中。细胞中的DNA控制着细胞的内部工作,并决定了细胞在有机体中的特定活动。DNA分子的机械性能或基因完整性的任何破坏都将明显地对细胞的后续正常功能造成严重的后果。

Watson 和 Crick 在 1953 年发现，DNA 分子具有明确的双螺旋结构，是由脱氧核糖、磷酸基团和碱基构成的。两条脱氧核糖-磷酸链在每个脱氧核糖单元中由核苷酸碱基中的两个嘌呤-嘧啶对之一进行连接，分别为腺嘌呤-胸腺嘧啶对(A–T)和鸟嘌呤-胞嘧啶对(G–C)。链上的嘌呤(A、G)和嘧啶(C、T)的序列构成了遗传密码的基础。两条糖-磷酸盐链相互平行(相距 1.2 nm)，均呈螺旋结构(绕一圈所对应的 DNA 长度为 3.4 nm)。每个完整的碱基、糖和磷酸组成的单元被称为一个核苷酸，每条 DNA 链都是一个多核苷酸链。DNA 分子的长度可达 50 mm，直径为 2 nm。

4.1.2 辐射生物效应的产生过程

核辐射与热、光等常见的辐射之间的基本区别是，前者能够造成电离。细胞的主要组分是水，辐射在水中的电离过程能够造成分子改变并产生一种能够损伤染色体的化学物质。这种损伤主要表现为细胞构造和功能的改变。在人体中，这些改变可以呈现为诸如放射病、白内障或癌症等的临床症状。

辐射对细胞的损伤过程可以分为以下几个阶段。

(1) 初始物理阶段：这一阶段只持续很短的时间(约为 1.0×10^{-16} s)。在该阶段，辐射的能量被沉积在细胞当中并造成电离。在水中，这一过程可以写成

$$H_2O \xrightarrow{辐射} H_2O^+ + e^- \tag{4.1}$$

(2) 物理化学阶段：这一阶段持续约 1.0×10^{-6} s。在该阶段，离子与其他水分子发生相互作用，生成许多新的产物，如正离子发生的分解：

$$H_2O^+ \rightarrow H^+ + \cdot OH \tag{4.2}$$

而电子则被吸附于中性水分子中并发生分解，即

$$H_2O + e^- \rightarrow H_2O^-$$

$$H_2O^- \rightarrow \cdot H + OH^- \tag{4.3}$$

因此，反应产物包括 H^+、OH^-、$\cdot H$ 和 $\cdot OH$。其中，前两种产物在普通水中大量存在，不参与接下来的反应；后两种产物被称为自由基，它们拥有一个不成对的电子，因而具有很强的化学反应性。除上述反应产物外，还有一种反应产物 H_2O_2，它是一种强氧化剂，可由下述反应合成：

$$\cdot OH + \cdot OH \rightarrow H_2O_2 \tag{4.4}$$

(3) 化学阶段：这一阶段持续时间可达数秒。在该阶段，反应产物与细胞中的重要有机分子发生相互作用。自由基与氧化剂可能会攻击组成染色体的复杂分子，如它们可能会吸附于分子上或者造成 DNA 长链分子的断裂。

(4) 生物阶段：这一阶段持续的时间取决于特定的症状，可以持续数十分钟，也可能延续到几十年。上面介绍的化学改变能够以许多方式影响到某一个细胞，如它们可能会造成细胞的早期死亡、阻滞或延迟，也可能会给细胞造成永久性的改变并遗传给子细胞。分子损伤逐渐发展为细胞效应，如染色体畸变、细胞死亡、细胞突变等，最终可能造成机体死亡、远期癌效应以及后代的遗传效应等。

4.1.3 辐射对 DNA 的损伤

辐射对人体的影响是从细胞开始的。被细胞吸收的辐射有可能影响细胞内的各种关键目标,其中最重要的是 DNA。DNA 是辐射作用的"靶分子"。有证据表明,DNA 的损伤将导致细胞死亡、突变和癌变。DNA 分子受到辐射损伤的方式主要包括直接作用和间接作用两种(图 4.1)。

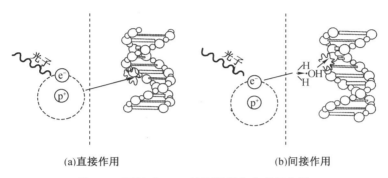

(a)直接作用　　　　　　　　　(b)间接作用

图 4.1　辐射对 DNA 的两种损伤方式示意图

在直接作用这一方式中,辐射直接影响 DNA,导致 DNA 分子中的原子电离。这可以被看作辐射对 DNA 的"直接打击"。由于 DNA 双螺旋结构的直径约为 2 nm,因此若要这种作用发生,辐射必须在 DNA 分子几 nm 的范围内产生电离。对于高 LET 来讲,随电离密度的增加,粒子径迹与 DNA 靶分子直接作用的机会增加,故直接作用在高 LET 辐射中是很重要的过程。

在间接作用这一方式中,辐射与水的相互作用导致自由基的产生,这些自由基可以攻击关键的目标,如 DNA。因为它们能够在细胞内扩散一段距离,所以最初的电离事件不必发生在离 DNA 很近的地方就可造成损害。因此,间接作用造成的损害比直接作用造成的损害要普遍得多,特别是对于比电离低的辐射。

当 DNA 受到直接或间接攻击时,构成双螺旋结构的分子链就会损伤。这种损伤大多只发生在两条链中的一条上(即单链断裂),因此细胞可以很容易地利用另一条链作为模板进行修复。然而,如果双链均发生断裂(即双链断裂),细胞就很难修复损伤,并可能会出错。这可能导致基因突变或 DNA 编码的改变,从而导致癌症或细胞死亡等后果。DNA 单链断裂与双链断裂的比值受射线能量影响很大,在低能量沉积范围内,以单链断裂为主;当能量大至一定程度时,以双链断裂为主。对于低 LET 辐射,双链断裂发生概率约为单链断裂发生概率的 1/25。

4.1.4 生物效应分类

电离辐射的能量沉积是一个随机的过程,即使是非常低的剂量也有可能在细胞关键位点沉积足够的能量而诱发细胞改变或死亡。在大多数情况下,单个或少量细胞死亡不会产生组织上的后果。但是,单个细胞的变异发生遗传变化或最终导致恶性突变的细胞转化事件,将会产生严重的后果。具体来讲,该类事件涉及受照体细胞的癌变及双亲受照精子或卵细胞后代的遗传疾病。这些源于单个细胞损伤的辐射效应称为随机性效应。即使在很低剂量下,这些随机性效应事件仍然会以有限的概率发生,因此没有剂量阈值。这类效应事件发生的概率会随辐射剂量的增加而增加。

当剂量在一定阈值水平以内时,细胞损伤的个数不至于影响器官的功能,也不会在器官或组织上产生可观测到的生物效应;当剂量超过该水平时,大量的细胞可能被杀死,足以产生可检测到的组织反应,即确定性效应。确定性效应的严重程度随着剂量的增加迅速上升。图 4.2 所示为确定性效应与随机性效应的分类示意图。

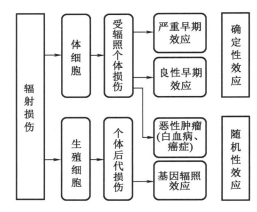

图 4.2 确定性效应与随机性效应的分类示意图

4.2 确定性效应

4.2.1 确定性效应的分类

确定性效应对应的组织或器官在受照后数小时到数周的反应称为早期组织反应。通常是细胞因子释放导致的炎症性反应,如红斑;或是因细胞死亡导致的反应,如胃肠道或神经肌肉损伤、黏膜炎、上皮组织的脱皮反应等,具体情况则取决于接受剂量大小。

确定性效应对应的组织或器官在受照后数月到数年的反应称为晚期组织反应。如果反应是由组织的直接损伤引起的,则是一般型,如照射后血管阻塞导致的深部组织坏死;如果是早期细胞损伤的结果,则是继发型,如严重表皮脱落或慢性感染所导致的皮肤坏死、严重黏膜溃疡导致的小肠狭窄等。晚期组织反应发病前不但有一个长时间剂量依赖性潜伏期,而且有一个很长的进展期,很多疾病发生率在照射后 10 年还在上升。

ICRP 第 60 号出版物较关注细胞杀伤。后来人类认识到辐射细胞毒性不能解释组织反应,信号转导、细胞因子等一些非致死效应也是重要决定因素,故 ICRP 第 103 号出版物提出组织反应的概念,但由于确定性效应在放射防护体系中已有广泛的使用基础,因此目前可将组织反应和确定性效应作为同义词使用。

4.2.2 确定性效应的剂量响应和阈值

不同组织对辐射的反应程度各不相同,它们的放射敏感性也有差异。其中卵巢、睾丸、骨髓和晶状体等最为敏感。总的来讲,效应发生率随着剂量增加而增加,反应的严重程度与剂量也是正相关的。对一个由不同敏感性个体组成的群体,确定性效应(组织反应)发生率、反应严重程度随剂量变化的关系曲线如图4.3所示。图4.3中曲线①是最为敏感亚群个体的病理状态,其反应严重性随剂量的增加逐渐显著。与较为不敏感群体相比(图4.3中曲线②和③),这些敏感亚群在剂量较低时就达到了可检测的阈值。对于确定的严重程度——病理条件阈值,不同的敏感亚群对应不同的剂量。当所有敏感亚群的严重程度都达到病理条件阈值时,确定性效应的发生率达到100%。由于重要的DNA损伤感应或修复基因的遗传突变,在一般人群中存在不到1%的对放射非常敏感者,其余个体会有一个敏感谱。确定性效应的剂量阈值描述为低于该剂量将不会出现特定的效应。在实践中,根据不同放射治疗实验和事故性照射数据,人们获得了人体内较敏感组织的确定性效应的剂量阈值(表4.1)。生物学研究和临床资料表明,无论是单次急性剂量照射,还是每年反复持续小剂量照射,在吸收剂量低于约100 mGy的范围内(高LET和低LET同样适用),组织或器官不会在临床上表现出功能损伤。

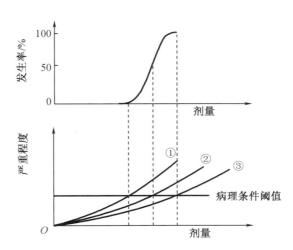

图4.3 确定性效应(组织反应)发生率、反应严重程度随剂量变化的关系曲线

表 4.1　人体内敏感组织的确定性效应的剂量阈值（ICRP 第 118 号出版物）

组织与效应	阈值		
	单次短暂照射的总剂量/Gy	分割多次照射或迁延照射的总剂量/Gy	多年中每年分割多次照射或迁延照射的年剂量率/(Gy/a)
睾丸			
暂时不育	约 0.1	不适用	0.4
永久不育	约 6.0	不适用	2.0
卵巢			
不育	约 3.0	6.0	>0.2
晶状体			
白内障（视力障碍）	约 0.5	约 0.5	>0.5
骨髓			
造血功能低下	约 0.5	10~14	>0.4

4.2.3　全身照射后死亡

1. 半致死剂量

照射死亡的原因通常是身体内一个或多个重要生命器官的组织中细胞严重丢失，或者是功能障碍。身体部分照射或全身不均匀照射的致死性，取决于哪种器官受照射、照射体积以及剂量水平。对于某一特殊潜在致死性综合征来说，群体的存活率与吸收剂量呈线性反相关（图 4.4）。通常以预期导致 50% 个体死亡的剂量——半致死剂量 LD_{50} 和曲线斜率来描述存活率与剂量的关系，还会用 $LD_{5\sim10}$ 和 $LD_{90\sim95}$ 来评价引起少数或很多死亡的剂量。致死率与受照后的时间间隔有关，对于物种，常考察预期导致 50% 受照体在 30 d 内死亡的吸收剂量，记作 $LD_{50/30}$；对于人类，由于辐射导致的疾病潜伏期相对较长，因此常选用预期导致 50% 受照者在 60 d 内死亡的吸收剂量，即 $LD_{50/60}$，其值为 3~5 Gy，通常取中位值 4 Gy。联合国原子辐射效应科学委员会（UNSCEAR）估算的 $LD_{10/60}$（即预期导致 10% 受照者在 60 d 内死亡的吸收剂量）为 1~2 Gy，$LD_{90/60}$（即预期导致 90% 受照者在 60 d 内死亡的吸收剂量）为 5~7 Gy。

2. 急性放射病

机体在短时间内受到大剂量电离辐射照射后出现的全身性疾病称为放射病。当所接受的急性吸收剂量低于 1.5 Gy 时，早期死亡的风险非常低。一次性接受超过 1 Gy 的剂量，在接触辐射几小时后会出现恶心和呕吐，这是肠道细胞受损的结果。另一种暴露在过度辐射照射下的效应是出现红斑，即皮肤变红。在许多情况下，皮肤会比其他大多数组织受到更多的辐射照射，对于 β 射线和低能 X 射线尤其如此。约 3 Gy 的低能 X 射线照射能够导致红斑，而较大剂量的 X 射线照射则可能导致其他症状，如色素沉着、起泡和溃疡等。

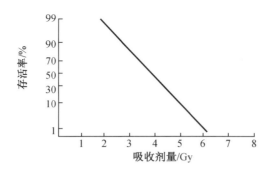

图 4.4 存活率与吸收剂量的关系示意图

当吸收剂量达 3 Gy 时,有可能出现死亡(特别是在暴露后的 10~15 d)。当吸收剂量达 5 Gy 时,会出现严重的胃肠道(干细胞和毛细血管内皮细胞)损伤,同时并发造血损伤,处于这种伤情的受照者就会在 1~2 星期内死亡。而吸收剂量达 8 Gy 时,存活的概率将会非常低。当吸收剂量达 10 Gy 时,出现的死亡通常是白细胞耗竭所造成的二次感染引起的(白细胞通常提供抗感染保护)。3~10 Gy 的吸收剂量范围通常被称为感染死亡范围。在这个剂量范围内,通过特殊的医疗治疗可以增加存活率,如可将受照者隔离在无菌环境中(即无感染发生),进行骨髓输注以刺激白细胞的产生。而吸收剂量超过 10 Gy 以后,受照者能够存活的时间骤降为 3~5 d,此时辐射照射会导致肠壁细胞严重耗竭,给肠内壁带来严重的损伤以及严重的细菌入侵。

在更高的吸收剂量下,存活时间会变得更短。当前吸收这一剂量范围的人类数据很少,但在动物实验中观察到的症状表明,在这种高吸收剂量下,中枢神经系统会受到一些损害。在照射剂量接近甚至超过 50 Gy 时,就会造成神经系统和心血管系统的急性损伤,受照个体将在照射后几天内死于休克。但研究也发现,即使在超过 500 Gy 的剂量照射下,动物也不会立即死亡。人受到急性低 LET 全身不均匀照射引发特定综合征和死亡的剂量见表 4.2。

表 4.2 人受到急性低 LET 全身不均匀照射引发特定综合征和死亡的剂量

全身吸收剂量/Gy	主要致死效应	照射后死亡时间/d
3~5	骨髓损伤($LD_{50/60}$)	30~60
5~15	胃肠道损伤	7~20
5~15	肺和肾脏损伤	60~150
>15	神经系统损伤	<5,剂量依赖性

3. 干预和影响因素

达到致死剂量临床死亡的原因是生产功能性短寿命粒细胞的祖细胞缺失,从而导致造血衰竭和得不到辐射抗性红细胞的补充而出血死亡。在一定程度上,适当的医学处理,如输液、使用抗生素、抗真菌药物、隔离护理输血小板和浓缩同源血液干细胞、注射粒细胞巨噬细胞集落刺激因子等措施,有可能获得该剂量甚至更大剂量照射个体的存活机会。积极的支持性医学治疗和生长因子治疗能显著提高 $LD_{50/60}$。生长因子已在实施全身放射治疗的血液系统疾病的病人中使用多年,也有少数事故性照射病人使用了生长因子,但对于那些处于死亡危险的病人,生长因子并未能挽救其生命。

如果辐射剂量是在数小时甚至更长时间段照射给予的,则上述效应的发生需要更大的全身剂量。例如,如果剂量率是 0.2 Gy/h,则 LD_{50} 的数值有可能提高 50%;如果剂量是在一个月时间段照射给予的,则 $LD_{50/60}$ 的数值就有可能加倍。当处于低的(慢性)辐射剂量率时,照射会引起慢性放射综合征,特别是在造血、免疫和神经系统方面。例如,抑制免疫系统的剂量阈值为每年 0.3~0.5 Gy;而在年剂量低于 0.1 Gy 的多年照射下,成人和儿童身体组织则都并未发生严重反应。

高 LET 辐射产生的组织和器官反应与低 LET 辐射的类似,但单位剂量高 LET 照射造成上述效应的频率更高,也更加严重。这种差别可由所考虑效应的相对生物效能(RBE)来表示。高 LET 辐射同低 LET 辐射的 RBE 定义为:导致相同水平生物效应的低 LET 参考辐射的吸收剂量与高 LET 辐射的吸收剂量之比。

4.3 随机性效应

随机性效应通常是延迟效应,也就是说从照射到发病通常有一定的潜伏期。随机性效应主要包括两种类型:一是由于体细胞突变而在受照个体内形成的癌症;二是由于生殖细胞突变而在其后代身上发生的遗传疾病。对于癌症,流行病学和实验研究结果提供了辐射危险的证据。对于遗传疾病,虽然没有直接证据证明辐射对人类后代产生危险,但是实验观察却有力地证明了对后代的这种危险应该包含在防护体系之中。

ICRP 和 UNSCEAR 普遍认为在剂量低于 100 mSv 的情况下,归因于辐射的癌症或遗传效应的发生概率同剂量呈线性关系("线性");同时,任何微小的剂量都有可能诱发随机性效应("无阈")。这种剂量-响应模型称为线性无阈(LNT)模型。LNT 模型是根据大量辐射致癌流行病学研究的数据获得的,致癌危险与 100 mGy 以上辐射剂量成正比。但是,在小剂量情况下,LNT 模型没有直接的流行病学证据,而是基于流行病学、动物和细胞实验获得的剂量与剂量率效能因数(DDREF)数值外推得到的小剂量及低剂量率情况下的癌症危险,存在不确定性。ICRP 第 103 号出版物的观点是:LNT 模型得到了有关辐射相关癌症危险的流行病学研究的大量支持,尽管不是决定性的(100 mGy 下存在不确定性)。ICRP 建议联合 LNT 模型及 DDREF 的判断值为实际辐射防护和低剂量辐射风险的管理提供基础。

4.3.1 致癌效应

1. 辐射致癌机制

肿瘤(癌症)的发生和发展是一个多阶段的复杂过程,简言之可以分为以下四个阶段。
(1)肿瘤始动:在这一阶段,组织的单个干细胞样细胞中的基因突变导致其脱离了正常生长和发育控制而发展为癌症。发生的基因突变可能是癌基因的功能性突变,而使细胞获得新的特性;也可能是抑癌基因的功能失活性突变,使细胞失去某些正常调控功能。

(2)肿瘤促进:促进肿瘤前起始细胞克隆的生长和发育。

(3)恶性转化:细胞从癌前状态转变成可发展为肿瘤的细胞。

(4)肿瘤进展:产生肿瘤的后期阶段,细胞获得快速增殖和浸润性的特性。

20世纪早期,人们发现,暴露于相对较高的辐射水平的人群中,某些癌症的发病率要明显高于未暴露于较高辐射的人群。近年来,通过对遭受核辐射的人群、接受放射治疗的患者和职业暴露群体(如铀矿工人)的详细调查研究,人们证实了辐射对癌症的诱发作用。

目前肿瘤的发生多采用致癌多阶段学说,但根据人类数据或动物实验研究结果可知,与其他致癌剂诱发的同类肿瘤相比,辐射致癌的多阶段学说无特异性,因此,辐射不是一种特殊的致癌因素。动物实验研究结果表明,辐射是一种弱的致癌启动因素,主要在启动阶段发挥作用。

2. 标称风险系数与辐射危害

从暴露于辐射到出现癌症,两种情况有着较长但又长短不一的潜伏期。潜伏期可以是5~30年或更长时间,这使得对癌症风险的估计变得较为复杂。另外,辐射诱发的癌症通常无法与自发出现的癌症或烟草、烟雾等其他致癌物导致的癌症区分开来。这就使得很难确定某一癌症病例是否源自辐射照射,即使是在辐射照射水平相对较高的人群中也存在着这样的困难。

为了描述辐射照射引起癌症等随机性效应的可能性,这里引入标称风险系数的概念,它表示单位剂量引发某种不确定性效应的概率(单位:Sv^{-1})。当前,辐射照射后不同器官癌症风险的流行病学资料很大一部分来自对1945年日本原子弹爆炸幸存者的连续随访和寿命调查(LSS)。另外,接受放疗或诊断辐射照射的病人、工作过程中受到辐射照射的工作人员(如铀矿工)和受到环境照射的人员(如落下灰和天然辐射)也是重要的数据来源,并以这些数据为基础建立风险模型。人们针对食道、胃、结肠、肝、肺、骨、皮肤、乳腺、卵巢、膀胱、甲状腺和骨髓等12个组织和器官建立风险模型,并推算出了对应的标称癌症风险。由于其他一些人类组织或器官的数据不足以单独判断它们的辐射风险大小,因此把它们归为"其余组织"单独处理。

为了比较随机性效应对不同的器官所造成的损害,ICRP引入了辐射危害的概念。目前风险评价以发病率数据为基础,辐射危害(D)可以表达为标称风险系数的函数,即

$$D = R_I [k+q(1-k)] l = R_I d(k) \quad (4.5)$$

其中,标称风险系数(R_I)是致死性风险系数(R_F)和非致死性风险系数(R_{NF})之和,即

$$R_I = R_F + R_{NF} = R_I k + R_I (1-k) \quad (4.6)$$

式(4.5)中,k 是致死系数,q 是表征生活质量降低的权重函数,也可称为生活质量因子,是该疾病致死份额和考虑疼痛、痛苦以及治疗的有害效应的主观判断的函数。癌症除了致死性外,其幸存者一般还会受到疾病对其生活质量的影响。根据ICRP第103号出版物可知,生活质量降低的权重函数 q 可以表示为

$$q = q_{\min} + k(1-q_{\min}) \quad (4.7)$$

其中,$q_{\min}$ 为非致死癌症的最小权重。高致死性癌症(如肺癌和胃癌)受 $q_{\min}$ 数值的影响较

小,通常取 $q_{min}=0.1$,而非致死性癌症(诸如皮肤癌 $q_{min}=0$ 和甲状腺癌 $q_{min}=0.2$)却受其影响较大。

设 l 为与正常估计寿命相比该疾病产生的平均寿命损失与所有癌症寿命损失平均值的比值(相对寿命损失),$d(k)$ 为危害函数,将式(4.7)代入式(4.5)可以得到

$$d(k)=[(1-q_{min})(2k-k^2)+q_{min}]l \tag{4.8}$$

各组织或器官所受到的辐射危害及所有组织或器官所受到的辐射危害求和可以得到总的辐射危害(表4.3)。

表4.3 根据不同计算方法得到的全部人群平均的标称风险系数和辐射危害的比较(全部人群平均)

组织	标称风险系数 R_1 /(例数·万人$^{-1}$·Sv^{-1})	致死系数 k	相对寿命损失 l	辐射危害 D /(例数·万人$^{-1}$·Sv^{-1})	相对危害
食道	15	0.93	0.87	13.1	0.023
胃	79	0.83	0.88	67.7	0.118
结肠	65	0.48	0.97	47.9	0.083
肝	30	0.95	0.88	26.6	0.046
肺	114	0.89	0.8	90.3	0.157
骨	7	0.45	1	5.1	0.009
皮肤	1 000	0.002	1	4	0.007
乳腺	112	0.29	1.29	79.8	0.139
卵巢	11	0.57	1.12	9.9	0.017
膀胱	43	0.29	0.71	16.7	0.029
甲状腺	33	0.07	1.29	12.7	0.022
骨髓	42	0.67	1.63	61.5	0.107
其他实体	144	0.49	1.03	113.5	0.198
性腺(遗传)	20	0.8	1.32	25.4	0.044
合计	1 715	—	—	574.2	0.999

为了讨论致死系数对辐射危害的影响,假设 $l=1$,对于完全非致命性的癌症($k=0$)

$$D=R_1 q_{min} \tag{4.9}$$

辐射危害与 q_{min} 及辐射风险系数成简单正比关系。对完全致命性的癌症($k=1$),则有

$$D=R_1 \tag{4.10}$$

辐射危害只与风险系数相关。当 k 取(0,1)之间的数值时,危害 D 随 k 按抛物线上升。

目前关于环境辐射照射的大多数研究缺乏足够的有关剂量和肿瘤确定的资料,难以直接探测流行病学研究中的少量风险,所以不同剂量的辐射相关风险估计大多是根据受200 mSv 或以上急性剂量照射人员确定的。但是,在辐射防护实践中,许多实际问题都是涉及连续照射或是用几个或更少急性剂量给予的分次照射产生的风险。实验研究指出分次剂量和持续剂量产生的风险较小,面对小剂量、连续或分次照射时,可以基于高剂量、急性

照射的不同剂量的风险估计除以一个剂量和DDREF获得。DDREF的大小是不确定的,基于LSS的人类数据和经适当选择的动物研究结果的综合分析,得到DDREF的范围为1.1~2.3。ICRP建议DDREF取2。

根据这些计算结果,ICRP建议:致死性调整癌症危险的标称风险系数对全部人群为5.0×10^{-2} Sv^{-1},对18~64岁成年工作人员为4.1×10^{-2} Sv^{-1}(表4.4)。对遗传效应来说,致死性调整癌症危险的标称风险系数对全部人群估计为0.2×10^{-1} Sv^{-1},对成年工作人员为0.1×10^{-1} Sv^{-1}。这些估计值只用于人群,而不建议用来估计个人或亚群的危险。在低剂量和低剂量率下,辐射对某一人群造成的致命癌症的额外风险D可以使用风险系数R进行估计:

$$D = HR \tag{4.11}$$

例如,对于10 mSv的剂量,患上致命癌症的风险为

$$D = 0.01\times5.5\times10^{-2} = 5.5\times10^{-4} \tag{4.12}$$

表4.4 癌症和遗传效应的危害调整标称风险系数(10^{-2} Sv^{-1})

受照人群	癌症		遗传效应		合计	
	ICRP第103号出版物	ICRP第60号出版物	ICRP第103号出版物	ICRP第60号出版物	ICRP第103号出版物	ICRP第60号出版物
全部	5.5	6.0	0.2	1.3	5.7	7.3
成年	4.1	4.8	0.1	0.8	4.2	5.6

4.3.2 遗传效应

辐射能够引起细胞基因的突变,如果发生基因突变的是生殖细胞,且该细胞恰好形成受精卵,那么其后代个体就会发生一些生理变化,这就是遗传效应。遗传风险用以表征遭受辐射人群的后代发生有害遗传效应的可能性,这些效应表现为每单位剂量的低LET、低剂量/慢性照射,在人群遗传病的自然发生率基础上增加的遗传疾病。所涉及的遗传疾病是指由单基因突变产生的疾病,即孟德尔疾病,以及由多个遗传基因和环境因素产生的多因素疾病。

孟德尔疾病可根据突变基因的染色体位置(常染色体和X染色体)和它们的传递方式进一步分为常染色体显性、常染色体隐性和X-连锁隐性类别。对于常染色体显性疾病,遗传了父母一方的单个突变基因就足以导致疾病发生,如软骨发育不全、神经纤维肉瘤、马凡氏综合征等。常染色体隐性疾病,必须是来自父母双方同一位点的基因同时突变才能使疾病显现出来。关于X-连锁隐性疾病,由于男性只有一条X染色体,因此,通常只在男性中发病,如血友病。孟德尔疾病最普遍的观点是突变与疾病之间的关系既简单又可预测。

多因素疾病的病因学复杂,以至于突变与疾病的关系也复杂,而且不表现出孟德尔遗传谱。多因素疾病由两个亚类构成,即常见的先天异常疾病(如神经管缺陷、伴随和不伴随有腭裂的唇裂、先天性心脏缺陷等)和成人慢性疾病(如冠心病、原发性高血压、糖尿病等)。

针对遗传效应风险估算,ICRP第60号出版物给出了基于疾病相关突变的加倍剂量法

(DD)。该方法根据自然发生率运用下列方程式表示遗传疾病频率的预期增加(每单位剂量风险):

$$R = P\frac{1}{DD}MC \tag{4.13}$$

其中,P 为要研究的遗传疾病类别的自然发生率,不同情况的人群遗传疾病自然发生率见表4.5;DD 为加倍剂量,是指在一代中产生等同于自发突变水平所需要的辐射剂量,1/DD 指每单位剂量的相对突变风险;MC 指的是单位突变增加率对应的疾病增加率,且

$$MC = \frac{\Delta P/P}{\Delta m/m} \tag{4.14}$$

其中,P 为基准疾病频率;ΔP 随突变率 Δm 的变化而变化;m 为自发突变率。引起 m 的突变率对应加倍剂量 DD。

表 4.5 不同情况的人群遗传疾病自然发生率

疾病类型	自然发生率(活产儿的百分率)	
	UNSCEAR(1993 年)	UNSCEAR(2001 年)
孟德尔病	—	—
常染色体显性	0.95	1.50
X-连锁隐性	0.05	0.15
常染色体隐性	0.25	0.75
染色体病	0.40	0.40
多因素疾病	—	—
慢性疾病	65.00	65.00
先天性异常	6.0	6.00

癌症风险与遗传风险两者重要的差别:癌症危险系数是对受照个体本身辐射有危害效应可能性的定量评价;而遗传危险系数是对受照者后代辐射有害效应可能性的定量评价,这种有害效应是来自生殖细胞发生的突变及其在世代间的传递。

根据 UNSCEAR 2001 报告,考虑一个世世代代持续暴露于低 LET、小剂量辐射或慢性辐射的人群,在每戈瑞每百万存活的出生人口中,不同类别遗传疾病额外的病例数列于表 4.6 中。若用每戈瑞每百万活产儿人口额外数表征其第一代风险(即对照射人群的子代的风险),则常染色体显性和 X-连锁隐性疾病的第一代风险为 750~1 500 例,常染色体隐性的第一代风险为零,慢性疾病的第一代风险为 250~1 200 例,先天性异常的第一代风险值约为 2 000 例,而总的风险为 3 000~4 700 例,这相当于基线风险的 0.4%~0.6%。此外,考虑仅仅一代人接受持续放射性暴露(其后代不受辐射暴露)的遗传风险,其估计结果(每戈瑞每百万后代人口)列于表 4.6 中。如所预期的那样,第一代风险(即受照人群的子代)与表 4.6 中的数据相同。对于多因素疾病中的慢性疾病,由于随后几代的突变成分维持在低水平上,因此第二代的风险和第一代的风险持平。

表 4.6 连续照射遗传风险估计值(假定加倍剂量为 1 Gy,连续暴露于低 LET、小剂量或慢性照射)

疾病类别	自然发生率 (每百万活产儿)	每戈瑞每百万后代危险	
		第一代	第二代
孟德尔疾病	—	—	—
常染色体显性和 X-连锁隐性	16 500	750~1 500	1 300~2 500
常染色体隐性	7 500	0	0
多因素疾病			
慢性疾病	650 000	250~1 200	250~1 200
先天性异常	60 000	2 000	2 400~3 000
总数	738 000	3 000~4 700	3 950~6 700
每戈瑞总数,表示为自然发生率的百分数		0.41~0.64	0.53~0.91

根据 ICRP 第 103 号出版物,当前的遗传效应风险评估,以表 4.7 中的数据为依据,分别针对估计值的上限和下限可以获得针对生殖人群的遗传效应风险系数,见表 4.8。同样地,对于仅一代照射对应的生殖人群的遗传效应风险系数也列于表 4.8 中。

表 4.7 一代照射遗传风险的估计值(一代暴露于低 LET、小剂量或慢性照射,假定加倍剂量为 1 Gy)

疾病类别	自然发生率 (每百万活产儿)	每戈瑞每百万后代危险	
		第一代	第二代
孟德尔疾病	—	—	—
常染色体显性和 X-连锁隐性	16 500	750~1 500	500~1 000
常染色体隐性	7 500	0	0
多因素疾病	—		
慢性疾病	650 000	250~1 200	250~1 200
先天性异常	60 000	约 2 000	400~1 000

表 4.8 生殖人群世代受照和仅一代照射情况下遗传效应的风险系数(%Gy^{-1})

疾病类别	世代受照范围	世代受照平均值	一代受照范围	一代受照平均值
孟德尔疾病	0.13~0.25	0.19	0.075~0.150	0.11
慢性疾病	0.03~0.12	0.08	0.025~0.120	0.07
先天性异常	0.24~0.30	0.27	—	0.20
所有类别总数	—	0.54		0.38

4.4 影响辐射生物学效应的因素

辐射对人体产生的生物学效应取决于许多因素,但总的来说基本上可以分为两大类:一类与辐射自身有关,称作物理因素;另一类则与机体有关,称为生物因素。

4.4.1 物理因素

物理因素主要包括吸收剂量与剂量率、辐射品质以及照射方式。吸收剂量与生物效应之间存在着一定的关系:在一定范围内,吸收剂量越大,生物效应就会越明显。除了吸收剂量外,吸收剂量率同样影响着生物效应,人体对辐射的吸收剂量率对于确定何种效应将会发生尤为重要。由于辐射损伤能在相当程度上得到恢复,因此与单次照射相比,如果将某一给定剂量分成几次照射,那么它产生的生物效应就会小一些。

不同种类、不同能量的辐射,对生物体产生的效应也有所不同,这主要取决于辐射的电离能力和穿透能力。在外照射或内照射下,不同射线对人体的危害程度是不同的。外照射是指辐射来自体外的辐射源,而内照射是指辐射来自通过吸入、食入等途径进入人体的放射性物质。对于外照射,不同射线按照危害作用大小由大到小进行排序,为中子>γ 射线、X 射线>β 射线>α 射线;对于内照射,不同射线按照危害作用大小由大到小进行排序,为 α 射线>β 射线>γ 射线>X 射线。α 射线电离能力较强,具有较大的辐射权重因子,但其穿透能力弱,因而一般密切关注 α 射线的内照射,而不考虑 α 射线的外照射。

对于外照射,受照射的身体部位是一个重要的影响因素。在其他因素一致的情况下,受照射的区域越大,对机体的整体损伤就越大。这是因为有更多的细胞受到影响,并且影响大部分组织或器官的概率也更大。对于脾脏、骨髓等辐射敏感性高的造血器官,采用部分屏蔽能够显著地减轻总的生物效应。

4.4.2 生物因素

生物因素包括不同生物种系、发育阶段和细胞、组织或器官对辐射的敏感性。辐射敏感性是指细胞、组织、器官或生物体对电离辐射有害影响的相对敏感性。若某种生物效应出现的快而相对严重,则称辐射敏感性高;反之则称为辐射敏感性低。

1. 生物种系

不同的生物种系在辐射敏感性上区别很大。生物种系的演化程度越高、机体结构越复杂,则辐射敏感性也就越高。植物和微生物的半致死剂量通常是哺乳动物的数百倍;而在不同种类的啮齿类动物之间,辐射敏感性通常不会相差 3~4 倍。举例来说,在受到 X 射线、γ 射线均匀照射时,不同生物的 LD_{50} 是不同的。表 4.9 列出了受 X 射线或 γ 射线照射后对 $LD_{50/30}$ 的估计值。可见,相比于人类而言,大肠杆菌、病毒等生物的辐射敏感性相当低。

表 4.9 受 X 射线或 γ 射线照射后对 $LD_{50/30}$ 的估计值

生物种系	$LD_{50/30}$/Gy
人	4.0
猴	6.0
大鼠	7.0
鸡	7.15
龟	15.0
大肠杆菌	56.0
病毒	2.0×10^4

2. 发育阶段

相比于成年时期,细胞在婴儿出生前和老年时期对辐射更敏感。下面主要介绍在妊娠期的胚胎辐射效应。图 4.5 所示为鼠类和人类在胚胎发育不同阶段辐射敏感性的变化及受照后病变出现的概率。

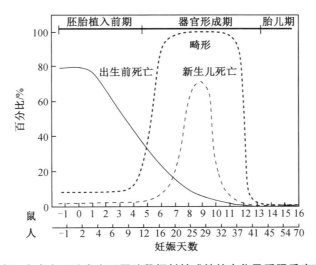

图 4.5 鼠类和人类在胚胎发育不同阶段辐射敏感性的变化及受照后病变出现的概率

尽管特定类型的损伤与照射剂量和发生照射的怀孕阶段有关,但产前照射所产生的大部分异常现象都与中枢神经系统有关。胚胎辐射效应的严重程度与接受的剂量密切相关,对胚胎/胎儿的大剂量照射通常会导致更严重的影响。就胚胎死亡而言,妊娠的最早期阶段(也许是人体怀孕的最初几周)对辐射最敏感。根据 ICRP 第 103 号出版物,剂量低于 100 mGy,胚胎致死效应非常少见。

对于新生儿先天性异常的出现,在器官形成期间的照射是最重要的。这一时期大约发生在人类妊娠的第二至第六周,此时怀孕仍未被确定。在此期间,胚胎死亡的可能性比极早期阶段低,但新生儿的形态缺陷仍是需要考虑的主要因素。通过对动物实验数据的分析得知,这一阶段出现诱发畸形的剂量阈值约为 100 mGy。

在妊娠后期,胎儿组织对辐射的损伤更有抵抗力。然而,由于这种后期暴露而可能导致的功能改变,特别是涉及中枢神经系统的改变,在出生时很难观察或评估。它们通常涉及学习模式和发展等现象的微妙变化,并且在这些变化显现之前可能有相当长的潜伏期。通过分析原子弹爆炸的幸存者资料得知,若在怀孕后 8~15 周受照,则严重智力障碍发生的剂量阈值至少为 300 mGy。

有证据表明,胎儿对严重辐射损伤的敏感性在妊娠过程中下降,但这可能不适用于产前辐射造成的白血病效应。在评估妊娠后期的辐射危害时要考虑的另一个重要因素是,辐射可能在胎儿未成熟生殖细胞中产生真正的基因突变,但目前还没有确定该剂量的阈值。

3. 细胞、组织或器官

在同一个体内,不同类型的细胞、组织或器官对辐射的生物反应可以存在很大差异,这种特性被称作辐射敏感性。一般来说,那些正在快速分裂或有可能快速分裂的细胞比那些不分裂的细胞更敏感;此外,未分化的细胞(即原始细胞或非分化细胞)比高度分化的细胞更敏感。对于某一指定种类的细胞,未成熟的细胞通常是原始的和快速分裂的,它们比成熟的细胞对辐射更敏感;成熟的细胞在功能上已经分化,并已停止分裂。概括地说,一个组织的辐射敏感性正比于其增殖能力,而反比于其分化程度,这称之为"Bergoniè-Tribondeau 定律"。这个定律的一个例外是成熟的淋巴细胞,它们对放射性仍高度敏感。

在这些因素的基础上,可以将各种细胞按辐射敏感性降序排列。最敏感的是被称为淋巴细胞的白细胞,其次是未成熟的红细胞。覆盖人体器官的上皮细胞具有中等程度的敏感性。就大剂量的全身外部辐射所造成的损伤而言,排列于胃肠道的上皮细胞往往特别重要。低敏感性的细胞则包括肌肉和神经细胞,它们高度分化,且不分裂。就组织或器官而言,性腺、胃肠上皮、胚胎组织、淋巴组织、胸腺、骨髓等对辐射高度敏感;角膜、晶状体等感觉器官,皮肤上皮等则是中度敏感;中枢神经系统、内分泌腺、心脏对辐射轻度敏感;肌肉组织、软骨和骨组织、结缔组织等对辐射不敏感。

习 题

1. 辐射对细胞的损伤过程可以分为哪几个阶段?
2. 简述辐射在水中产生自由基的过程。
3. 辐射入射到细胞中,可以对 DNA 造成损伤。
   (1) 其按照损伤的方式可以分为哪几种?其中哪种方式是重要的?
   (2) 造成损伤的后果通常可以分为哪两种情况?哪种情况造成的危害更大?
4. 按照剂量-效应关系,辐射的生物效应可以分为哪两种效应?试对这两种效应的剂量-效应(是否发生及症状严重程度)关系进行比较,并各举一例典型病症。
5. 福岛核事故发生后,某现场应急人员接受了约 100 mSv 的剂量,试估算其患上致命癌症和遗传效应的风险分别是多少?
6. 影响生物效应的物理因素主要有哪些?并尝试解释其微观机理。

7. 为什么胎儿需要特定的辐射防护措施？

8. 试分析急性大剂量照射造成个体死亡的具体原因。

9. 辐射照射可能造成确定性效应和随机性效应的危害，为什么还要对癌症病人进行放射性治疗？

10. 某探伤公司违法雇佣无资质人员进行探伤作业，导致 ^{192}Ir 放射源丢失，当时活度为 $9.6×10^{11}$ Bq。试讨论在无防护情况下，完全不知情的放射源拾取者步行经过人群时，该放射源对公众造成的癌症风险。

参 考 文 献

[1] GRUPEN C. Introduction to radiation protection [M]. Berlin Heidelberg：Springer-Verlag, 2010.

[2] MARTIN A, HARBISON S, BEACH K, et al. An introduction to radiation protection [M]. 7th ed. Boca Raton：CRC Press, 2019.

[3] CHADWICK K. Understanding radiation biology—from DNA damage to cancer and radiation risk [M]. Boca Raton：CRC Press, 2019.

[4] 方杰. 辐射防护导论 [M]. 北京：原子能出版社, 1991.

[5] 莫 H J. 辐射安全教程 [M]. 北京：原子能出版社, 1979.

第5章 辐射防护体系

辐射照射(简称"照射")是指辐射或放射性核素照射的过程。源表示任何导致某个人或某一组人受到潜在的可计量的辐射剂量的物理实体或程序。它可以是一个物理的源(如同位素放射源或X射线机)、一个设施(如一所医院或一座核电厂)、一个程序(如核医学诊断或者放疗程序)或是具有相似特征的物理源组(如本底或环境照射)。如果放射性物质由某个设施释放到环境中,则该设施整体可以视作一个源;如果放射性物质已经弥散在环境中,其中使人们受到照射的那部分可以视为一个源。

辐射照射情况具有多样性,为了在广泛的应用中达到统一的要求,有必要建立一个规范的辐射防护体系,促进形成一个可行的和有条理的防护方法。辐射防护的体系和方法是在ICRU及ICRP、UNSCEAR等国际组织共同努力下形成的。该体系涉及许多照射源,其中有些源是已经存在的,另一些源则是社会慎重选择引入或者是紧急情况的结果。不论是现在还是未来,这些源与导致个人、人群组或全体公众受到照射的各种关联事件和情况相关。辐射防护体系的建立必须以科学知识和专家判断作为基础。

5.1 辐射防护体系的目的和适用范围

5.1.1 辐射防护体系的目的

辐射防护体系的目的是为辐射照射对人和环境的有害效应提出一个适当的防护水平,同时又不过分限制可能与照射相关的有益的人类活动。具体来讲,防护目的分为对人的保护和对环境的保护。其中,以保护人类健康为主,健康目标可以归结为对电离辐射进行管理和控制,防止确定效应,并使随机效应的危害降至最低。人类防护体系以如下几个方面的研究结果为基础:参考解剖学和生理学的辐射剂量学人体模型、分子和细胞水平的研究、实验动物的研究,以及流行病学研究。对辐射外照射和辐射内照射相关危害的估算,采用流行病学和实验的研究结果;对于生物效应,数据来自实验生物学支持的人类的实验;对癌症和遗传效应的了解基于流行病学研究以及动物和人类遗传学研究结果;对辐射防护感兴趣的低剂量的危害估计,则基于癌症发生和遗传机制实验研究的相关资料。

环境保护的目标既复杂又难以表达清楚,没有简单的或唯一的普遍定义,不同国家、环境的概念也会有所不同。然而人们也形成了如下共识:阻止或减小有害辐射效应发生的频度,使其对生物多样性的保持、物种保护、自然栖息地的健康和状态的影响可以达到忽略不计的水平。针对主要环境中具有代表性的若干典型非人类物种选定为参考动物和植物,考虑其辐射效应是有意义的(包括早期死亡率、发生率或繁殖率降低等)。

5.1.2 辐射防护体系的适用范围

辐射防护体系涉及所有水平和类型的辐射照射,但是这并不意味着同样地考虑所有照射、所有源和所有人类活动。相反,必须按照监管控制特定源或照射情况的责任大小和与源或情况相关的照射(危险)水平确定不同层次和水平的责任。该体系管控的范围仅限于能够用某种合理方法控制的、使人员受到剂量的照射源,这种情况下的源称为可控制源。

对辐射防护控制程度描述存在两个重要概念:一是排除(exclusion),它是指将一些照射情况从辐射防护法规中排除,其排除依据通常是用监管方法不可控制或难以控制这种情况;二是豁免(exemption),在某些情况下如果辐射防护控制被认为不必要,则免除部分或全部辐射防护法规要求。与进行控制所付出的代价相比,如果相关风险和危害较小,那么控制所付出的努力则被认为是多余的,即无须监管,直接进行豁免处理。不可控制的照射是指在任何可以想象的环境下,监管行动均不可能限制的照射,例如进入人体内的放射性核素^{40}K产生的照射;而难于控制的照射则是指控制明显是不实际的,例如地面上来自宇宙射线的照射。对于什么照射难于控制,需要由立法者来判断。

5.2 照射情况

为了照射的实际控制,ICRP第60号出版物把引起这些照射的事件和场景的网络分为两大类:实践和干预。实践定义为由于引入新的一整套源、照射途径和个人,或由于改变从现存源到人的照射途径的网络而增加照射的人类活动,即增加个人受到的照射或受到照射的人数。干预定义为通过影响事件和场景构成的照射网络的现存形式而降低总的照射的人类活动。这些活动可以是移除已经存在的源、改变照射途径或减少受照人数。ICRP第103号出版物在修订的防护体系中,已由基于过程的方法发展为基于辐射照射情况特性的方法。将所涉及的照射情况分为三大类,即计划照射情况(planned exposure situation)、应急照射情况(emergency exposure situation)和现存照射情况(existing exposure situation),这三大类照射表征了所有可能的照射情况。

5.2.1 计划照射

计划照射是对源的有计划操作或能造成照射的有计划活动所导致的照射情况。在照射发生之前可以对辐射防护进行预先计划,可以合理地对照射的大小和范围进行预估。计划照射情况既可以引起预期会发生的正常照射,也可以引起预期不会发生的潜在照射。具体来讲,偏离计划的操作程序、事故或者辐射源的失控及恶意事件,可能会引起较高的照射(称作潜在照射)。尽管这种情况是计划的,但这种照射却不是计划发生的。

计划照射情况下,可以提前制定保护和安全规定,且从一开始就限制相关照射发生的可能性。计划照射涉及故意引入和操作放射源,包括设施和设备的设计与退役、操作程序和运输，以及放射性废物的处置。计划照射情况还包括患者的医疗照射，医疗过程中负责安慰和护理病人的人员受到的照射。所有类型的照射都可能在计划照射情况中发生，即职业照射、公众照射和患者的医疗照射（包括他们的抚育者和照顾者）。

5.2.2 应急照射

应急照射情况是指在一个计划照射情况的运行期间，可能发生的由恶意行为导致的或者其他意外的情况。设计阶段已经采取了所有合理的措施降低潜在照射的概率和后果，但仍可能需要对这些照射考虑有关的应急准备和响应。因为潜在的应急照射情况是可以预先评价的，所以应当对响应行动做出计划。计划应当产生一组行动，如果一个应急照射情况已经发生，实际情况要求开展这些紧急行动，那么制订的计划就可以投入实施。

发生应急照射情况的第一个问题就是判明应急情况的性质。初始响应应当以一种一致且灵活的方法按照应急计划去执行。实施应急计划中的措施时，应急响应的特点在于评议、计划和执行的迭代循环，通常可以分为三个阶段进行考虑，即早期阶段（可以分为报警和可能的释放阶段）、中期阶段（以任何释放的停止和释放源再次得到控制为开始）和晚期阶段。

5.2.3 现存照射

现存照射情况是指在需要做出采取控制措施的决定时已经存在的照射情况。典型的一类包括天然本底辐射的照射、住宅和工作场所中的氡；另一类是现存的人工照射，例如，来自未按照防护体系管理的操作引起的放射性释放所导致的环境中的残留物，或来自一个事故或一个放射事件的污染土地。有许多类型的现存照射情况可能会产生足够高的照射，对此理应采取辐射防护行动，或至少理应考虑这些行动。现存照射情况可能是很复杂的，它们可以涉及多个照射途径，并且可能产生从很低到几十 mSv 的年个人剂量。照射途径的多样性和个人习性的重要性将导致照射情况难以控制。

5.3 照射分类

根据受照射人员在照射过程中的角色，可以将照射分为职业照射、医疗照射和公众照射。三类照射分别对应三类受照射人员，即工作人员、患者和公众。一个特定的受照射个人可以是三类人员中的某一类，也可以是三类人员的任意组合。

5.3.1 职业照射

职业照射是指工作人员由于他们的工作所受到的辐射照射。职业照射应该包括所有在工作中遭受到的所有来源的照射，实际操作中排除照射以及来自豁免源的照射通常不计入职业照射。

工作人员定义为任何专职、兼职或临时性受雇于雇主的人员。雇主对工作人员的防护负主要责任,源的许可证持有者(如果与雇主不同)也对工作人员的防护负有责任。对辐射源的控制是雇主、许可证持有者的另一项重要职责。为了加强对源的控制,要求正式划定工作场所中置有放射源的区域:控制区和监督区。在控制区内需要采取特殊的防护措施或安全规定,以在正常工况下控制正常照射,或阻止污染的蔓延,以及预防或限制潜在照射的范围。通常无须对监督区设定专门程序,但应对其工作条件持续地加以检查。控制区往往处于监督区内,但并非要求如此。工作人员应该清楚关于职业照射辐射防护的权利和义务,"控制区"内的工作人员应当掌握足够的信息并经过特殊的培训。需要经常地对工作人员在工作场所遭受到的辐射照射进行监测。

根据 UNSCEAR 在 2016 年的统计,全世界被监测的所有工作人员中大约每 4 人中有 3 人工作在医疗行业,每位工作人员的年平均有效剂量为 0.5 mSv。对每个工作人员的年平均有效剂量的评估表明,天然源照射的增加主要归因于矿山开采,对于采矿行业的某些职业来说,氡气的吸入是工作场所的主要辐射照射源。虽然井下铀矿中氡的释放对核工业职业辐射照射贡献很大,但由于成功地实施了辐射防护措施,整个核工业工作人员个人的年平均有效剂量从 20 世纪 80 年代的 3.7 mSv 下降到了今天的 1 mSv。然而煤矿工人的年平均有效剂量仍然是 2.4 mSv,其他类型矿山工人的剂量约为 3 mSv。

全球职业照射情况见表 5.1。

表 5.1 全球职业照射情况(工作人员一年内所受有效剂量,单位:mSv)

辐射源种类	从事职业	时间		
		20 世纪 80 年代	20 世纪 90 年代	21 世纪 10 年代
天然源	航空机组成员	3.0	3.0	3.0
	煤矿开采	0.9	0.7	2.4
	其他	6.0	4.8	4.8
	总体平均	1.7	1.8	2.9
人工源	医学应用	0.6	0.3	0.5
	核工业	3.7	1.8	1.0
	其他工业	1.4	0.5	0.3
	其他	0.6	0.2	0.1
	总体平均	1.4	0.6	0.5

5.3.2 医疗照射

医疗照射主要指接受放射诊断检查、介入程序或放射治疗患者受到的照射。另外,还包括:

(1)自愿地帮助、照顾或者抚育患者的人员在已知辐射的情况下所受到的照射(需要和职业照射区分开),这些人员通常涉及患者的家庭成员、亲密朋友。

(2)出院患者对一般公众成员造成的照射(一般较小)。

(3) 参与生物医学研究的志愿者所遭受的照射。

利用辐射对某些疾病进行诊断和治疗,在医学上起着重要的作用,成为目前全球主要的人工辐射源。医学照射应用贡献了所有人工辐射源照射的约98%,是继天然辐射源之后对全球居民照射的第二大辐射源,贡献了总照射剂量的20%。医学辐射实践主要分为三大类:放射学(radiology)、核医学(nuclear medicine)和放射治疗(radiotherapy)。放射学是用 X 射线获得的影像进行分析的技术,如普通 X 射线照相检查(胸部和牙科 X 射线检查)、荧光透视检查(如钡餐和灌肠剂)和计算机断层扫描(CT),或者使用最小侵袭性(微创)影像引导程序来诊断和治疗疾病(如在血管中引导植入导管)。常见的放射学医疗诊断的有效剂量见表5.2。核医学是将非密封的(可溶的)放射性物质引入体内,大多数情形下用于获取有关结构和器官功能的资料,少数情形下用于治疗疾病,如治疗甲状腺功能亢进和甲状腺癌等病症。一般情况下,人们将放射性核素制成可以静脉注射或口服的放射性药物。药物根据物理或化学性质分散在体内,以便于扫描。这样,就可以分析放射性核素在体内发出的辐射,用以产生诊断影像或用以治疗疾病。放射治疗利用辐射来治疗各种疾病,通常用于治疗癌症,也用于治疗良性肿瘤。体外放射治疗是指用患者体外的辐射源治疗疾病,也称远距离放射治疗。这种治疗使用含强放射源(通常是 ^{60}Co)的治疗机或产生辐射的高压设备(如直线加速器)。辐射治疗也可将金属源或密封源暂时或永久地放置在患者体内实施治疗,称为近距离放射治疗。

表 5.2 放射学医疗诊断的有效剂量

名称	胸透	乳房 X 射线照相	头部或低剂量胸部 CT	胃肠 X 射线照相	全身 CT	PET/CT
有效剂量/mSv	0.1	0.4	1~1.5	8	10	25
等效本底照射时间	10 天	7 周	8 月	3 年	4 年	8 年

5.3.3 公众照射

除职业照射和患者的医疗照射之外的公众所受到的所有照射称为公众照射。公众照射来源于一系列辐射源,包括各种各样的天然和人工辐射源对公众成员造成的照射。来自天然源的照射通常是公众照射组分中远在其他组分之上的最大一项。根据 UNSCEAR 估算,个人所受的年平均有效剂量世界平均水平约为 3 mSv。天然辐射源贡献约为 2.4 mSv,其中三分之二来自我们呼吸的空气中的、我们吃的食品中的和我们饮用水中的放射性物质。来自人工源的主要照射源是医学照射,年平均有效剂量是 0.62 mSv。医学辐射照射的水平因地区、国家和健康护理体系的不同而不同。如近十年来美国的医疗照射有很大提高,约为 3 mSv,而在肯尼亚仅为 0.05 mSv。公众照射也可能来自核设施的液体或气体流出物或意外释放、过去活动的残留物,以及由于商品和辐射的医疗用途而增加的天然本底照射。表 5.3 给出了各辐射源对公众照射的剂量。

在公众照射中的受照个体为公众成员,即任何所受到的照射既非职业,也非医疗的典型人群。胚胎/胎儿的照射也被归为公众照射,因而对胚胎/胎儿也必须提供与公众成员情形相同的保护水平。为实现保护公众和对公众进行辐射防护,ICRP 第 101 号出版物引入代表人群中受到最高剂量辐射照射的少数人员。通过分析代表人的食品消费量、呼吸速率、位置、当地的资源利用等特点为代表人的特征以及其剂量估算提供参考。

表 5.3　各辐射源对公众照射的剂量(个人一年内有效剂量的世界平均值)贡献

放射源种类	放射源项	有效剂量/mSv
天然源(2.4 mSv)	食物	0.29
	宇宙射线	0.39
	土壤	0.48
	氡	1.3
人工源(0.65 mSv)	核电站	0.000 2
	切尔诺贝利事故	0.002
	核武器落下灰	0.005
	核医疗	0.03
	射学	0.62

5.4　照射的评价方式

如果辐射照射是与一个或多个源(例如自然背景、消费品、医疗应用、职业照射等)相关的各种事件和情况的组合结果,那么即使存在多个源形成的照射,对任何一个个人通常只有一个占主导地位的源,这使得在考虑防护行动时可以单独地处理各个源。辐射防护安全的评价有两种有效方法:源相关的评价(图 5.1)和个体相关的评价(图 5.2)。

5.4.1　源相关的评价

每个源或每组源可以各自分别处理,然后需要考虑个人受到这个源或这组源的照射,这个方法称为源相关的评价方法。源相关的评价方法可用于判断指定的一个或多个源是否会产生足够的效益,即社会和经济效益能否高于其可能造成的损害;同时判断所采取的所有行动能否保证在当前情况下实现最佳的防护水平。源相关方法考虑了可能导致与指定的一个或多组放射源相关的、当前和未来人口中代表性群体的照射事件和情况的总和。源相关方法适用于各种辐射源或受照个体下的所有照射情况。

5.4.2　个体相关的评价

计划照射情况下,需要分别限制职业照射剂量总量与公众照射剂量总量,这时需要采用个体相关的评价方法。对于各特定的辐射源,需要采用源相关方法建立起各自的剂量约束,而后将所计划的各放射源操作对应的剂量进行求和,以确保其不超过剂量限值。在个体相关的评价方法中,原则上应该考虑所有相关的辐射源(不考虑当地的本底辐射)。然而,这一目标几乎不可能实现,特别是对于公众照射的评价,因此通常仅考虑那些起支配地位的一个或多个辐射源。

图 5.1 所有照射情况下的源相关的剂量评价

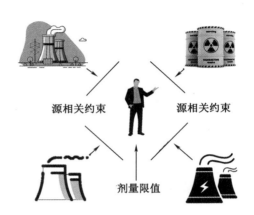

图 5.2 计划照射情况下的个体相关的剂量评价

5.5 辐射防护水平

如果采用源相关的评价,那么计划照射情况下个人可能遭受到的剂量的源相关限制是剂量约束。对于潜在照射情况,相应的概念为危险约束。对于应急照射和现存照射情况,源相关限制是参考水平。ICRP 第 60 号出版物及后续出版物对约束值或参考水平给出了三个层次的描述(表 5.4)。计划照射情况下,有时需要分别限制职业照射和公众照射剂量总量。这时,需要采用个体相关的评价方式,通过引入剂量限值进行个体相关的限制。剂量约束、参考水平和剂量限值适用于不同照射情况和照射类型的对应关系见表 5.5。无论是剂量(危险)约束、参考水平,还是剂量限值都不代表"危险"与"安全"的分界线,也不表示改变个人相关健康危害的梯级。

表 5.4 受控源照射情况下占主导作用的单一辐射源对工作人员和公众的剂量约束和参考水平举例

剂量约束和参考水平层次/mSv	照射情况特征	放射防护要求	举例
大于 20~100	受照射个人受到非受控源的照射,或降低剂量的行动剂量的行动常常是极其复杂的。通常通过对照射途径采取行动来控制照射	需要考虑减小剂量。当剂量接近 100 mSv 时需要更加尽力减小剂量。受照射个人需要得到辐射危险和减小剂量行动方面的信息。需要进行个人剂量评价	对辐射应激引起的最高计划剩余剂量设定参考水平

表 5.4(续)

剂量约束和参考水平层次/mSv	照射情况特征	放射防护要求	举例
大于 1~20	受照射个人通常从照射情况受益,但未必来自照射本身。可以对源或选择对照射途径采取行动控制照射	如果可能的话,受照射个人应该可以得到基本信息以便降低他们所受到的剂量。对于计划情况,需要进行个人照射评价与培训	对计划情况下的职业照射设定约束值。为接受放射性药物治疗患者的抚育者或照顾者设定约束值。对室内氡引起的最高计划剩余剂量设定参考水平
等于或小于 1	受到某个源照射的个人很少或不受益,但对整个社会是有益的。常常通过对源直接采取行动来控制照射。放射防护要求可以预先进行计划	应该可以得到照射水平的基本信息。关于照射水平,应当对照射途径进行定期检查	对计划情况下的公众照射设定约束值

表 5.5　剂量约束、参考水平和剂量限值适用于不同照射情况和照射类型的关系

照射情况类型	职业照射	公众照射	医疗照射
计划照射	剂量限值 剂量约束	剂量限值 剂量约束	诊断参考水平 (剂量约束)
应急照射	参考水平	参考水平	不适用
现存照射	不适用	参考水平	不适用

5.5.1　剂量约束

剂量约束是计划照射情况下,除患者的医疗照射之外,对源引起的个人剂量的一种限制。计划照射情况的剂量约束值代表防护的基本水平,在设计过程中,必须确保源相关的剂量不得超过约束值。因此,在最优化过程中仅仅考虑那些预期所引起的剂量低于约束值的选择。

剂量约束通常设置为剂量限值的一部分,其值总是低于有关的剂量限值,可以用个人剂量、集体剂量、周围剂量率等作为单位,由各级监管机构和辐射防护管理员根据好的实践和能够合理达到的水平进行选择。需要注意的是,剂量约束不是剂量限值,而是对辐射防护规划和优化进行回顾性评估的监管基准值,或者是针对某些特定情况(需要考虑照射的性质,以及减少或预防照射的可能性)所选择的剂量值。

5.5.2 参考水平

在应急照射或可控的现存照射情况下,计划允许发生的照射在参考水平表征的剂量或危险水平以上时就判断为不合适,需要对辐射防护和安全进行进一步优化。参考水平可作为是否实施辐射防护措施优化的一个判断依据。对于应急照射情况或现存照射情况,参考水平表示某一剂量、风险或活动水平,当相关数值超过参考水平时,即实施相应的措施;当相关数值低于参考水平时,则不予实施。参考水平包括记录水平、调查水平和干预水平等。

(1)记录水平是值得记录存档的水平。在监测过程中,超过此水平的测量结果被认为有较大意义而应记录存档,低于此水平的测量结果可不予记录。ICRP 建议以年剂量限值或年摄入量限值的十分之一作为年记录水平。

(2)调查水平是指应调查原因的剂量或摄入量水平。在监测过程中,超过此水平的测量结果需要予以调查,且追查产生的原因。ICRP 建议以年剂量值或年摄入量限值的十分之三作为调查水平。

(3)干预水平是指需要采取干预行动的水平。在监测过程中,超过此水平的测量结果应进行干预行动。"干预"就是指遇到事故或其他异常情况时需要采取与正常操作程序不同的一些行动。

5.6 辐射防护的原则

ICRP 提出了一套用于计划照射、应急照射以及现存照射情况的原则,这些原则是防护体系的基础。三个普遍原则,分别是辐射实践的正当性(justification)、辐射防护的最优化(optimization)和个人剂量限值(dose limitation),这三个原则习惯称为"辐射防护三原则"。

其中辐射实践的正当性和辐射防护的最优化两项原则是源相关的,适用于所有照射情况。而个人剂量限值原则是个人相关的,仅适用于计划照射情况。在应急照射情况和现存照射情况下,行动主要基于辐射实践正当性和辐射防护优化考虑。在涉及源的辐射防护优化设计时,通常依据剂量约束和参考水平开展相关工作。这里先简单地说明辐射防护三原则的基本含义,后面章节将展开说明。

(1)辐射实践的正当性是指无论开展什么行动,其产生的效益应当足以抵消辐射带来的危害,通俗地说就是要求"利大于弊"。

(2)辐射防护的最优化要求,在考虑经济和社会因素的情况下,对于任何辐射源,其造成照射的可能性、照射的人数以及个体的受照程度都应合理可能尽量低,即满足"可合理达到的最低量原则"(ALARA 原则)。

(3)个人剂量限值的含义是,在任何计划照射情况下,要求个人的剂量都受到一定的限制。

5.6.1 辐射实践的正当性

辐射防护的正当性原则要求,辐射实践对个人或社会带来的效益要高于辐射带来的危害;为实现这一目标,可以引入一个新的辐射源,减少现存照射,或降低潜在照射的风险。同时,需要考虑其他潜在风险以及行动的成本和收益。

对于计划照射情况,正当性就是指任何计划照射都应该对受照个人或社会带来足够的净效益以抵消其带来的辐射危害。在对核设施进行授权的过程中,正当性是需要考虑的重要因素。例如,当授权一处废物处置设施时,对其所有的社会、经济和安全因素的考虑是很重要的。对效益与损害的权衡不是辐射安全领域所特有的,但与许多其他情形中含蓄地开展这一权衡不同,在辐射安全领域中监管当局在授权一处核设施或一项辐射活动之前,都要求能够明确证明其净效益为正。

当只能通过改进照射途径,而不能通过直接对辐射源采取行动来控制辐射照射时(例如在应急照射和现存照射情况下),所采取的减少剂量的任何决定都需要做到利大于弊。例如,像撤离这样具有破坏性的措施应该以要避免的剂量为依据,否则可以采用隐蔽的手段。日本政府建议撤离福岛核电站周围约 8.8 万的人口,并使另外约 6.2 万人选择隐蔽在自己家中。撤离使得成人免于遭受高达 50 mSv 的有效剂量,1 岁婴儿的甲状腺免于遭受高达 750 mGy 的吸收剂量。

医疗照射是有目的的辐射照射,一般而言它们对于病人利大于弊。医疗照射可能出现在诊断和图像引导的介入和/或治疗过程中。在个人层面为使用某一特定程序提出理由的责任落在相关执业医生身上,他们会考虑临床医生建议的照射目标、临床情况和病人的特点,以及可用替代技术的好处和风险。当病人处于怀孕、哺乳期或者幼年时,也需要考虑辐照请求的适当性和程序的紧迫性。

5.6.2 辐射防护的最优化

最优化原则规定,在当前情况下,辐射防护的水平应该是最好的,使利大于弊的幅度最大化。最优化与辐射源有关,可用于优化所有照射情况下受照射的人数、个人剂量的量值和潜在照射的可能性。计划照射情况中使用的约束、应急照射情况和现存照射情况,以及医疗照射中的参考水平,为优化过程提供了预期的界限。它们也被用作评估所实施的辐射防护最优化策略适用性的基准。

最优化可应用于照射源、核设施或涉核活动的设计、操作和退役,放射性废物的处置,以及应急或医疗行动。优化的结果往往是以最低成本或零成本更有效地降低剂量或风险。取得这样结果的措施多种多样,包括优化管理(更好的工作规划或普通工人教育)、额外的防护设备,以及对设备、设施进行重大操作和设计修改。

如图 5.3 所示,最优化过程是一个不断迭代分析减少剂量是否可行的过程。如果能够减少剂量,则在照射发生之前合理地限制照射的量值和概率。换句话说,需要在考虑到所有有关因素的情况下,判断当前在安全和保障方面是否做到最好。所需考虑的有关因素包括:(1)照射的特性、量值和可能性;(2)实际和潜在照射的总危害;(3)辐射防护的成本;(4)其他可接受的危害。

对于在现场条件下使用的移动放射照相设备,遵从源的操作规程、实体控制和安全存储,足以实现防止工作人员和公众受到不必要照射。对于核电站,优化过程更为复杂。在这种情况下,应该考虑和评价如下(但不限于)相关问题:现有工厂老化,安全系统维护和维修相关的具体问题(在役检查)、防止机械故障、乏燃料安全(储存、运输等)、核能发电对环境的影响、放射性废物的管理、退役、未来的剂量预测等。

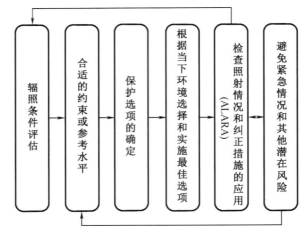

图 5.3 最优化的通用步骤

无论复杂程度如何,评估主要有两个层次。第一,对照射进行全面评价,以确定需要改进的主要领域,并检查优化程序的总体有效性(如果已经有优化程序)。第二,对具体工作进行详细分析,以检查导致相关剂量或风险的因素,并确定可采取的适当行动以减少剂量或风险。

5.6.3 个人剂量限值

为限制随机性效应的发生率,对应于个人剂量限值这一原则,ICRP 引入了剂量限值。剂量限值是个体相关的一种评价方式。ICRP 考虑了与照射或风险耐受程度相关的三个水平,包括"可以接受的(acceptable)""可以容忍的(tolerable)"和"不可接受的(unacceptable)"。剂量限值表示的是"不可接受的"和"可以容忍的"两种水平之间选定的边界。"可以容忍的"意味着虽不希望照射(或风险)发生,但仍可以合理地对其容忍;"可以接受的"则意味着辐射防护水平已经得到了优化,因而可以接受,无须进一步改善。因此,剂量限值表示持续照射到开始不可接受的水平。

1. 基本剂量限值

剂量限值给出的是一定时间段内(通常为一年)的个体所受的各种电离辐射的有效剂量值的上限。在实践中,剂量应包括规定期间外照射引起的剂量和在同一时间段内所摄入的放射性物质所致待积剂量的和。

(1) 对工作人员的剂量限值

ICRP 针对全身均匀辐射照射推荐了一个年有效剂量限值 20 mSv,要求连续 5 年内年平均不得超过该值,同时规定其中任何一年的有效剂量不得超过 50 mSv。对于身体的非均匀辐照,则采用组织权重因子 w_T 针对各组织或器官所受的年当量剂量 H_T 加权得到年有效剂量 E,并要求

$$E = \sum_T w_T H_T \leqslant 20 \text{ mSv} \tag{5.1}$$

手足经常是受照剂量最高的部位,基于对阻止皮肤和骨骼表面出现确定性效应的考虑,对于它们推荐的年当量剂量亦为 500 mSv。对于眼睛的晶状体,ICRP 则推荐其年当量剂量限值为 20 mSv,要求连续 5 年内年平均不得超过该值,且其中任何一年的当量剂量不超过 50 mSv。ICRP 估计,20 mSv 的全身年有效剂量导致致命癌症的风险约为 1/1 000,ICRP 认为这在职业照射情况下是"可以容忍的"。

这里再强调一下应用该个人剂量限值体系需要注意以下几点。

①应避免所有非必要的照射。

②尽管全身年有效剂量限值是针对 5 年做的平均,但其中任何一年不能超过 50 mSv。

③ICRP 相当重视这样一个事实,即预计只有少数工人遭受的年有效剂量会接近建议的剂量限值。经验表明,许多行业的工人平均遭受的有效剂量约为 2 mSv。

④女性职业照射控制的依据与男性的相同,但在怀孕时,对胎儿的保护水平应与对公众的保护水平大致相近。

⑤放射性工作区域应分为控制区与监督区。控制区内要求采取专门的防护手段和安全措施,以便在正常工作条件下控制正常照射或防止污染扩展,防止潜在照射或限制其程度。监督区通常不需要采取专门防护手段和安全措施,但需要评估这个区域的职业照射情况。

(2)对公众的剂量限值

在 ICRP 第 103 号出版物中,ICRP 建议对于公众个人的年有效剂量限值为 1 mSv;在特殊情况下,如果连续 5 年内的平均年有效剂量不超过 1 mSv,1 年内可允许更高的有效剂量值。为了防止有害组织反应,ICRP 建议眼睛晶状体的年有效剂量限值为 15 mSv,皮肤的年有效剂量限值为 50 mSv。我国所执行的剂量限值与 ICRP 基本一致,见表 5.6。

表 5.6 职业照射和公众照射的剂量限值

照射对象	照射条件	剂量限值
工作人员	全身	连续 5 年的年平均有效剂量 20 mSv,任何 1 年中的有效剂量 50 mSv
	眼晶体	150 mSv
	四肢皮肤	500 mSv
公众	全身	连续 5 年的年平均剂量不超过 1 mSv,任何 1 年有效剂量 5 mSv
	眼晶体	15 mSv
	四肢皮肤	50 mSv
16~18 岁徒工与学生	全身	年有效剂量 6 mSv
	眼晶体	50 mSv
	四肢皮肤	150 mSv

2. 导出限值

辐射防护实践中,通过测量剂量进行剂量限值的控制很不方便。经常需要根据基本剂量限值,通过数值关系导出直接的放射性监测结果作为导出限值。例如,工作人员每年工作 50 周,每周工作 40 h,年工作时间 2 000 h。设参考人工作时每分钟的空气吸入量为 0.02 m³,则工作人员吸入空气的总量为 2.4×10^3 m³。设根据职业照射限值导出对应放射性核素的年摄入量限值(annual limit on intake,ALI),进一步获得导出空气浓度(derived air concentration,DAC)限值

$$DAC = \frac{ALI(Bq)}{2.4 \times 10^3 \text{ m}^3} \tag{5.2}$$

据此可以通过控制工作场所放射性浓度的方式控制个人剂量限值。

3. 管理限值

管理限值是由主管当局或单位管理部门根据辐射防护最优化原则制定的限值。管理限值只用于稳定放射性水平的场合,管理限值通常应低于基本限值或相应的导出限值。在管理限值和导出限值并存的情况下,优先使用管理限值。

5.7 照射的防护

此前在介绍生物效应时也曾提及过外照射与内照射:外照射指的是来自体外辐射源的照射,内照射则是指来自体内的放射性物质所造成的辐射照射。本节主要介绍针对这两种照射的防护措施。

5.7.1 外照射

外照射的防护主要考虑 β、X、γ 和中子辐射,这些辐射具有较强的穿透能力,能够影响到体内对辐射敏感的组织或器官;而对 α 粒子通常不加考虑,因为它不能够穿透人体皮肤的表层。针对外照射,有时间防护、距离防护和屏蔽防护三个原则。

1. 时间防护

考虑在某一区域工作的人员,若其接收的剂量率保持不变,则其所积累的剂量就与在该区域工作的时间成正比,即

$$剂量 = 剂量率 \times 时间 \tag{5.3}$$

因此,若要限制该人员接收的吸收剂量,可以控制其在该区域工作的时间。例如,假设一位辐射相关工作人员每年工作 50 周,考虑到职业照射的年有效剂量限值为 20 mSv,这对应着每周平均的有效剂量限值为 400 μSv。若假设该人员所处的工作环境剂量率为 20 μSv/h,则这对应着该工作人员每周平均在这里工作的时间不应超过 400/20 h = 20 h。

2. 距离防护

为限制个人接受的吸收剂量,除了控制工作时间外,还可以采用增加工作人员与源间

距离的手段。这里以点源为例进行讨论。

考虑一个点源,其向各个方向均匀地发射粒子,可知其注量 Φ 反比于同源的距离 r 的平方。已知剂量(可为吸收剂量或有效剂量,此处记之为 D)直接与注量 Φ 相关,剂量同距离 r 同样满足平方反比律。需要说明的是,D 和 r 的这一关系只适用于点源和点探测器,并且要求粒子在源与探测器间的吸收可以忽略。可将 D-r 的平方反比律表示如下:

$$D = \frac{k}{r^2} \quad (5.4)$$

其中,k 为与源相关的一个常数。由此可见,不同距离 r_1 和 r_2 处的剂量 D_1 和 D_2 满足如下关系:

$$D_1 r_1^2 = D_2 r_2^2 \quad (5.5)$$

相应地,剂量率满足如下关系:

$$\dot{D}_1 r_1^2 = \dot{D}_2 r_2^2 \quad (5.6)$$

由式(5.6)可见,若与源的距离增加一倍,即 $r_2 = 2r_1$,则 r_2 处的吸收剂量率将是 r_1 处的 1/4;若 $r_2 = nr_1$,则 r_2 处的吸收剂量率将是 r_1 处的 $1/n^2$。因此可以通过增加人-源距离来减少剂量率。例如,若有一 γ 点源,已知距离 2 m 处的剂量率为 400 μSv/h,那么由式(5.6)可得在距离 8 m 处的剂量率为 25 μSv/h。

3. 屏蔽防护

第三种控制外照射的方式是利用屏蔽材料进行防护。通常来说,这种控制方式相比于时间防护和距离防护更受欢迎,因为屏蔽防护能够增强工作情况的固有安全性。屏蔽防护所需的材料量依赖于辐射类型、源的活度和对屏蔽后的剂量率要求。具体的防护计算方法将在后续章节中详细讲解。

5.7.2 内照射

1. 内照射的摄入途径

引起内照射的放射性物质主要通过以下三条途径进入人体。

(1)吸入被污染的空气。

(2)食入含有放射性物质的物品。

(3)通过皮肤上的伤口或者注射进入人体,但是某些元素(如氚)也能够通过完好的皮肤进入人体。

当吸入污染的空气后,有一部分放射性会沉积在肺部与呼吸道,其余的则会被呼出。在这些沉积的物质中,有一部分会被肺部排出并被咽下;而在肺部残留的物质则可能会被血液吸收,并被输运到体内其他器官中,最终被排出。在上述过程中,放射性物质的沉积与排出速率取决于许多因素,主要包括物质的物理、化学性质,以及人体的新陈代谢情况。通过食入、皮肤进入的情况与吸入类似。

2. 内照射的控制措施

与外照射防护类似,内照射防护也需要确保受到的剂量可以合理地尽可能低的水平,且不超过剂量限值。这就要求对进入人体内的放射性物质进行控制。内照射防护的困难在于,对于工作场所的放射性水平、人体吸入或食入的放射性物质含量的估计有着较大的不确定性。因此,内照射防护要求必须尽可能避免工作场所任何位置的污染,并清洁可能出现的任何释放物质。然而,在许多放射性相关的工作中(例如进入受污染的设备中进行维修或维护),仍难以避免受到放射性污染的照射。在这种情形下,主要通过防护服与呼吸防护来对工作人员进行保护。下面是一些具体的保护措施。

(1)尽可能避免放射性物质的使用。

(2)尽可能减少需要处理的放射性物质活度。

(3)对放射性物质进行包容处理,通常设置至少两层容器。

(4)一旦发生污染,立即清理,并进行污染监测,以确保达到要求的去污水平。

(5)遵循详细的操作规程。

(6)使用合适的个人防护服和设备,需要注意正确的穿衣和脱衣规程,并需要清洗和监测设备。

5.8 辐射安全与防护的基础结构

辐射防护的实施要求有一个基础结构以确保维持一个适宜的防护标准。这个基础结构最少应包括一个法律框架、一个监管机构,涉及电离辐射的任何一项任务(包括设备和装置的设计、运行和退役,以及天然辐射的偶尔增强,包括航空和太空飞行)的运营管理者,以及从事这些任务的雇员,还可以包括负责防护与安全的其他组织和人员。

放射防护的法规体系应该规定什么应该在法规体系内,什么应该在其外并应从法规及其规章中排除;还应明确哪些监管行动是不合理的,因而能够部分或全部豁免监管的要求。为此,立法框架应允许监管机构豁免特定监管要求,特别是通知和授权或风险评估与检查等行政性要求。尽管排除是与定义控制体系的范围紧密相关的,但如果只有这一种机制时可能是不充分的。另外,豁免关系到监管机构有权决定一个源或实践的一部分和全部不需要进行监管控制。排除和豁免之间的区别不是绝对的,不同国家的监管机构可能会针对是否豁免或排除特定来源或情况做出不同的决定。

法律框架,如果需要的话,必须规定涉及电离辐射任务的监督管理和防护与安全责任要明确分配。监管机构,每当要求时,必须负责涉及辐射任务的监管控制和规章制度的执法。该监管机构必须彻底地与从事和促进引起辐射照射活动的组织分离。

从事造成照射的运行机构管理部门负有达到并保持对辐射照射满意控制的主要责任。如果所用设备或工厂是由其他机构设计和供给的,那么这些机构同样也有责任保证所供物项在按照原来的意图使用时是令人满意的。政府有责任设置国家管理部门,这些部门负责提供一个监管框架,而且通常还有咨询职能;与此同时还要建立和加强总体防护标准。如许多天然源的照射,如果没有相应的管理部门,那么国家管理部门可能也不得不直接负责。

由于各种原因,可能存在没有运营管理者的情况。例如,辐射可能不是任何人类活动引起的,或一个活动可能已经被放弃,以及业主们可能已经不复存在。在这些情况下,国家监管机构,或某个其他指定部门,将需要接受通常由运营管理者承担的一些责任。

5.9 核与辐射安全法规

辐射活动的科学合理开展有赖于辐射安全的法规与基本标准。本节按照相关法律、条例、管理办法、标准的层次简要地介绍我国现行的电离辐射安全防护的法律法规体系。

5.9.1 核与辐射安全法律法规体系

我国的核安全法律法规体系(表 5.7)和我国的法律法规体系是相互对应的,分为国家法律、国务院条例和国务院各部委部门规章三个层次:国家法律是法律法规的最高层,起决定性的作用;国务院条例是国务院的行政法规,是法律法规的第二层次,是国家法律在某一方面的细化,规定了该方面的法律要求;国务院各部委部门规章是法律法规的第三层,包括大量的各层次的规章制度。此外,核安全部门还制定与核安全技术要求的行政管理规定相对应的支持性部门规章,包括核安全导则和核安全法规技术文件等两种,其层次低于国务院条例的实施细则(及其附件)和核安全技术要求的行政管理规定。

表 5.7 我国核安全法律法规体系

我国法律法规结构	批准与发布	核安全领域法律法规
国家法律	全国人大常委会批准主席令发布	《中华人民共和国核安全法》《中华人民共和国放射性污染防治法》
国务院条例	国务院批准国务院令发布	《民用核设施安全监督管理条例》《核电厂核事故应急管理条例》《核材料管制条例》《民用核安全设备监督管理条例》《放射性同位素与射线装置放射防护条例》《放射性同位素与射线装置放射防护条例》
国务院各部委部门规章	各部委批准和发布	核安全部门的部门规章:国务院条例实施细则及其附件、核安全技术要求的行政管理规定(核安全导则、核安全法规技术文件)

5.9.2 法律

1.《中华人民共和国核安全法》

2017 年 9 月 1 日,第十二届全国人民代表大会常务委员会第二十九次会议通过了《中华人民共和国核安全法》;中华人民共和国主席令第 73 号公布,自 2018 年 1 月 1 日起施行。《中华人民共和国核安全法》是为保障核安全、预防与应对核事故、安全利用核能、保护公众和从业人员的安全与健康、保护生态环境、促进经济社会可持续发展而制定的,其主要涉及核设施安全、核材料和放射性废物安全、核事故应急、信息公开和公众参与、监督检查以及法律责任。

2.《中华人民共和国放射性污染防治法》

2003年6月28日,第十届全国人民代表大会常务委员会第三次会议通过了《放射性污染防治法》,同日以中华人民共和国主席令第6号公布,该法律自2003年10月1日起施行。《放射性污染防治法》主要涉及放射性污染防治的监督管理、核设施的放射性污染防治、核技术利用的放射性污染防治、铀(钍)矿和伴生放射性矿开发利用的放射性污染防治、放射性废物的管理等。

3.《中华人民共和国职业病防治法》

2001年10月27日,第九届全国人民代表大会常务委员会第二十四次会议通过了《中华人民共和国职业病防治法》,并于同日以中华人民共和国主席令第60号公布,该法律自2002年5月7日起施行。《中华人民共和国职业病防治法》中的第十八条中涉及了放射作业的职业病。

5.9.3 条例

1.《放射性同位素与射线装置安全与防护条例》

2005年8月31日,国务院第104次常务会议通过了《放射性同位素与射线装置安全与防护条例》,并以中华人民共和国国务院令第449号公布,自2005年12月1日起施行。该条例主要涉及放射性同位素与射线装置的许可和备案、安全和防护,辐射事故的应急处理等。

根据《放射性同位素与射线装置安全与防护条例》,国家对放射源和射线装置进行分类管理。其中,放射源分为Ⅰ~Ⅴ类,射线装置分为Ⅰ~Ⅲ类。

（1）放射源

Ⅰ类放射源:极高危险源。没有防护的情况下,接触这类源几分钟到1小时就可以导致人死亡。

Ⅱ类放射源:高危险源。没有防护的情况下,接触这类源几小时到几天可导致人死亡。

Ⅲ类放射源:危险源。没有防护的情况下,接触这类源几小时可对人造成永久性损伤,接触几天到几周也可以导致人死亡。

Ⅳ类放射源:低危险源。基本不会对人体造成永久性损伤,但对长时间、近距离接触这些放射源的人可能造成可恢复的临时性损伤。

Ⅴ类放射源:极低危险源。不会对人体造成永久性损伤。

（2）射线装置

Ⅰ类射线装置:高危险装置,事故发生时可以使短时间受照射人员产生严重放射损伤,甚至是死亡,或对环境造成严重影响。

Ⅱ类射线装置:中危险射线装置,事故时可以使受照人员产生较严重放射损伤,大剂量照射甚至导致死亡。

Ⅲ类射线装置:低危险射线装置,事故时一般不会造成受照人员的放射损伤。

2.《放射性物品运输安全管理条例》

2009年9月7日,国务院第80次常务会议通过了《放射性物品运输安全管理条例》,自2010年1月1日起施行。该条例主要涉及放射性物品运输容器的设计、放射性物品运输容器的制造和使用、放射性物品的运输等。

5.9.4 管理办法

1.《放射性同位素与射线装置安全许可管理办法》

2006年1月18日,原国家环境保护总局以第31号令公布公布了《放射性同位素与射线装置安全许可管理办法》,2008年11月21日经环境保护部务会议审议通过进行修改的决定,并以环境保护部第3号令予以公布。该管理办法主要涉及许可证的审批颁发、许可证的申请与颁发以及监督管理等。

2.《放射性同位素与射线装置安全和防护管理办法》

2011年5月1日,《放射性同位素与射线装置安全和防护管理办法》(环境保护部第18号令)开始施行。该管理办法主要涉及场所的安全与防护、放射源与射线装置的安全与防护、人员的安全和防护、废旧放射源与被放射源污染的物品管理、监督检查、应急报告与处理、豁免管理等。

5.9.5 标准

2002年10月8日,由中华人民共和国质量监督检验检疫总局发布了《电离辐射防护与安全源基本标准》(GB 18871—2002),并于2003年4月1日起实施。该标准在前言中写道:"本标准是根据六个国际组织(即联合国粮农组织、国际原子能机构、国际劳工组织、经济合作与发展组织核能机构、泛美卫生组织和世界卫生组织)批准并联合发布的《国际电离辐射防护与辐射源安全基本安全标准》(国际原子能机构丛书115号,1996年版)对我国现行辐射防护基本标准进行修订的,其技术与上述国际组织标准等效。"且指出:"本标准的全部技术内容均为强制性的。"该基本标准主要涉及的内容有对实践的主要要求、对干预的主要要求、职业照射的控制、医疗照射的控制、公众照射的控制、潜在照射的控制、应急照射情况的干预、持续照射情况的干预等。

最后介绍一下ICRP。ICRP于1928年在第二届国际放射医学大会上成立。自成立以来,ICRP一直是一个国际公认的机构,负责推荐辐射防护安全标准。必须强调的是,ICRP的建议没有任何直接的法律效力。但在世界大多数国家,有关辐射照射的国家立法是以ICRP的建议为基础的。

习 题

1. 分别说明在辐射防护实践中,对特定的源采取"排除"和"豁免"的原因。

2. 开展辐射防护保护的对象是什么?有人讲辐射防护要做的就是:"务必采取辐射防护措施消除辐射所造成的所有影响。"该表达是否正确?

3. 福岛核事故发生后,产生了大量的放射性废水,废水收集、储存、运输、处理和存放过程中存在泄漏的风险。

(1)从事相关工作的工作人员、相邻地区的居民所受的来自废水的照射属于照射的哪种情况?

(2)如果工作人员在操作过程中发生废水泄漏,工作人员所受照射属于哪种照射情况?

(3)受到意外照射的工作人员到医院接收治疗,医护人员因此而受到的照射属于哪种照射情况?

(4)事故发生多年后,在一些区域的环境(如土壤)中依然存在微量的长寿命放射性核素,周围居民因此而受到的照射属于哪种照射情况?

4. 医院放射科医生在患病后接受 CT 检查,并使用靶向放射性药物治疗。

(1)该医生在接受检查和治疗中所受的照射属于何种照射?

(2)完成治疗后回家疗养,家人在照顾病人过程中所受照射为何种照射?

5. 实验室要建立一个基于 ^{137}Cs 放射源的标准辐射场实验装置。

(1)该放射源进行辐射屏蔽设计所达到的防护水平应该依据哪种防护水平?

(2)对放射源建立屏蔽,是否只要满足相关国家和行业标准就可以了,为什么?

6. 根据现行的国家标准职业照射和公众照射的剂量限值为多少?所受的年辐射剂量低于限制是否意味着不会受到辐射危害?

7. 在切尔诺贝利核事故发生后,乌克兰组织工作人员清理高放射性的建筑碎片。为了降低人员所受照射,为工作人员穿戴了铅屏蔽,佩戴了防毒面具,并配备了长柄的清理工具。并且工作人员采取轮班制,每人快速到场所完成一件碎片的清理后,就离开工作场所休息。请针对以上描述分别说明分别采取了哪些通用的辐射防护措施。

8. 请根据造成内照射的基本途径简要制定一套应用与开放源工作场所的辐射防护措施。

9. 怀孕的女性涉辐射工作人员在工作岗位上开展工作,其本人和胎儿所受的照射分别属于何种照射?

10. 根据《中华人民共和国核安全法》的规定,核材料主要包括哪些?该法中"核安全"包括的范畴有哪些?

参 考 文 献

[1] DOMENECH H. Radiation safety: management and programs [M]. Switzerland: Springe, 2017.
[2] MARTINN A, HARBISON S, BEACH K, et al. An introduction to radiation protection [M]. 7th ed. Boca Raton: CRC Press, 2019.
[3] 中华人民共和国国家质量监督检验检疫总局. 电离辐射防护与辐射源安全基本标准: GB 18871—2002 [S]. 北京: 中国标准出版社, 2012.
[4] 环境保护部辐射环境监测技术中心. 核技术应用辐射安全与防护 [M]. 杭州: 浙江大学出版社, 2012.
[5] 李星洪. 辐射防护基础 [M]. 北京: 原子能出版社, 1982.
[6] 《核安全相关法律法规》编委会. 核安全相关法律法规 [M]. 北京: 中国环境科学出版社, 2004.
[7] 潘自强, 程建平. 电离辐射防护和辐射源安全 [M]. 北京: 原子能出版社, 2007.

第 6 章 辐射探测器

辐射探测器是辐射测量装置的核心部件,其基本原理是基于辐射与探测器中的探测介质间的相互作用,产生电、光、力、热等形式的效应,从而实现对辐射的探测。辐射探测器有两种工作模式:电流模式和脉冲模式。电流模式通常用于辐射场所注量率的测量;而脉冲模式是一种逐事件的测量模式,每一个脉冲对应一个辐射事件。探测器的探测介质不同,工作原理也不一样。本章主要介绍三类不同介质的探测器:气体探测器、闪烁体探测器和半导体探测器。

6.1 气体探测器

采用气体介质,利用辐射通过气体时的电离过程对辐射进行探测的辐射探测器称为气体探测器。本节将首先介绍气体的电离和激发、电子和离子在气体中的运动,以及电子-离子对收集等基本机制,而后基于此,对三种常用的气体探测器(电离室、正比计数器及 G-M 计数管)进行分别介绍。

6.1.1 气体的电离和激发

当一个带电粒子穿过气体时,其与气体分子间的相互作用使得其路径上发生分子的电离激发。中性分子被电离后,产生的正离子和自由电子称为离子对。所产生的电子和离子亦统称为载流子。离子既可以通过入射粒子与气体分子之间的直接相互作用产生(原电离过程,产生原初离子对),也可以通过入射粒子的次级电子与气体分子发生相互作用产生(次电离,产生次级离子对),即电离所产生的高能电子(称为 δ 电子)可以进一步引发新的电离。无论所涉及的具体机制是什么,实际感兴趣的量是辐射径迹上产生的离子对总数。

要使电离过程发生,粒子传递给气体分子的能量至少要与气体分子的电离能相等。对于应用于辐射探测器的大多数气体,束缚最不紧密的电子的电离能在 10~25 eV。但入射粒子在空气中也存在不产生离子的能量损失机制:当粒子传递给气体分子的能量小于电离能时,所发生的过程即为激发过程,即分子中电子被提高到一个更高的束缚态而未离开。因此,每形成一对离子对,入射粒子损失的平均能量(定义为 w)实际上总是大于气体的最低电离电位。w 值的大小与气体种类、辐射类型及其能量有关,但事实上,w 对许多不同气体和不同类型的辐射而言均接近为一个常数参数,其典型值为 25~35 eV/离子对(表 6.1)。因此,若一个 1 MeV 的粒子如果完全停止在气体中,则将会产生大约 30 000 对离子。假设 w 对于某一特定类型的辐射来说是恒定的,那么所沉积的能量就正比于形成的离子对数量。

因此，如果对所形成的离子对数进行相应的测量，就可以确定沉积的能量。

表 6.1 不同气体的 w 数值

气体	第一电离势/V	快电子对应的 w /(eV/离子对)	α 对应的 w /(eV/离子对)
Ar	15.7	26.4	26.3
He	24.5	41.3	42.7
H_2	15.6	36.5	36.4
N_2	15.5	34.8	36.4
空气		33.8	35.1
O_2	12.5	30.8	35.2
CH_4	14.5	27.3	29.1

6.1.2 电子和离子在气体中的运动

电子和离子在气体中的过程包括扩散、电荷交换、复合、电子吸附、漂移、电子雪崩等，下面分别介绍。

1. 扩散

中性气体原子或分子处于恒定的热运动中，其由平均自由程表征。对于典型气体，在标准条件下的平均自由程为 $1.0\times10^{-6} \sim 1.0\times10^{-8}$ m。气体中产生的正离子或自由电子也参与随机热运动，因此具有从高密度区域扩散开的趋势。这种扩散过程对于自由电子来说比对于离子来说更明显，因为它们的热运动平均速度要大得多。自由电子的点状集合将围绕原点在空间上扩散成高斯分布，其宽度将随时间增加。如果我们令 σ 为该分布投影到任意空间正交轴（x、y 或 z）上的标准偏差，t 是所经过的时间，那么它可以表示为

$$\sigma = \sqrt{2Dt} \quad (6.1)$$

其中，D 为扩散系数，其值可以简单地从动力学气体理论中预测，但通常需要更复杂的传输模型来对实验观测进行准确模拟。

2. 电荷交换

当一个正离子与一个中性气体分子相遇时，会发生电荷转移碰撞。在该碰撞过程中，一个电子从中性分子转移到正离子上，因此正离子与中性分子的电性发生了互换。这种电荷转移在含有数种不同类型分子的气体混合物中十分显著，净的正电荷会有转移到具有最低电离能的气体的趋势。

3. 复合

正离子和自由电子之间的碰撞可能导致重新组合，其中电子被正离子捕获并返回到电荷中性的状态。正离子也可以与负离子发生碰撞，额外的电子由负离子转移到正离子，两个离子都被中和。在任何一种情况下，原初离子对的电荷都会丢失，因而不能进一步对基

于电离电荷收集的探测器信号做出贡献。

因为碰撞频率与所涉及的两种物质浓度的乘积成正比,所以重组率可以写成

$$\frac{\mathrm{d}n^+}{\mathrm{d}t} = \frac{\mathrm{d}n^-}{\mathrm{d}t} = -\alpha n^+ n^- \tag{6.2}$$

其中,n^+ 为正电粒子的数密度;n^- 为负电粒子的数密度;α 为复合系数。与正离子和自由电子之间的复合系数相比,正离子和负离子之间的复合系数通常要大几个数量级。在容易通过电子吸附形成负离子的气体中,几乎所有的复合都发生在正离子和负离子之间。

4. 电子吸附

原初离子对中的自由电子在其正常扩散过程中也经历了许多碰撞。在某些种类的气体中,由于自由电子附着在中性气体分子上,可能有形成负离子的倾向。这些气体称为负电性气体。负离子和在电离过程中形成的正离子有许多相同的性质,但电荷相反。例如,O_2 是一种很容易附着电子的气体,因此在空气中扩散的自由电子迅速转化为负离子。与 O_2 相反,N_2、H_2、烃类气体和稀有气体的电子附着系数都相对较低,因此电子在这些气体中通常以自由电子的形式迁移。

O_2 等电负性气体易于出现电子吸附现象从而产生负离子,而后产生的负离子与正离子更易发生复合。因此需要避免负电性气体的使用,而采用 Ar、Ne 等惰性气体和 N_2 这样的化学性质很不活泼的气体。

5. 漂移

如果在气体中存在离子和电子的区域施加外部电场,则静电力会使电荷发生定向运动。电荷的净运动速度由随机热运动的速度和给定方向上的净漂移速度叠加得到。正离子的漂移速度与常规电场方向一致,而自由电子和负离子的漂移速度与常规电场方向相反。

气体中的离子,可以通过下式相当准确地预测其漂移速度:

$$v = \frac{\mu \varepsilon}{p} \tag{6.3}$$

其中,v 为漂移速度;μ 为迁移率;p 为气体压力;ε 为电场强度。迁移率 μ 在较宽的电场和气体压力范围内倾向于保持稳定;在同一气体中,正离子与负离子的迁移率 μ 差别不大;对于中等原子序数的探测器气体,μ 典型值介于 $1 \sim 1.5 \times 10^{-4}$ m² atm/(V·s)。在 1 atm 压力下,10^4 V/m 的典型电场将引起大约 1 m/s 的漂移速度。因此,在 1 cm 的典型探测器尺寸上的离子传输时间约为 10 ms。而自由电子的行为完全不同,由于电子的质量要比离子小得多,因此在与中性气体分子碰撞时可以有更大的加速,其迁移率通常是离子的 1 000 倍。因此,电子的运动速度远大于离子,典型的电子收集时间是 μs 级而非 ms 级。

气体组成对电子的漂移速度会有较大的影响。在 Ar 这样的单原子分子气体中加入少量的像 CO_2、H_2O 这样的多原子分子气体,能够增加电子的漂移速度。由于多原子分子气体存在低能级,电子在碰撞中会损失能量,电子能量积累不高。由于电子的热运动速度远大于漂移速度,热运动速度是主导,因而在平均自由程内其运动时间主要由热运动速度决定。如前所述电子能量不高主要是热运动速度降低,电子有更多的时间被外加电场加速,所以

漂移速度会得到提高。

6. 电子雪崩

在施加外电场的探测器中,电子的运动速度远大于离子的速度,在整个探测过程中起主导作用。电离产生的自由电子除了在电场作用下发生漂移外,还会跟工作气体分子发生碰撞。为了方便,以运动的平均效果为例进行讨论。电子在两次碰撞之间由于电场加速获得的平均能量为 $\Delta T \propto E$(E 为电场强度),碰撞让分子发生电离而损失的平均能量为 w。探测器结构确定,当电压足够高时,使得 $\Delta T > w$,则运动的电子在碰撞间获得能量足以产生新的电离。如图 6.1 所示,第一代电子 a1,在与气体分子碰撞后产生第二代电子 b1,进而 a1 和 b1 分别加速产生第三代电子 c1、c2……该过程不断发展,则电离规模不断扩大直到电子到达阳极或者电场条件不再满足。这种电子在电场作用下不断产生电离的过程称为电子雪崩,其结果将导致初级电离发生倍增。

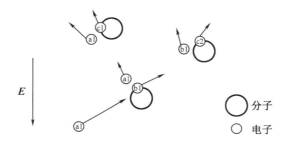

图 6.1 在外加电场中气体探测器电子雪崩过程示意图

在探测器内的电子雪崩过程中,碰撞除了导致气体分子电离产生二次电子外,也可导致气体分子的激发过程。气体分子的激发和电离发生后,气体分子的电子退激会进一步导致光子产生。光子在工作气体中传播可能会在不同的位置通过光电效应产生新的自由电子。如果探测器腔室内充满了单原子气体,光子仅在撞击阴极(圆柱体壁)时发生光电效应会产生光电子,而没有足够的能量电离气体原子。如果探测器中充满的是混合气体,一种气体分子发出的光子可能会电离使另一种气体分子电离。当腔室内产生的正离子走完其射程并击中阴极时,也能够发射电子。这种效应发生的程度取决于覆盖在阴极表面的材料类型及填充腔室的气体类型。

这些过程所产生的电子会导致连续的电子雪崩。因为所有电子都会朝着强电场的方向迁移,并引发新的电离。将入射辐射产生一对离子对时,探测器中所产生的自由电子总数定义为电荷倍增系数 M,其计算方式如下。

令 N 为每对电子-正离子对可产生的雪崩电子总数,δ 为探测器中每产生一个雪崩电子平均可产生的光电子数(通常 $\delta \ll 1$),则 N 个雪崩电子产生个 δN 个光电子。每个光电子产生一个新的包含 N 个电子的雪崩,新电子又会继续发生雪崩。因此,第二次雪崩由 δN^2 个电子组成。第三次雪崩会有 δN^3 个电子产生,以此类推,每个初始离子对所产生的电子总数(即电荷倍增系数或者增益)为

$$M = N + \delta N^2 + \delta N^3 + \cdots \quad (6.4)$$

δN 的大小与外加电压有关。当 $\delta N < 1$ 时,电荷倍增系数为

$$M = \frac{N}{1-\delta N} \tag{6.5}$$

进一步,如果 $\delta N \ll 1$,则

$$M = N \tag{6.6}$$

电荷倍增系数在不同情况下的表达总结如下。
(1)如果 $\delta N \ll 1$,光电效应可以忽略,$M = N =$ 初始电荷倍增(第一雪崩)。
(2)如果 $\delta N < 1$,M 远大于 N。
(3)如果 $\delta N \geqslant 1$,则 $M \to \infty$,即探测器出现了自持放电的现象。

6.1.3 气体探测器的工作区

在辐射场不是特别强的情况下(大多数场景都满足该假设),对于指定辐射,收集到的电子-离子对数与工作电压之间存在明显的规律(图6.2)。根据不同工作电压下的收集到的离子对数,可以对气体探测器进行工作分区。

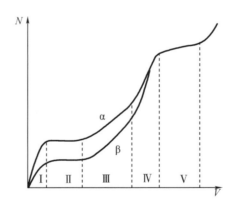

Ⅰ—复合区;Ⅱ—饱和区;Ⅲ—正比区;Ⅳ—有限正比区;Ⅴ—G-M 区。

图 6.2 不同辐射入射到气体探测器,电极收集到的电子-离子对数目 N 与外加偏压 V 的关系分区示意图

Ⅰ区(复合区):首先,如果探测介质不附加任何外电场,则没有有效的电荷可以收集到。在非常低的电压下,电子、离子分别向阳极和阴极漂移,电场不足以阻止原初电子-离子对的复合,因而收集的电荷数少于原初离子对所表征的电荷。在这一区域可以看到,随着电压升高,离子对收集数上升,这反映了复合被抑制。

Ⅱ区(饱和区或电离室区):在一定工作电压之上(即Ⅰ区之后),此时原初电子-离子对的电荷被全部收集,继续升高电压也不会有更多的电荷被收集。电离室工作于该电压范围。

Ⅲ区(正比区):当电压增加到气体倍增阈值电压时,工作气体将发生电子雪崩。此时收集的电荷除入射的辐射电离产生的电子-离子对之外,还有电子雪崩产生的电荷。收集到的电荷相对辐射原初电离产生的电荷产生了增益,其数值与入射辐射产生的原初离子对数量成正比;同时,与外加电压成正比,满足式(6.6)。正比计数器工作于该电压范围。

Ⅳ区(有限正比区):进一步升高外加的电压,由于电子雪崩导致的增益 M 不断增大,不再满足 $\delta N \ll 1$,也就是说此时雪崩产生的光子的效应不能完全忽略。但是,依然满足 $\delta N < 1$,所收集的离子对数仍然随着初始离子对数量的增加而增加,但不是以线性方式,因而该工作区称为有限正比区。

Ⅴ区(Geiger-Mueller 或 G-M 工作区):如果施加的电压足够高,雪崩的规模足够大,导致 $\delta N > 1$,电子雪崩导致的增益 M 满足式(6.4)。在这种情况下,电子雪崩会持续进行,直到产生足够数量的正离子,使电场降低到不足以发生气体倍增的程度。终止时所收集的正离子总数总是相同的,而与入射辐射产生的原初离子对数无关。G-M 计数器工作在这一区域。

6.1.4 电离室

电离室是最早出现的气体探测器。电离室工作于饱和区,在饱和区中不发生电荷倍增过程,输出信号正比于粒子在探测器中沉积的能量,因此电离室可以被用于粒子的能量测量。通常电离室输出的信号不大,因此这类探测器只用于像是 α、质子、裂变碎片和其他重离子的测量。一般来说,电离室的工作电压小于 1 000 V。电离室常见的几何结构有三种(图 6.3),包括平板形、圆柱形或球形。

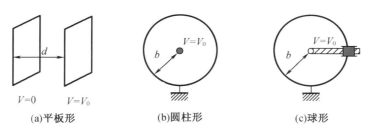

(a)平板形　　(b)圆柱形　　(c)球形

图 6.3　气体探测器的几种几何结构

以平行板电离室说明本征电流的产生机制,圆柱形或球形电离室的情形与之类似。为简化讨论,分别陈述正离子和电子单独存在时产生的本征电流信号。简化后的平行板电离室电路如图 6.4 所示,其中 A 为阳极,施加正高压;C 为阴极接地,处于低电位,与阳极相距 d。在电离室内引入一个电荷为 $+e$ 的正离子,其产生于距离 C 极 x 处,由于静电感应,其在两个极板上分别感应出一定量的负电荷,记在 A 极上产生的感应电荷为 $-q_1$,在 C 极上产生的感应电荷为 $-q_2$。二者满足以下关系

$$q_1 = e \frac{x}{d} \tag{6.7}$$

$$q_2 = e \frac{d-x}{d} \tag{6.8}$$

$$q_1 + q_2 = e \tag{6.9}$$

在电场的作用下,正离子由 A 极向 C 极漂移,与此同时,A 极上的负电荷沿着外回路由 A 极向 C 极移动,从而形成了电流,在外回路上电流方向为由 C 极向 A 极。当正离子到达

C 极时，负电荷在外回路的流动结束，电流也就此消失。流过外电路的总电荷量为 q_1。

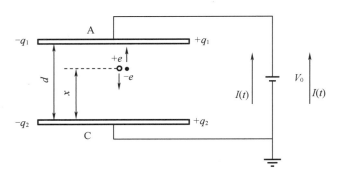

图 6.4 电子-离子对在电离室中产生的感应电荷及电流情况

因为实际射线造成气体分子电离产生的电子、离子是成对出现的。与正离子类似，考虑在距 C 极 x 处(与正电荷相同位置)电荷为 $-e$ 的电子。由于静电感应，其在 A 和 C 极板上分别感应出一定量的正电荷 $+q_1$ 和 $+q_2$，同样满足式(6.7)至式(6.9)关系。在电场的作用下，电子由 C 极向 A 极移动，相应地，C 极上的正电荷沿着外回路由 C 极向 A 极移动，从而形成电流。在外回路上电流方向与正离子情况相同，同样为由 C 极向 A 极。当电子到达 A 极时，正电荷在外回路的流动结束，电流消失。流过外电路的总电荷量为 q_2。

将一个离子和一个电子各自单独存在时的电流情况叠加考虑，从而得到一对电子-离子对在平板电离室中漂移产生的电流情况。如图 6.4 所示，若记一个正离子漂移造成的电流为 $I^+(t)$，一个电子漂移造成的电流为 $I^-(t)$，则一对电子-正离子对产生的电流为

$$I(t) = I^+(t) + I^-(t) \tag{6.10}$$

流过外电路的总电荷量则为 $q_1+q_2=e$。实际射线在电离室中可以产生多个电子-正离子对，假设产生了 N_0 对，那么对应的总电流与总电荷量(若不考虑复合)分别为

$$I(t) = \sum_{i=1}^{N_0} I^+(t) + \sum_{i=1}^{N_0} I^-(t) \tag{6.11}$$

和

$$Q = N_0 e = \frac{E}{w} e \tag{6.12}$$

其中，E 为射线的能量；w 为气体的平均电离能。值得注意的是，对于电子-正离子对漂移的情况，流过外回路的总电荷量与电离发生的位置没有关系。但是对于只有一个电子或正离子的情况，其初始位置不同，相应的流过外回路的电荷量也会有所不同。

电离室根据工作模式可以分为两种，一种是脉冲电离室，另一种是电流电离室。脉冲电离室的本征电流通过电离室外部的负载电路产生一个电脉冲信号；而电流电离室则将一段时间内的大量本征电流信号累加，得到一个慢变化的电流信号。二者的区别仅在于输出回路的 RC 时间常数的选取及电极间的绝缘结构上，在结构及输出信号的产生机制上并没有本质的区别。

对于脉冲电离室，考虑到脉冲的时间特性，其能够测量粒子的时间和强度等信息。同

时,由于可以导出其输出的脉冲幅度正比于离子对数,而离子对数又正比于入射粒子的能量,因而基于对脉冲信号的处理,能够测量入射粒子的能量。

6.1.5 正比计数器

由于电离室收集的离子对完全依靠入射的带电粒子产生,其输出脉冲幅度小,因而在测量低能射线时,难以区分入射粒子产生的脉冲和噪声。为此,1928 年 Geiger 与 Alemperer 发明了正比计数器。正比计数器的工作区域为图 6.2 中的 Ⅲ 区域。当发生电荷倍增时,输出信号与入射粒子在计数器中沉积的能量成比例。因此能够用正比计数器测量粒子能量。正比计数器可用于探测任何带电粒子,其工作电压范围为 800~2 000 V。

典型的正比计数器是圆柱形(图 6.5),外部的大空心管作为阴极,置于空心管轴线上的一根细丝作为阳极。在圆柱形气体探测器中,电压施加在一根直径为几 mm、在圆柱体中心轴向拉伸的细丝上。筒壁通常接地,在这种情况下,径向不同位置处的电场为

$$E(r) = \frac{V_0}{\ln(b/a)} \frac{1}{r} \tag{6.13}$$

其中,a 为中央丝极的半径;b 为探测器的半径;r 为同圆柱形探测器轴线的距离。显然,在圆柱形探测器内部靠近中央丝极区域有着非常强的电场。与平板形气体探测器相比,圆柱形气体探测器更容易实现电荷倍增。因此,正比计数器和 G-M 计数器需要制造成圆柱形。

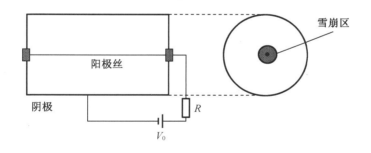

图 6.5　正比计数器结构示意图

考虑探测器的构型和施加电压的极性很重要,具体可以从以下两个角度来分析。首先,根据式(6.13)可知,探测器内的电场强度随 r 减小而增大。在探测器阳极丝足够细的情况下,r 可以取到较小的值,此处的电场可以达到非常高的强度。考虑探测器的半径 $b=1$ cm,阳极丝的直径为 100 μm,外加电压 $V_0=500$ V,则在阳极丝附近的电场强度可以达到约 18 800 V/cm。若采用极板间距为 1 cm 的平板计数器,要达到同样的电场强度,所加电压需要达到 18 800 V。可见圆柱形的探测器可以在外加电压不太高的情况下获得较高的电场强度,降低了探测器开发的工艺难度。另外,雪崩是电子强电场中引发的,阳极附近需要强电场,所以探测器中心的丝必须是阳极,而不是阴极。

如果要使不同的辐射事件获得一致的增益,则探测器的雪崩区必须限制在与气体总体积相比非常小的体积内。在这种条件下,几乎所有的初级电离都是在倍增区之外发生的,

初级电子在倍增发生之前仅是简单地向倍增区漂移。因此,每个电子经历相同的倍增过程,而与其原始形成位置无关,因此倍增因子对所有原始离子对将是相同的。

考虑正比计数器的增益为 M,如果辐射在探测器中沉积的能量为 ΔE,则探测器中产生的总电荷量为

$$Q = MNe = M\frac{\Delta E}{w}e \tag{6.14}$$

其中,w 为产生一个电子-正离子对的平均能量。

6.1.6 G-M 计数管

1928 年,Geiger 和 Müller 发明了 G-M 管计数管,其工作区如图 6.2 中 Ⅳ 区所示。G-M 计数管可以提供很强的信号而不需要前置放大器,可以用于对任何类型的电离辐射的探测,工作电压范围为 500~2 000 V。因为其结构简单的特点,应用十分广泛。G-M 计数管的缺点是其信号与粒子类型及其能量无关,因此 G-M 计数管只能提供关于粒子数量的信息;另外,G-M 计数管的死时间相当长(100~300 μs)。

G-M 计数管的构造和操作在许多方面与正比计数器相似,通常是圆柱形的。G-M 管中心丝附近的电场很强,电荷倍增系数 M 高,使得 $\delta N \approx 1$。在 G-M 计数管中,单个初级电子-离子对可以触发大量的连续雪崩。因而输出信号与初级电离无关。

1. 自持放电

G-M 计数管的运行机制比正比计数器更加复杂。当电子在中心丝周围的强电场中得到加速时,除了产生新的电子雪崩外,还会造成气体中原子和分子的激发;这些被激发的原子和分子在退激时能够发出光子,这些光子通过光电效应在管内其他部位产生光电子,进而引发新的雪崩(图 6.6)。最初位于阳极丝附近的雪崩在计数管内的通过发射的光子产生光电效应而迅速传播,这一现象称作光子反馈。

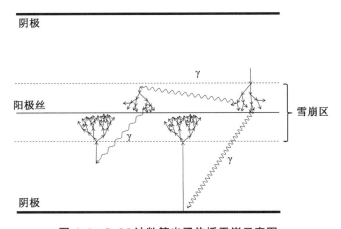

图 6.6　G-M 计数管光子传播雪崩示意图

在上述放电期间,阳极丝不断收集电子,而漂移速度比电子慢得多的正离子仍在管内几乎静止并在阳极附近形成了正离子鞘。当电子被收集完,该正离子鞘起到了静电屏蔽的

效果,使得阳极丝附近场强减小,因而连续雪崩受到了抑制,直至发生雪崩所需要的满足的电场强度不能满足而停止雪崩。这种现象称为空间电荷效应。

当正离子移向阴极并与阴极材料发生碰撞时,产生二次电子;正离子自身也容易从阴极获得一个电子而发生中和。随着正离子向阴极漂移和中和,探测器的场强开始恢复;当大部分正离子到达阴极发生中和时,探测器内场强也恢复到原来的状态。阴极附近碰撞产生的二次电子能够产生新的雪崩,并再次开始一系列雪崩过程。这一现象称为离子反馈。

辐射一旦在 G-M 计数管中引起雪崩产生信号,每隔一定时间就会重复输出相应信号,并且信号幅度基本一致。为了能使 G-M 计数管作为辐射探测器使用,需要采取措施使辐射通过一系列雪崩产生一个信号后终止后续的放电,实现猝熄。

2. 自猝熄

常见的猝熄方法有两种,一种是外部猝熄,另一种是自猝熄。由于采用外部电路控制的猝熄方法方法复杂,造成的死时间过长,在此只介绍自猝熄。自猝熄方法通过向计数管的主要气体中加入少量的有机气体或卤素气体来实现。

常用 10%～20% 的酒精、戊烷、异戊烷、石油醚等有机气体作为猝熄气体。激发态有机分子的离解寿命约为 $1.0×10^{-13}$ s,远小于退激发光的寿命 $1.0×10^{-8}$ s。因此,有机气体分子吸收光子或者阴极附近俘获电子处于激发态时,主要通过分解为两个更小的分子损失能量,而不是通过光电效应过程,这种现象称为超前离解。从而降低光子反馈和离子反馈。下面以 Ar 为工作气体,酒精为猝灭气体为例,通过雪崩产生、雪崩传播、正离子漂移等过程来说明有机气体如何实现 G-M 计数器的自猝熄。

首先,辐射进入计数器产生初级电离。由于工作气体 Ar 气为主所以主要是造成 Ar 原子的电离和激发。电离产生的电子漂移到雪崩区发生雪崩产生大量的 Ar 和酒精分子(记为 M)电离激发。过程中激发的 Ar^* 退激发射光子不可忽略,会造成管内工作气体的电离,产生新的雪崩,从而实现雪崩在管内的传播。由于多原子分子的存在,Ar^* 退激发射的光子容易被其吸收,因而发射的光子通常会在原来雪崩的领域发生光致电离。所以雪崩通常是在雪崩区从初始雪崩发生的位置沿阳极丝向两端传播的。当雪崩规模达到一定程度时,电子快速被阳极收集,离子在雪崩区造成的空间电荷效应使探测器处于不再响应的状态。此时雪崩区附近主要有氩气和酒精的离子(Ar^+、M^+)和激发态分子(Ar^*、M^*)(图 6.7)。Ar 的电离能为 15.7 eV,酒精的电离能为 11.3 eV,如图 6.7(a)所示,Ar^+ 与 M 碰撞会发生电荷交换,Ar^+ 转变为 M^+。氩和有机分子的电离电位差以光子的形式放出,光子仍然被有机分子吸收。处于激发态的 Ar^* 退激发射光子可能造成 M 的电离,Ar^* 转变为 M^+;或者使 M 激发,Ar^* 转变为 M^*[图 6.7(b)],进而通过图 6.7(c)超前离解。这样 G-M 管阴极漂移的粒子主要都变为 M^+。M^+ 到达阴极附近通过图 6.7(d)所示过程,从阴极表面获得电子中性化为 M^*,主要通过图 6.7(c)所示过程超前离解,从而实现了 G-M 计数器的猝熄。

由于有机分子存在丰富的激发态(如转动态、振动态等),电离产生的电子容易与其碰撞而损失能量,不能积累足够的能量在与 Ar 原子碰撞时产生新的电离,有机 G-M 计数管的工作电压相对较高,通常在 1 000 V 以上。另一方面,采用有机气体进行自猝熄依赖于有机分子的离解,因而 G-M 计数管寿命有限,对应 $1.0×10^7$～$1.0×10^8$ 次计数。

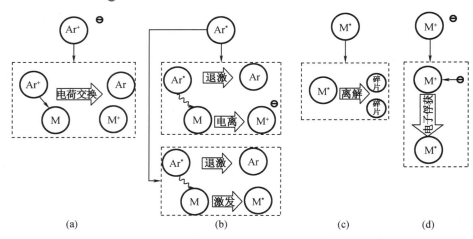

图 6.7 有机气体作为猝熄气体,G-M 计数器中的发生的与工作气体及猝熄气体分子(离子)相关的主要过程,其中 M 表示有机气体分子

实验发现,卤素气体可以用作猝熄气体。可以采用 Ne + Br_2(0.1%~1%)作为工作气体。Ne 的电离电位 I_{Ne} = 21.6 eV,其亚稳态和第一激发态的激发能 $E_{Ne}^\Delta \approx E_{Ne}^* \approx$ 16.5 eV。Br_2 的电离电位 I_{Br_2} = 12.8 eV。在卤素 G-M 管中,雪崩产生的电子可以分别与 Ne 或者 Br_2 发生碰撞,发生如下过程:

$$e+Ne \rightarrow Ne^\Delta + e' \tag{6.15}$$

$$e+Ne \rightarrow Ne^* + e' \tag{6.16}$$

$$e+Ne \rightarrow Ne^+ + e' + e'' \tag{6.17}$$

$$e+Br_2 \rightarrow Br_2^+ + e' + e'' \tag{6.18}$$

由于混合气体中 Br_2 的量很少,所以发生概率很低;又 $I_{Ne} > E_{Ne}^\Delta \approx E_{Ne}^*$,所以雪崩电子积累到一定能量与 Ne 碰撞,使其激发到亚稳态 Ne^Δ 或者 Ne^*。激发态 Ne^* 退激发射光子可以在阴极或者 Br_2 上打出电子,实现雪崩的传播。亚稳态的 Ne 与 Br_2 发生碰撞可以使 Br_2 电离,即

$$Ne^\Delta + Br_2 \rightarrow Br_2^+ + e + Ne \tag{6.19}$$

放电终止后漂移到阴极附近的离子主要是 Br_2^+,从阴极俘获电子产生激发态 Br_2^*,优先发生离解,从而发生猝熄。

采用卤素气体作为猝熄气体的 G-M 管寿命可以大大增加。尽管卤素气体分子在猝熄过程中同样会发生离解,但它们在一定程度上还会再次结合成分子,这无疑大大地延长了计数管的使用寿命。

6.2 闪烁体探测器

闪烁体(scintillator)是这样一种材料,当电离辐射通过它时,闪烁体能够发生闪光,形成光信号。闪烁体按照介质的物理形态,可以分为固体闪烁体、液体闪烁体和气体闪烁体;按

照化学构成,可以分为无机闪烁体和有机闪烁体。闪烁体所产生光信号一般非常微弱,为记录和分析这样的信号,需要对光信号进行光电转换和放大处理。典型闪烁体探测器系统的构成如图6.8所示。

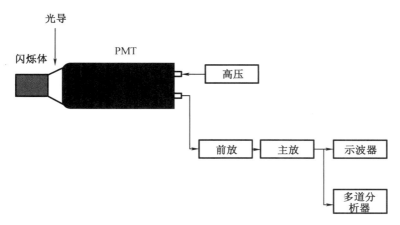

图6.8 典型闪烁体探测系统构成示意图

6.2.1 闪烁体的性能参数

1. 发光光谱

闪烁体发射光子并非单能的,而是具有一定光谱结构,通常用发光的强度与光子波长(或能量)的关系曲线,即发射光谱来表征。不同类型的无机闪烁体的发光光谱变化较大,从紫外、可见光,到红外都有分布。图6.9所示为几种闪烁体的发射光谱,横坐标 λ 为光波长,纵坐标 $P_s(\lambda)$ 为相对发光强度。常用的有机闪烁体,如液体闪烁体和塑料闪烁体,则发射光谱较为接近(图6.10)。为了表征方便,不同种类的闪烁体的发射光谱存在区别,也可以用发射光谱主峰位或最强波长来表征(表6.2、表6.3)。NaI(Tl)强度最大发光强度的光子波长为415 nm,偏蓝光;而CsI(Tl)的则为565 nm,偏红光。

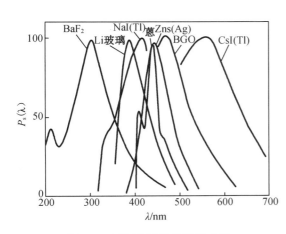

图6.9 不同闪烁体的发射光谱

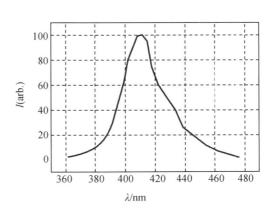

图6.10 塑料闪烁体的发射光谱

表 6.2　常用无机闪烁体的性能列表

闪烁体	密度 /(g/cm³)	最大输出波长 /nm	光产额 /(/MeV)	衰减时间 /μs
NaI(Tl)	3.67	410	38 000	0.23
CsI(Tl)	4.51	565	65 000	1.00
CsI(Na)	4.51	420	39 000	0.63
BGO	7.13	480	8 200	0.30
CdWO₄	7.90	530	15 000	0.90
⁶LiI(Eu)	3.49	470	11 000	0.94
LaBr₃	5.29	380	63 000	0.026

表 6.3　常用有机闪烁体的性能举例

闪烁体	密度/(g/cm³)	最大发射强度对应波长/nm	闪烁效率（相对值）/%	衰减时间/ns
蒽	1.25	445	100	~30
反式二苯乙烯	1.16	385	约60	4~8
NE-102 塑料闪烁体	1.06	350~450	约65	2
NE-100 塑料闪烁体	1.06	350~450	60	3
NE-213 液体闪烁体	0.867	350~450	~60	2
PILOT B 塑料闪烁体	1.06	350~450	68	2
PILOT Y 塑料闪烁体	1.06	350~450	64	约3

2. 光产额

为描述闪烁体的发光本领，引入两个物理量来描述。辐射在闪烁体中沉积能量引起闪烁体发光，但是，并不是所有能量沉积都能转换为光子。能量转换效率（也可称为闪烁效率）可以用以描述这种转换效率：

$$C_p = \frac{E_{ph}}{E} \tag{6.20}$$

其中，E 为闪烁体吸收射线的能量；E_{ph} 为闪烁体发出光子的能量。然而，与探测器输出信号直接相关的是辐射致发光产生的光子数。引入单位沉积能量所产生的闪烁光子数来表征光产额（光输出）：

$$Y_p = \frac{\bar{n}_p}{E} \tag{6.21}$$

其中，$\bar{n}_p$ 是能量为 E 的辐射沉积所有能量平均发出的光子数。对于不同种类的入射粒子，闪烁体的光产额会有差别。这是因为不同的入射粒子在闪烁体中的沉积能量的传能线密度（LET）不同，不同的 LET 会造成闪烁体发光不同程度地猝灭。以塑料闪烁体为例

(图 6.11),电子的光产额是最高的,随能量变化具有较好的线性。随着入射粒子的质量越大,电荷态越高,LET 变大,猝灭效应增强,因而光产额也降低,并表现出较强的非线性。由于不同粒子的光产额不同,闪烁体的光产额通常以电子光产额数据给出(表 6.2、表 6.3)。其他粒子的光产额,可以用等效电子光产额来表示。对于电子在闪烁体中光产额的单位用(/MeV),其他粒子则以(/MeVee)为单位。实际应用中,还经常以 NaI(Tl) 的光产额为基准,其他无机闪烁体的光产额以相对值给出。有机闪烁体则经常以蒽光产额作为参考。NaI(Tl) 相对蒽的光产额约为 230%。

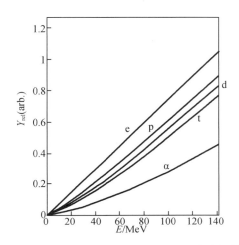

图 6.11 不同粒子在塑料闪烁体 BC408 沉积所有能量的相对光产额

3. 发光时间特性

入射带电粒子在闪烁体中沉积能量会引发光脉冲。带电粒子在闪烁体中耗尽能量所需要的时间及闪烁体原子激发的总时间,对应于脉冲的上升时间,其量级为 $1.0 \times 10^{-11} \sim 1.0 \times 10^{-9}$ s 量级。原子激发态退激过程的时间对应于脉冲的衰减时间。若上升时间相比于衰减时间可以忽略,则可认为其可上升过程瞬时完成,达到光子数 $n(0)$,则有闪烁体光子数随时间的变化满足指数规律

$$n(t) = n(0) e^{-t/\tau} \tag{6.22}$$

式中 τ 为闪烁体的发光衰减时间。因为一个闪烁脉冲中闪烁体发射的光子总数 n_{ph} 为

$$n_{ph} = \int_0^\infty n(t) dt = \int_0^\infty n(0) e^{-t/\tau} dt = n(0)\tau \tag{6.23}$$

所以进一步有

$$n(t) = \frac{n_{ph}}{\tau} e^{-t/\tau} \tag{6.24}$$

大多数无机闪烁体满足以上关系。

对大多数的有机闪烁体与少数无机闪烁体而言,闪光的慢成分不可忽略,光子数随时间的变化满足以下关系:

$$n(t) = \frac{n_f}{\tau_f} e^{-t/\tau_f} + \frac{n_s}{\tau_s} e^{-t/\tau_s} \tag{6.25}$$

其中，n_f、n_s 分别对应于荧光和磷光的总光子数；τ_f 和 τ_s 分别为荧光与磷光的发光衰减时间常数。由于 τ_f 为 ns 量级，而 τ_s 为 10~100 ns 量级，因此称荧光为快成分，磷光为慢成分。

6.2.2 无机闪烁体

1. 发光原理

无机闪烁体的发光机制可以用晶体的能带理论解释(图6.12)。价带(valence band)上的电子，被束缚在晶格上不能移动。在纯晶体中，禁带没有能级，价带电子获得足够能量跃迁到导带(conduction band)，就可以在晶格中自由运动。价带中会留下空穴，空穴也在晶体中同样自由运动。激发的电子可能退激到价带，放出光子。然而，该退激过程概率较低，并且光子能量较高通常在紫外区，并不适合作为探测介质。

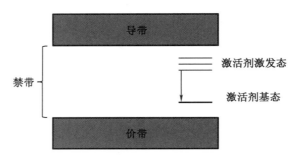

图 6.12 无机闪烁体跃迁示意图

为了提高退激过程闪烁效率，可以在晶体中加入少量杂质(激活剂)。激活剂原子可以停在原来纯净晶体晶格中形成特殊格点，在原来禁带区域内形成产生新的能级。激发电子可以经过这些新的能级退激回价带。由于这样退激的能级差小于禁带宽度，可以提高闪烁光子(尤其是可见光)的发射概率，是闪烁体发光的物理基础。

带电离子经过探测介质激发价带的电子跃迁到导带，产生大量的电子空穴对。因为激活剂电子的电离能小于正常晶格的电离能，电子、空穴形成后漂移到激活剂点位会电离激活剂格点。结果晶体中电子空穴对转化为一系列自由电子和电离激活剂格点。如果电子被电离的激活剂格点俘获，将形成其自身的中性激发态(图6.12)。如果所处的激发态对于基态是容许跃迁，则会以较高概率退激并放出光子。因为电子的迁移时间和激活剂激发态形成相比激发态寿命非常短，闪烁体发光的特征时间由激发态寿命决定。这些激发态的典型寿命为 30~500 ns。

除了上述闪烁发光过程外，还有一系列其他的物理过程与其竞争。如果形成的激活剂激发态相对基态是禁戒的，则该能级通常可以通过热激发到更高能级后再退激到基态发光。这就形成了闪烁体发光的慢成分，称为磷光。如果形成的激活剂激发态向其他激发态或者基态跃迁，由于能量差不能产生可见光，该过程称为猝熄。

有上述过程分析可知常用的无机闪烁体发光主要是通过晶体中作为杂质的激活剂格点退激产生的。激活剂发光的另一重要后果是闪烁体相对闪烁光是透明的。在纯晶体中价带电子激发到导带形成电子空穴对和电子退激导致电子空穴对复合的发光对应的能量差基本是相同的。这会导致晶体的发射光谱和吸收光谱基本重合。而通过激活剂发光,闪烁光子的能量小于激发能,所以发射光谱向长波长方向移动,不会导致晶体本身的大量吸收。因而,晶体可以用作大块的闪烁体探测器。

2. 常用闪烁体举例

(1) 碘化钠 NaI(Tl)

NaI(Tl)晶体密度较大(ρ = 3.678 g/cm^3),而且高原子序数的碘(Z = 53)占质量的85%,所以对γ射线探测效率特别高,同时相对闪烁效率大,它的发射光谱最强波长为410nm左右,能与光电倍增管的光谱响应较好匹配,晶体透明性也很好。测量γ射线时能量分辨率,对^{137}Cs 为7%左右,是闪烁体中较好的。其缺点是容易潮解,吸收空气中水分而变质失效,使用时都是装在密封的金属盒中。

(2) 碘化铯 CsI(Tl)

CsI(Tl)晶体密度较 NaI(Tl)更大(ρ = 4.51 g/cm^3),光产额与闪烁效率也较高,但发光衰减时间常数约为 1 μs,属于比较慢的闪烁体,不适于高计数率使用。CsI(Tl)晶体也会潮解,但是较 NaI(Tl)好很多,通常短时间可以在空气中使用。机械强度较大,容易加工,可以加工成薄片或者小的探测阵列(如像素尺寸约为 1 mm)。

(3) 硫化锌(ZnS)

银激活的 ZnS 具有很高的闪烁效率,但 ZnS 晶体仅以多晶粉末形式存在,透光性很差,涂层厚度一般 10 mg/cm^2 左右。快电子时闪烁效率较低,适合用于探测有较高的β、γ本底的重带电粒子。ZnS 闪烁体价格低廉,效率为 70%~100%,面积又可以做得很大,因此它是测量微弱 α 放射性最好的闪烁体。

(4) 锗酸铋(BGO)

锗酸铋的分子式为 $Bi_4Ge_3O_{12}$,一般简称为 BGO 晶体。BGO 晶体密度大(ρ = 7.13 g/cm^3),Bi 原子序数高 Z = 83,因此对光子的探测效率高。闪烁效率较低,能量分辨较差,适用于对γ光子探测效率要求高,但能量分辨要求低的场景。峰值波长 480 nm 可以与 PMT 很好的匹配。发射谱和吸收谱有少量重叠,存在自吸收,限制了闪烁体的最大尺寸。机械性能及化学稳定性都比较好,加工和使用较方便。

6.2.3 有机闪烁体

1. 发光原理

有机闪烁体是通过单个有机分子的能级跃迁发光,与其所处的物理状态无关,比如作为聚合固体、气态或者处于溶剂中。大量的实际应用的有机闪烁体分子具有π电子能级结构(图 6.13)。自旋单态标记为 S_0、S_1、S_2、S_3,自旋三重态记为 T_1、T_2、T_3。主能级又可以分为诸多子能级,对应分子的不同振动能级。室温下分子处于 S_{00} 态。闪烁体有机分子的 S_0、S_1 能量差为 3~4 eV,能级越高,能量差越小。带电粒子与分子发生相互作用,分子吸收能量激发到不同自旋单态的激发态(如图 6.13 向上箭头所示),并快速(ps)通过无辐射退激

到 S_1 态。子能级的典型能级间距为 0.15 eV,远大于热振动的平均能量(0.025 eV)。振动能级 S_{11}、S_{12}、S_{13} 未达到热平衡,通过与周围物质相互作用失去振动能。结果短时间内激发的分子都处于 S_{10} 态。有机分子通过 S_{10} 态与基态 S_0 之间的跃迁实现闪烁光子(荧光)发射。

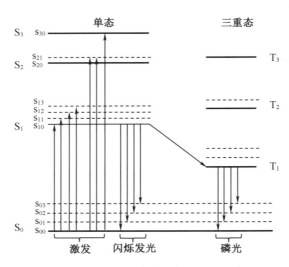

图 6.13　有机闪烁体分子发光机理示意图

一些单态的激发态可能通过体系跃迁到 T_1,进而通过 T_1 到 S_0 的退激发射光子。三重态 T_1 的典型寿命比 S_1 长,达到 ms 量级。这样产生的闪烁光子慢成分称为磷光。由于能级 T_1 较 S_1 低,所以磷光波长,较荧光波长长。

由于荧光发射主要是 $S_{10} \to S_0$ 退激造成的,而分子激发则包含 S_{00} 到各单态激发态的跃迁,因而分子的发射光谱较吸收光谱波长更长,存在大量的非重叠区域,所以闪烁体分子对于闪烁光子具有较好的透明度。这保证了探测器尺寸可以做大。

2. 常用闪烁体举例

(1) 液体闪烁体

液体闪烁体是将一种有机闪烁物质(例如 PPO、联三苯等)溶解在甲苯或二甲苯等有机溶剂中组成的二元体系闪烁体。实际应用中,还往往同时加入一定量的移波剂。把有机闪烁物质称为第一溶质,把移波剂称为第二溶质。入射粒子首先使大量溶剂分子处于激发态,而后这些激发能会有效地传递给第一溶质并按其特征发出闪光。第二溶质的作用是先有效地吸收第一溶质的闪光而后再发出波长变长了的光子,使得闪烁体的发射光谱与光电倍增管的光谱响应更好地匹配。检测 ^3H 和 ^{14}C 等的低能 β 射线的微弱放射性强度,经常都要用液体闪烁体。液体闪烁体另一重要用途是探测快中子,在输出信号波形上可以做到较好的 n-γ 甄别。

(2) 塑料闪烁体

塑料闪烁体实质上就是固态聚合的液体闪烁体。例如,可先把第一溶质及第二溶质按一定配比溶入苯乙烯单体组成的溶剂中,再加温聚合成聚苯乙烯状态的塑料闪烁体。它的突出优点是易于加工成各种形状,体积可以做得很大,价格也便宜,常常是大体积固体闪烁体的优先选择。但在尺寸很大时,闪烁体的自吸收需要认真考虑。其缺点是软化温度较低,不能用在高温条件下;易溶于芳香族及酮类溶剂;能量分辨本领差,一般只做强度测量。

6.2.4 光电倍增管

闪烁体光信号的光电转换、放大可以通过光电倍增管(PMT)、半导体光二极管(PD)、雪崩光二极管(APD)、硅光电倍增管(SiPM)、微通道板(MCP)等实现,在此以 PMT 为例进行介绍。PMT 关键构成部分包括前端的光阴极、中间的打拿极(dynodes)及后端用来收集电子的阳极,这些部件一起封装在一个真空的玻璃管内(图 6.14)。通常,光阴极作为半透明层位于光电倍增管端窗口的内表面上。在大多数光电倍增管中,窗口的外表面是平的,以便更容易与闪烁体进行光学耦合。典型的商用光电倍增管可有多达 15 个打拿极,各打拿极由连续增加的电压来提供电场,两个打拿极之间的电压差为 80~120 V。

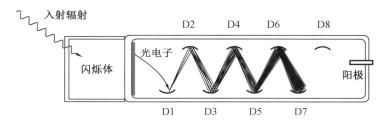

图 6.14 光电倍增管组成结构示意图

1. 量子效率

光电倍增管工作的第一步是将入射的光子转换为电子,具体可以分为以下三步:入射光子被光阴极的光电发射材料吸收,能量被转移给其中的电子;电子迁移到光阴极的表面;电子由光阴极的表面逸出。为了表征 PMT 的光电转换能力,引入光阴极量子效率 Q_K 表征光子入射到光阴极上发射光电子的概率。实际工作中可以取

$$Q_K = \frac{n_{pe}}{n_p} \tag{6.26}$$

其中,n_p 为入射到光阴极的光子数;n_{pe} 从光阴极上发射的光电子数。任何光阴极的量子效率都是入射光波长或者入射光子能量的函数。为了估计与特定闪烁体连接时光电倍增管的有效量子效率,这些量子效率曲线必须在闪烁体的发射光谱曲线上求平均,即定义光电转换效率 ε_K:

$$\varepsilon_K = \int_0^\infty Q_K(\lambda) P_s(\lambda) d\lambda \tag{6.27}$$

其中,$Q_K(\lambda)$ 和 $P_s(\lambda)$ 分别为波长为 λ 时 PMT 的量子效率和闪烁体发光强度。在选择光阴极时,一个需要考虑的重要因素是在发射光谱集中的波长范围内寻求高的光电转换效率。为了获得最佳探测效果,闪烁体的发射光谱应该和光阴极的量子效率相匹配。

图 6.15 所示为典型 PMT 光阴极的光谱响应与闪烁体的发射光谱比较(图中两个纵坐

标均为相对单位)。Cs-Sb 表面在波长为 440 nm 时有最大的灵敏度,这与大多数闪烁体的发射光谱能很好地吻合,这样的响应被称为 S-11,商用光电倍增管的其他响应被称为 S-13、S-20 等。

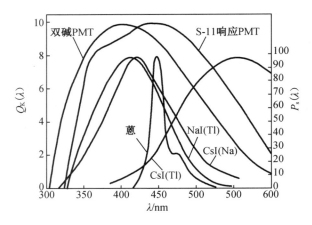

图 6.15 典型的 PMT 光阴极的光谱响应与闪烁体的发射光谱比较

2. 增益

光电倍增管的倍增部分是基于次级电子发射过程而设计的,从光阴极出射的电子被加速并撞击到打拿极的表面。如果对打拿极的材料选择合适(如 Cs-Sb 或 Ag-Mg),则入射电子沉积的能量可以导致更多电子从同一个表面发射。为使光电倍增管的电子倍增达到较大的量级(如 1.0×10^6 及以上),光电倍增管采用多级倍增的方式。离开光阴极的电子被吸引到第一打拿极上,发射次级电子;在第一打拿极表面产生的次级电子能量非常低(通常为几个 eV),很容易被第一打拿极和第二个打拿极之间的电场所引导,加速撞击第二打拿极。以此类推,直至到达 PMT 阳极,从而实现信号倍增。

设光电倍增管中单个打拿极的电子倍增系数为 δ,光电倍增管中有 N 个打拿极,则 PMT 的总电子增益为

$$G = \alpha \delta^N \tag{6.28}$$

其中,α 为倍增结构所收集到的光电子占所有光电子的份额($\alpha \approx 1$)。传统打拿极材料典型的倍增系数 $\delta = 5$。可见,具有 10 个打拿极的光电倍增管的总增益约为 1.0×5^{10}(即约 1.0×10^7)。

光电倍增管的增益对所供电压 V 敏感。举例来说,若 δ 是打拿极间电压的线性函数,那么经过 10 次倍增后总的增益将随 V^{10} 变化。但实际上,通常打拿极 δ 是打拿极间电压分数次幂的函数,光电倍增管总的增益通常与 V^6-V^9 成正比。

3. 暗电流

没有光子入射到 PMT 阴极上时,所产生的阳极电流称为暗电流。一般情况下,光电倍增管的阳极暗电流在 $1.0\times10^{-6} \sim 1.0\times10^{-10}$ A。光阴极热发射是暗电流产生的一个主要原因。光阴极的材料具有较低的逸出功,在室温下也有一定的热电子发射,它与光电子同样

会被倍增。故热发射引起的暗电流是不可避免的。热发射电流随着温度降低迅速减小。阴极温度每降低 10~15 ℃,热电子发射这一噪声源就会降低约 1/2。热电子的发射也可能发生于电子管的打拿极和玻璃壁上,但是这种贡献很小。管内有一定碱金属蒸气凝结附着在极间绝缘支架上,在电压作用下产生"管内漏电"。玻璃外壳和管座潮湿和沾污会引起"管外漏电"。光电倍增管中残余气体电离产生的正离子或者激发产生的光子,打在光阴极或打拿极上,也可能导致电子发射产生附加电流。由光子打出光电子引起的附加电流称"光反馈电流",由离子打出次级电子引起的附加电流称"离子反馈电流"。这种效应在工作电压高和放大倍数很大时,表现得特别严重。另外,电极的场致发射、光电倍增管中材料的放射性、玻璃的受激荧光等也会造成暗电流。

4. 信号输出

PMT 输出脉冲的电荷量取决于前端闪烁体发光、PMT 的光电转换与电子倍增等过程。假设入射粒子的能量为 E,闪烁体的光能产额为 Y_{ph},则根据公式(6.21)得到闪烁体平均发出的光子数 $\bar{n}_{ph}$ 为

$$\bar{n}_{ph} = E Y_{ph} \tag{6.29}$$

设闪烁体与光导等光收集与传输系统的效率为 F_{ph},光阴极的量子效率为 ε_k,光阴极到第一打拿极的收集率 g_c,则有到达第一打拿极的平均电子数为

$$\bar{n}_{1,e} = \bar{n}_{ph} F_{ph} \varepsilon_k g_c \tag{6.30}$$

若引入有效光电转换效率 T 为

$$T = F_{ph} \varepsilon_k g_c \tag{6.31}$$

则

$$\bar{n}_{1,e} = \bar{n}_{ph} T \tag{6.32}$$

进一步,假设 PMT 的电子倍增系数为 M,则有阳极处收集到的平均电子数为

$$\bar{n}_{a,e} = \bar{n}_{ph} T M \tag{6.33}$$

因此,PMT 输出脉冲中的电荷量为

$$Q = \bar{n}_{ph} T M e \tag{6.34}$$

6.3 半导体探测器

半导体探测器是固态器件,其工作原理与电离室类似。半导体中的载流子不是像气体探测器中的电子和离子,而是像电子和空穴。目前,最成功的半导体探测器是由 Ge 和 Si 制成的。然而,从 20 世纪 90 年代开始,人们尝试了不同的材料,并取得了一些成功,例如,碲化镉(CdTe)、碲化锌(CdZnTe)(通常被称为 CZT)、碘化铯(CsI)、碘化汞(HgI_2)等。

6.3.1 本征半导体掺杂半导体

半导体价带(valence band)与导带(conduction band)之间的禁带能隙很小(约 1 eV),导

电性介于导体与绝缘体之间。理想情况下,导带没有电子材料不具有导电性。然而,在非绝对零度情况下,电子具有热振动,有可能获得足够的能量跨越禁带,从价带中跃迁至导带,如图 6.16(a)所示。从另一个视角来看,电子的这种跃迁就是电子脱离特定共价键的束缚在晶体内漂移,从而表现出一定的导电性能。需要说明的是,每有一个电子移动到导带,在价带就会留下一个电子的缺位——空穴,可以将其视为带正电+e的粒子。理想的不含杂质的本征半导体(intrinsic semiconductor),电子与空穴由热激发产生,二者个数相同。

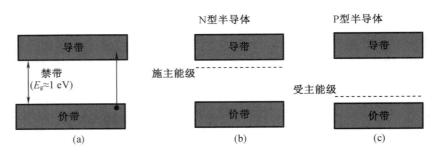

图 6.16　半导体能带结构示意图

如果向本征半导体中掺杂(dope)一些物质,能够得到非本征半导体(extrinsic semiconductor)。这些"杂质"的存在能够在禁带中形成能级,从而使半导体获得更多的电子或空穴,提高半导体材料的导电性。

以硅(Si)为例,它有四个价电子。在纯净的硅晶体中,每个价电子都与邻近的原子形成共价键[图 6.17(a)]。现在假设其中一个原子被一个砷(As)原子取代,As 原子有五个价电子[图 6.17(b)]。其中四个价电子与四个相邻的 Si 原子形成共价键,但第五个电子不属于任何化学键。它的束缚很弱,只需要少量的能量就可以使它自由,亦即使它移动到导带。根据能带模型,这第五个电子处于一个非常接近导带的能态,如图 6.16(b)所示。这种状态被称为施主能级,产生这种状态的杂质原子被称为施主原子。具有施主原子的半导体具有大量的电子和少量的空穴。它的导电性主要是由于电子,它被称为 n 型半导体(n 代表负电性的)。

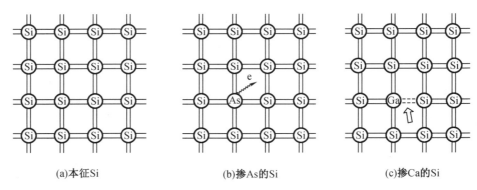

图 6.17　Si 的晶格掺杂情况示意图

如果杂质是 Ga 原子(有三个价电子),则只有三个 Si 键是匹配的[图 6.17(c)]。来自其他 Si 原子的电子可以附着在 Ga 原子上,留下一个空穴。Ga 原子在接受了额外的电子后,将表现得像一个负离子。根据能带理论,Ga 原子的存在产生了非常接近价带的新能态,如图 6.17(c)所示。这种状态被称为受主能级,杂质原子称为受体原子。对于每一个移动到受主能级的电子,便会留下一个空穴。受体杂质原子形成了空穴。载流子本质上是正电性的(positive),这种半导体被称为 P 型。

对于每一个 N 型或 P 型杂质原子,电子或空穴分别处于施主能级或受主能级;电子是 N 型半导体的主要载流子,而空穴是 P 型半导体的主要载流子。但需要说明的是,这种材料仍然是中性的。

6.3.2 半导体的性质

对辐射探测器而言,产生载流子子所需要的平均能量具有重要意义,气体中产生一个电子-离子对需 20~30 eV;闪烁探测器中产生一个被光电倍增管第一打拿极收集的光自子约需要 300 eV[NaI(Tl)]。常温下,硅和锗的禁带宽度分别为 1.115 eV 和 0.665 eV。辐射在介质中损失的能量并不会全部用来电离产生载流子,硅和锗的平均电离能分别为 3.62 eV 和 2.84 eV,约为禁带宽度的 3 倍。可见,同样能量的带电粒子在半导体中产生的信息载流子数要比在气体探测器和闪烁探测器中大得多,从统计意义上,半导体探测器能够提供更高的能量分辨。

半导体通过电子空穴导电,其电阻率由载流子的浓度和漂移速度决定。当电场强度 E 较低时,迁移速度 u 与 E 成正比,其比例系数称为迁移率。电子的和空穴的迁移速度可以表示为

$$u_N = \mu_N E$$
$$u_P = \mu_P E \tag{6.35}$$

设半导体截面积和厚度分别为 S 和 l,两端电势差为 V。流过单位截面积的电流(电流密度)

$$i = e(nu_N + pu_P) = e(n\mu_N + p\mu_P)E \tag{6.36}$$

其中,n 和 p 分别为电子和空穴的数密度。则半导体的电阻 $R = V/(iS) = \rho l/S$。又电场强度 $E = V/l$,可得电阻率

$$\rho = \frac{1}{e(n\mu_N + p\mu_P)} \tag{6.37}$$

300 K 时,本征硅的 $\rho = 2.3 \times 10^5 \ \Omega \cdot cm$,本征锗的 $\rho = 47 \ \Omega \cdot cm$。

6.3.3 PN 结型半导体探测器

1. PN 结形成原理

PN 结型半导体是指 P 型半导体与 N 型半导体直接接触而组成的一种元件。我们知道,P 型半导体中的空穴数多于电子数,N 型半导体中的电子数多于空穴数。一个 P 型半导体与 N 型半导体接触后电子与空穴的运动情况如图 6.18 所示,当未加外部电场时,由于扩

散效应,空穴与电子均由高数密度的位置向低数密度的区域移动,即电子由 N 型半导体向 P 型半导体移动,而空穴由 P 型半导体向 N 型半导体移动,形成扩散电流 I_d。起初,P 型半导体与 N 型半导体均为电中性,电子、空穴的扩散会破坏原来的电荷平衡,使得 N 型半导体带了正电,P 型半导体则带了负电。界面两侧的电荷会形成 N 指向 P 的内部电场 E。内部电场会使 N 区的空穴向 P 区移动,P 区的电子向 N 区移动,形成与扩散电流相反的内部电流 I_I。扩散使内部电场 E_I 增强,内部电场 E 增强会增大内建电场形成的电流 I_I。当 $I_d = I_I$ 时,体系将达到平衡,净电流为零。平衡后,界面处形成一个有一定宽度的 PN 结,也称为势垒区。在电场的作用下,势垒区内出现的任何载流子将立刻开始定向漂移运动,移出该区域。此时,势垒区内的载流子浓度很小,远小于本征半导体的载流子浓度,因而也被称作耗尽区。耗尽区的电阻率比本征半导体的电阻率高得多。

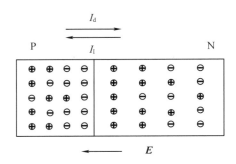

图 6.18 PN 结形成示意图

PN 结形成后,净电荷分布如图 6.19 所示,在任意位置 x 处电势满足泊松方程

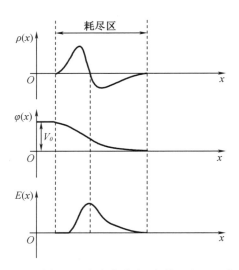

图 6.19 PN 结耗尽区内电荷密度、电势及电场强度示意图

$$\nabla^2 \varphi = -\frac{\rho}{\varepsilon} \tag{6.38}$$

其中，ε 为介电常数；ρ 为净电荷密度。电场强度由电势的梯度获得

$$E(x) = \text{grad}(\varphi) \tag{6.39}$$

对于此处一维的情况，方程(6.38)可简化为 $d^2\varphi/dx^2 = -\rho(x)/\varepsilon$，方程(6.39)可简化为 $E = -d\varphi/dx$。势垒 V_0 的大小取决于电子、空穴浓度，量级约 1 V。耗尽区在 P 区和 N 区的距离与各自的掺杂浓度有关，当 N 区的施主浓度高于 P 区的受主浓度时，耗尽层向 P 区延伸较远；反之，耗尽区向 N 区延伸较远。

这样一个无外加电压的半导体 PN 结可以用作辐射探测器。其耗尽区就是探测器的灵敏区，其中几乎没有载流子。当辐射经过耗尽区会电离产生新的电子空穴对，通过收集新产生的电子空穴载流子，获得电流脉冲，就可以实现辐射探测。然而，结区 1 V 左右的接触电势不足以形成足够强的电场，电离产生的载流子可能会发生俘获或者符合，不能完全收集。另外，耗尽区通常也比较薄，所以未加偏压的半导体 PN 结不适合直接作为辐射探测器。

2. 施加偏压的 PN 结性质

如果施加正向偏压（P 相对 N 为高电势），外加电场要形成电流，会倾向于使 P 区的空穴向 N 区移动，N 区的电子向 P 区移动。发生移动的都是半导体中的多数载流子，所以 PN 结的导电性提高，表现为导通状态。这种情况不能作为辐射探测器。反之，如果施加反向偏压（N 相对 P 为高电势），外加电场要形成电流，会倾向于使 N 区的空穴向 P 区移动，P 区的电子向 N 区移动。二者都是少数载流子，电流会非常小。这时如果有辐射电离产生新的电子空穴对作为载流子，则可以获得电流脉冲。PN 结外加反向偏压，外电场与内建电场方向相同，内部电势差进一步增大，根据泊松方程(6.38)可知，结区的空间电荷会增加并向两端延伸，耗尽区变厚。

为了进行定量分析，假设 PN 结足够厚，耗尽区未到达两个结区的外侧表面；施加反向偏压后，电荷分布简化为如图 6.20 所示的形式，即

$$\rho(x) = \begin{cases} -eN_a & (-a<x<0) \\ eN_d & (0<x<b) \end{cases} \tag{6.40}$$

其中，N_d、N_a 分别为 N 区施主杂质浓度和 P 区的受主杂质浓度。在此应用泊松方程(6.38)，并根据电场在边界 $-a$ 和 b 处为零，对泊松方程积分可得电场强度为

$$E(x) = \begin{cases} \dfrac{eN_a}{\varepsilon}(x+a) & (-a<x<0) \\ \dfrac{eN_d}{\varepsilon}(x-b) & (0<x<b) \end{cases} \tag{6.41}$$

设 $-a$ 处电势为零，b 处电势为 V，对方程(6.41)积分，可以得到电势的分布为

$$\varphi(x) = \begin{cases} \dfrac{eN_a}{2\varepsilon}(x+a)^2 & (-a<x<0) \\ -\dfrac{eN_d}{2\varepsilon}(x-b)^2 + V & (0<x<b) \end{cases} \tag{6.42}$$

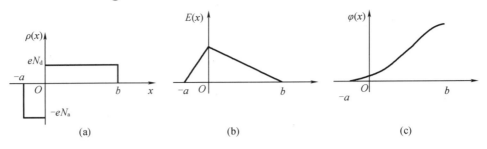

图 6.20 施加反向偏压后,PN 结净电荷的分布

根据电势在 $x=0$ 处的连续性,可得

$$\frac{eN_a a^2}{2\varepsilon} = V - \frac{eN_d b^2}{2\varepsilon} \tag{6.43}$$

因为电荷守恒,P 区和 N 区净电荷的绝对值相等($N_d b = N_a a$),有

$$(a+b)b = \frac{2\varepsilon V}{eN_d} \tag{6.44}$$

结区厚度 $d=a+b$,在此处 $b \gg a$,则结区厚度近似为 b,则结区厚度 d 可以写作

$$d \approx \left(\frac{2\varepsilon V}{eN_d}\right)^{1/2} \tag{6.45}$$

其中,总的电势差为内建电势和外加偏压之和($V=V_0+V_B$)。对于探测器一般有 $V_B \gg V_0$,所以可以用 V_B 代替 V。式(6.45)可以写作

$$d \approx \left(\frac{2\varepsilon V_B}{eN_d}\right)^{1/2} \tag{6.46}$$

可见,随着外加偏压的增加,结区的厚度也增加。能加的最高偏压受到半导体的电阻的限制,太高时则会将结区击穿导致器件损坏。

在室温下,硅、锗半导体中施主和受主原子都处于离化状态,则载流子的浓度等于施主(或受主)浓度,即在 P 型材料中 $p \approx N_a$,在 N 型材料中 $n \approx N_d$。在 N 型半导体中 $N_d \gg N_a$,根据式(6.37),其电阻率为

$$\rho_N \approx \frac{1}{eN_d \mu_N} \tag{6.47}$$

可得

$$eN_d \approx \frac{1}{\rho_N \mu_N} \tag{6.48}$$

将式(6.48)代入式(6.46),对于 N 型半导体得

$$d_N = (2\varepsilon V \rho_N \mu_N)^{1/2} \tag{6.49}$$

真空中的介电常数 $\varepsilon_0 = 8.85$ pF/m,硅的相对介电常数 $\varepsilon_{Si}=12$,室温下硅的迁移率 $\mu_N = 1350$ cm²/(V·s),代入式(6.49),可得

$$d_N = 0.5(\rho_N V_B)^{1/2} \quad (\mu m) \tag{6.50}$$

其中,ρ_N 的单位为 $\Omega \cdot cm$,偏压 V_B 的单位为 V,所得结区厚度的单位为 μm。例如,对于高阻硅 $\rho_N = 2.0 \times 10^4 \Omega \cdot cm$,当 $V_B = 300$ V 时,$d=1.2$ mm。对于 P 型半导体,$\mu_P = 480$ cm²/V,

由于电子的迁移率比空穴高,所以当 V_B 相同时,P 型材料的结区宽度要更窄一些,对应的耗尽区宽度为

$$d_P = 0.3(\rho_P V_B)^{1/2} \quad (\mu m) \tag{6.51}$$

PN 节两侧具有一定的电荷,并存在电势差所以表现出一定的电容属性,单位面积的结区电容为

$$C_d = \frac{\varepsilon}{d} \tag{6.52}$$

其中,ε 为介电常数,N 型硅和 P 型硅的结区厚度分别由式(6.50)与式(6.51)给出。可以得到硅的结区电容为

$$C_{dN} = 2.1(\rho_N V_B)^{1/2} \quad (pF/mm^2)$$
$$C_{dP} = 3.5(\rho_P V_B)^{1/2} \quad (pF/mm^2) \tag{6.53}$$

即使没有辐射入射到探测器,依然会存在漏电流。漏电流主要由两种成分构成表面漏电流、体电流。其中表面电流是漏电流的主要来源。然而这一贡献的影响因素也最为复杂,受到表面化学状态、沾染和工艺等影响。在室温下,由于热激发不断会有电子空穴对产生,同时,在外加偏压作用下会被两端收集。二者达到平衡形成稳定的电流。单位面积的体电流可以表达为

$$i_b = \frac{e n_i}{2\tau} d \tag{6.54}$$

其中,n_i 为本征载流子浓度(在此为一维浓度);τ 为少数载流子寿命;d 为结区厚度。对于硅 $n_i = 1.5 \times 10^{10}$ cm^{-3},以 N 型硅为例,有

$$i_b = 6.0 \times 10^{-14} (\rho_N V_B)^{1/2} / \tau \tag{6.55}$$

通常可以取 $\tau = 100$ μs。可见,增大半导体的电阻率,降低偏压可以降低体电流。

6.3.4 几种典型的半导体探测器

1. 金硅面垒探测器

高纯度的 Si 通常是 N 型的,被切割、研磨、抛光和蚀刻,直到获得具有高等级表面的薄晶圆(thin wafer)。然后将 Si 暴露在空气或其他氧化剂中数天。表面氧化将产生表面能态,从而导致高密度的空穴,在晶圆表面形成 P 型层。表面蒸发的一层很薄的金作为电触点,将信号引导到前置放大器。表面势垒探测器的主要用途是探测和测量带电粒子,包括 α 粒子、β 粒子和重离子。

2. Si(Li) 与 Ge(Li) 探测器

对于表面势垒探测器,其灵敏区域的上限为 2 000 μm 左右,这限制了可测量的带电粒子的最大能量。对于 Si 中的电子,2 000 μm 射程内对应的能量约为 1.2 MeV;对于 p,相应的能量约为 18 MeV;对于 α 粒子,相应的能量则约为 72 MeV。若以 Li 离子从探测器表面向另一侧扩散,则可以增加灵敏区域的长度。这种方法已经成功地应用于 Si 和 Ge,并生产了所谓的 Si(Li) 和 Ge(Li) 半导体探测器。在 Si(Li) 探测器中,Li 漂移的扩散深度可达 5 mm,在 Ge(Li) 型锂漂移探测器的扩散深度可达 12 mm。Si(Li) 探测器可以用于带电粒子

及 X 射线的探测。

对于 Si(Li) 探测器,在漂移完成后,Si(Li) 探测器被安装在低温恒温器上,因为探测器在非常低的温度下工作可以获得较好的测量结果。通常,这个温度是 77 K,即液氮的温度。Si(Li) 探测器可以在室温下短时间保存,但在较长时间内,仍建议始终保持探测器处于低温状态。低温是保持 Li 的漂移处于"冻结"状态的必要条件。在室温下,Li 原子的移动性很强,其持续的扩散和沉淀会破坏探测器。

对 Ge(Li) 探测器,在漂移过程完成后,也需要将探测器安装在低温恒温器上,且始终保持在低温状态(液氮温度约 77 K)。在低温下保存 Ge(Li) 探测器比保存 Si(Li) 探测器更重要。Ge 中 Li 原子的迁移率在室温下很高,即使在室温下持续很短的时间内,探测器也会被破坏。如果发生这种情况,探测器将不得不重新漂移,但代价相当大。Ge(Li) 探测器不再生产,因为它们已被 HPGe 所取代。

3. 高纯锗 HPGe 探测器

杂质浓度为 1.0×10^{16} 个原子/cm^3 以下的高纯锗(HPGe)的生产,使无 Li 漂移探测器的制造成为可能。HPGe 探测器是直接通过在一块 Ge 上施加电压而形成的。探测器的灵敏深度取决于杂质浓度和施加的电压大小。

与 Ge(Li) 探测器相比,HPGe 探测器的主要优点是可以在室温下保存,只有在使用时才冷却到液氮温度(77 K)。在使用中,冷却探测器是必要的,因为 Ge 有一个相对较窄的能量间隙,在室温或更高的温度下,由热产生的电荷载流子产生的漏电流会引起噪声,从而破坏器件的能量分辨率。HPGe 探测器可以制造成各种几何形状,从而可以根据测量的实际需要来定制探测器件。

4. CdTe 与 CdZnTe 探测器

HPGe 探测器的主要缺点是工作中需要持续冷却,制冷需要低温恒温器,这使得探测器的体积庞大,因而不适用于在空间狭小的情况。HPGe 探测器的另一个缺点是需要负担持续购买液氮的成本。因此,研发可以在室温下保存和工作的半导体探测器是很有必要的。

与 Si(Li) 或 Ge(Li) 探测器相比,CdTe 探测器体积较小,但所需的探测器体积取决于应用条件。虽然探测器体积小,但其探测效率相当高,因为所涉及的元素的原子序数很高。CdTe 产生电子-空穴对所需能量大于 Si 和 Ge;因此,前者的能量分辨率不如后者。CdTe 探测器已被应用于穆斯堡尔光谱和诱导辐射损伤的研究。此后,CdZnTe(通常称为 CZT)探测器出现在市场上,用于离子束诱导的电荷收集等多种研究课题中。

6.4　辐射探测器的性能参数

工作在脉冲模式探测器,电流脉冲通常是一个粒子与探测介质发生相互作用产生的,脉冲形状包含了丰富的入射粒子的信息。通过观察大量的脉冲可以发现,其幅度通常各不相同。这种差异对应于辐射不同的能量或者辐射在探测器中不同的响应造成的涨落。因而,脉冲幅度分析就成为通过探测器输出获得入射粒子及探测器本身基本信息的一种手段。

6.4.1 坪曲线

辐射探测器在实际使用中,输出脉冲要经过预先设定的脉冲幅度甄别阈。信号必须要超过甄别阈值,数据获取系统才能够记录该事件。由于本底辐射、电子学噪声等干扰的存在,为了阻止这些信号进入获取系统,在辐射测量中,可以通过调整甄别阈值来选择记录的信号。图 6.21 所示是单位时间内不同幅度的脉冲数 N 的分布,当设定不同的脉冲幅度阈值 H_{t1} 到 H_{t6} 时,脉冲幅度谱中阈值右侧的脉冲将能够进入获取系统被记录。另一方面通过这种设定不同阈值进行测量的方式也可以获得探测器输出脉冲的幅度谱。

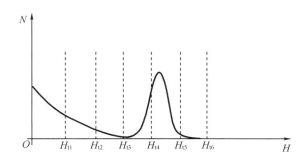

图 6.21 不同的脉冲幅度阈值选择脉冲的情况示意图

在搭建一个探测系统进行辐射测量时,总是希望系统工作状态能在长时间保持稳定。然而,实际应用中探测系统长期运行,设定的甄别阈值或者探测器的增益可能会因为器件本身的性质或者外界环境的变化而发生偏移。为了能将这种变化对测量计数率的影响降到最低,事先需要选定一个合适的工作状态。对于特定的探测器,可以改变探测器的增益获得计数率随增益变化的依赖关系。多数的探测器增益受偏压影响,设定脉冲幅度阈值 H_t,当探测器偏压升高时被记录的事件如图 6.22 所示[图 6.22 中(a)(b)(c)三种情况探测器偏压依次升高]。从而可以获得计数率随电压变化的关系曲线,即坪曲线(图 6.23)。在坪曲线上计数率随电压变化较小的区域称为坪区,这段电压区域的宽度称为坪长。显然,获得特定探测器的坪曲线之后,在坪区内选择工作电压,将会极大地减小阈值和增益漂移造成的计数率变化对测量的影响。在坪区内计数率随着电压依然存在变化。引入坪斜表征这种变化,坪斜通常使用单位电压变化引起的计数率增长的百分率来表述,即

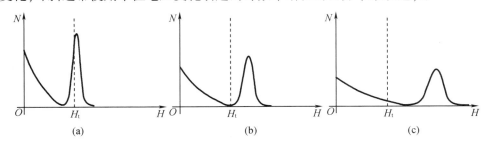

图 6.22 不同电压情况下脉冲幅度分布与阈值的关系示意图

$$\text{坪斜} = \frac{\Delta \text{计数率}/\text{计数率} \times 100\%}{\Delta \text{电压}} \tag{6.56}$$

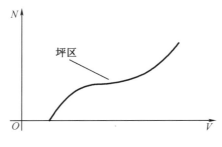

图 6.23 坪曲线示意图

6.4.2 能量分辨

测量辐射能量是许多辐射探测器应用的目标。评价辐射探测器测量能量能力的指标为能量分辨(energy resolution)。如果单能粒子在探测器中能量完全沉积,获得能谱分布如图 6.24 所示,能谱的峰值位于 E_0,其宽度可由半高宽(分布曲线纵坐标为峰值 N_0 的一半处的分布宽度,记作 FWHM)来表示,则能量分辨率 η 可以通过下式给出:

$$\eta = \frac{\text{FWHM}}{E_0} \tag{6.57}$$

能量分辨率 η 为无量纲量,通常用百分数来表示。比如 NaI(Tl) 闪烁体与光电倍增管组合的 γ 探测器对 ^{137}Cs(单能 662 keV)的能量分辨可以达到 7%。将单能射线能谱视为高斯分布,对其进行高斯拟合,对应表征峰宽度的 σ。半高宽 FWHM 和 σ 满足 FWHM = 2.3σ。两个单能辐射,能量分别为 E_1、E_2,所得能谱如图 6.25 所示。η 的数值越小,探测器的能量分辨率越好,越容易将两个相近能量在能谱中分开。实际应用中,入射能量本身并非严格单能。但是如果入射能量的宽度与能谱的宽度相比很小,可以近似用能谱的 HWHM 计算能量分辨率。

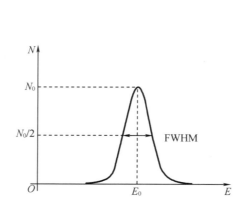

图 6.24 探测器能量分辨率定义

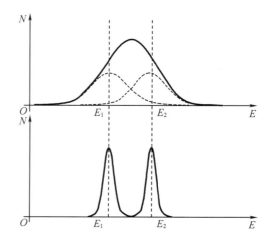

图 6.25 能量分辨的优劣示意图

影响能量分辨率的因素有很多,包括在辐射测量时探测器性能的漂移、探测器和测量系统内的随机噪声,以及测量信号本身的随机涨落所对应的统计噪声。其中,第三个因素统计噪声在某种程度上是最为主要的因素。这是由于,一个入射粒子在探测器中所产生的电荷表征的是产生的载流子个数(离散值),对于单能粒子,即使每一个入射粒子所沉积的能量都严格相同,入射粒子所产生的载流子个数也都是存在涨落的。因而不论测量系统设计得多么完美,信号涨落所对应的统计噪声都始终存在。除此之外,探测器性能漂移及探测器和测量系统内的随机噪声的等因素也影响着能量分辨率。根据统计理论,若存在不同的涨落来源且彼此无关,则总的响应函数仍然服从高斯分布,且其 FWHM 可由下式获得:

$$(\text{FWHM})_{\text{总}}^2 = (\text{FWHM})_{\text{统计涨落}}^2 + (\text{FWHM})_{\text{随机噪声}}^2 + (\text{FWHM})_{\text{性能漂移}}^2 + \cdots \quad (6.58)$$

其中,等号右边各项为仅对应某一因素的响应函数的半高宽。

6.4.3 时间分辨

探测器的输出脉冲包含辐射与探测介质发生相互作用的时间信息。常用的定时方法有脉冲前沿拾取法、过零定时法、恒分定时法等。其中脉冲前沿拾取法是最基本的一种方法。其基本原理如图 6.26 所示,设置一定的定时阈值电平,记录脉冲超过该电平时的时间。在此以脉冲前沿拾取法来说明定时的不确定性。如图 6.26(a)所示,定时阈值确定,当信号幅度不同时,拾取的时间会存在差异。脉冲幅度越大,拾取的时间越靠前;反之,则时间延后。这种由于信号的幅度不同造成的定时的不确定性称为幅度时移 σ_{tw}。即使信号幅度基本保持一致,但是由于电子学器件热噪声等随机涨落会造成信号并非理想的平滑上升和衰减,而是在一定范围内有一系列噪声,如图 6.26(b)所示。这样造成定时的不确定性称为晃动时移 σ_{tj}。如果脉冲的形状确定,只是幅度不同,那么幅度时移 σ_{tw} 与脉冲的幅度存在一定的依赖关系,可以通过拟合得到其依赖关系进行修正。晃动时移 σ_{tj} 是随机涨落造成的,因此通常无法修正。

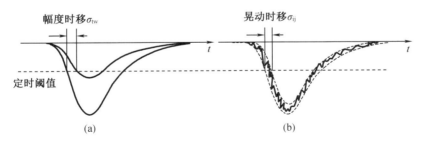

图 6.26 造成定时偏差的两种机制

实际测量中测量单个时间点是没有意义的,因此需要测一个时间间隔,这就包含一个起始时间(start)和一个终止时间(stop)。由上述定时不确定性的描述可见即使物理上时间间隔是确定的,探测器测量出来的时间依然会具有一定分布(不确定性)。因而,引入时间分辨(time resolution)描述探测器定时的精度。时间分辨可以对物理上完全确定的时间间隔通过探测器得到的时间分布的半高宽(FWHM)给出。实践中物理上的时间间隔差异远小于探测器的时间分辨,也可以通过测量这类时间间隔近似得到探测器的时间分辨。

6.4.4 探测效率

原则上,辐射探测器对于每一个与其灵敏体积发生相互作用的辐射都能输出脉冲。例如,像 α、β 这样的初级带电粒子,当其进入气体探测器灵敏体积时,电离或激发相互作用能够立即发生;在带电粒子穿行较短的距离后,即能够产生大量的电子-离子对,并形成能够被测量的脉冲。因此,可以说探测器对于这些带电粒子的计数效率为 100%。然而,对于像 γ 和中子这样的非带电粒子,需要使其与介质发生相互作用产生带电粒子后才能够被探测。由于这类辐射在两次相互作用之间要穿行很大的距离,因而探测器对于 γ、中子的计数效率通常小于 100%。

上面所说的计数效率,我们这里把它规范地定义为本征探测效率(intrinsic efficiency)ε_{int},即

$$\varepsilon_{\text{int}} = \frac{\text{记录到的脉冲数}}{\text{进入探测器的粒子数}} \tag{6.59}$$

探测器的本征探测效率取决于探测器材料、辐射能量以及粒子入射方向上探测器的物理厚度。由式(6.59)可见,本征探测效率仅考虑了探测器本身的性质,而没有考虑几何因素(例如辐射源与探测器之间的距离),为了考虑探测时的几何因素,引入了绝对探测效率(absolute efficiency)ε_{abs},即

$$\varepsilon_{\text{abs}} = \frac{\text{记录到的脉冲数}}{\text{源发出的粒子数}} \tag{6.60}$$

绝对探测效率与本征探测效率具有如下关系:

$$\varepsilon_{\text{abs}} = \varepsilon_{\text{int}} \frac{\Omega}{4\pi} \tag{6.61}$$

其中,Ω 为探测器对放射源所张的立体角大小。

6.4.5 死时间

实际的探测系统由前端的探测器和后端电子学及数据获取系统构成。对于脉冲工作模式的探测器,探测器(或者某一区域)响应一个辐射事件需要一定的时间,在此时间段内无法对新的辐射事件进行响应。电子学和获取系统(或者一个通道)处理一个脉冲也需要一定的时间,如果此时又有新的脉冲也无法进行分别处理。脉冲工作模式的探测系统在响应一个辐射事件,无法响应新的辐射事件的时间段称为死时间,记作 τ。只有当两个事件间的时间间隔大于死时间(dead time)时,此二事件才能够被分辨并被分别记录下来。对于每个脉冲,其后都跟随一个固定的时间 τ,在 τ 内发生的真实事件都不会被记录,因而死时间会造成漏记数。

以 G-M 管为例,在一次电子雪崩发生后,由于正离子对电场的屏蔽作用,电场较弱而不足以引起新的雪崩,因此此时进入 G-M 管的粒子不能被记录。G-M 管的死时间是第一个脉冲与第二次电子雪崩发生之间时间(图 6.27)。G-M 管的死时间主要由探测器决定,

大多数的长度为50~100 μs。而在实际的应用中,要记录下第二个脉冲,还要求其幅度达到一定的高度以超过记录阈值,在该条件下,第二个脉冲与第一个脉冲的时间间隔称作计数系统的分辨时间(resolving time)。实践中,分辨时间与死时间经常互相代替使用。此外,将第一个脉冲与管子恢复到最初状态的时间间隔称为G-M管的恢复时间(recovery time)。也就是说,如果第二个脉冲与第一个脉冲时间间隔大于恢复时间,那么其幅度可以与第一个脉冲相当。

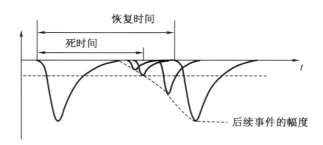

图 6.27　G-M 管的死时间示意

习　题

1. 气体探测器为什么要避免负电性气体的使用?
2. 气体探测器根据单个事件收集的电子离子数随工作电压的变化规律,可以分为不同的工作区。
   (1) 请问电离室、正比计数器、G-M 管分别运行在哪个工作区?
   (2) 三种探测器增益如何? 哪种探测器可以用作能量测量?
3. 用气体电离室测量 ^{226}Ra 释放的 4.784 MeV 的 α,已知电离室工作气体为 Ar 气,其平均电离能为 26.3 eV,设每秒 400 个 α 粒子进入电离室。请问:
   (1) 每个 α 产生多少电子-离子对?
   (2) 电离室的平均饱和电流?
4. 已知正比计数管阳极丝半径为 30 μm,阴极管半径为 1 cm,已知引起雪崩的电场强度为 100 V/cm,问要使雪崩区半径达到 1 mm,所加偏压为多少?
5. 在 G-M 管中除了作为工作气体的惰性气体外,添加卤素可实现自猝熄,对于 Ne+Br$_2$ 的 G-M 管,
   (1) 试说明其自猝熄机制。
   (2) 是如何实现 G-M 低电压工作的?
   (3) 为什么只添加少量的 Br$_2$,Br$_2$ 多了会怎样? 试从微观上说明后果。
6. 若已知 NaI 的光产额为 38 000 MeV,且光子平均波长为 410 nm,则入射粒子在其中沉积 2 MeV 能够产生多少光子? 其闪烁效率如何?

7. NaI(Tl)晶体闪烁光脉冲的上升时间远小于衰减时间(即上升过程瞬时完成),因此其闪光时间响应可用简单衰减指数函数描述。对于 NaI(Tl)晶体中,若已知一个闪烁事件发射其总光产额的 95% 所需时间为 690 ns,求其发光衰减时间。

8. 用闪烁体探测器测量能量为 4 MeV 的 α 粒子(认为其能量完全沉积于探测器中)。探测器光产额为 $Y_{ph}=2.0×10^4$ MeV^{-1},光阴极对闪烁光的收集效率为 $F_{ph}=0.2$。光阴极的平均量子效率为 $\varepsilon_K=0.2$,第一打拿级对光电子的收集效率为 $g_c=0.7$。若 PMT 有 8 个打拿极,各打拿极的倍增因子均为 $\delta=8$,打拿极之间的电子传输效率为 $g=0.95$,试估算:

(1) 进入 PMT 光阴极的闪烁光子数;

(2) PMT 阳极最终收集到的电子数。

9. N 型 Si 的电阻率为 1 000 Ω·cm,以它制作 PN 结型半导体探测器。若所加电压为 300 V。已知 Si 的介电常数 $\varepsilon=1.062×10^{-10}$ F·m^{-1},室温下 Si 的迁移速率为 $\mu_N=1\ 350$ $cm^2/(V·s)$。

(1) 求探测器的耗尽层深度及结电容大小?

(2) 问能否用该探测器测量约 10 MeV 的质子的能谱?

10. 对于 ^{137}Cs 释放的 662 keV 的 γ 射线,使用 HPGe 和"NaI(Tl)+PMT 组合"测量能谱,其全能峰半高宽 FWHM 分别为 1.19 keV 和 46.34 keV,

(1) 试分别计算二者能量分辨率。

(2) 设探测器的能量分辨随入射光子的能量变化不大,问用 NaI 探测器能否分辨 60Co 的两个全能峰?

11. 利用气体电离室测量 α 粒子。已知 α 源的强度为 $4.0×10^4/s$,每秒进入电离室的 α 粒子为 $8.0×10^3/s$,被探测到的 α 粒子为 $7.5×10^3/s$,试求:

(1) 该探测器的本征探测效率与测量的绝对探测效率。

(2) 试分析本征探测效率小于 1 的原因。

12. 探测器在死时间内不能响应入射的辐射产生信号,请以一种具体的探测器说明为什么会存在死时间?是否存在没有死时间的探测器?

13. 闪烁体探测器的信号比较快,信号宽度通常为 ns 量级;气体探测器的信号相对比较慢通常为 μs 量级。闪烁体探测器的信号相对较快,是否意味着其时间分辨会更好?

14. 气体探测器的坪曲线和工作曲线有什么区别?二者是否有关联?

15. 光电倍增管(PMT)是单光子器件,也就是说可以实现单光子测量,区分入射光子的个数。试设计一个实验,利用 PMT 进行单光子测量。

参 考 文 献

[1] KNOLL G F. Radiation detection and measurement[M]. 4th ed. Hoboken:John Wiley & Sons, Inc, 2010.

[2] SYED N A. Physics and engineering of radiation detection[M]. Amsterdam:Elsevier, 2015.

[3] 陈伯显,张智. 核辐射物理及探测学[M]. 哈尔滨:哈尔滨工程大学出版社,2011.

[4] LUCIO C. Radiation and detectors[M]. Cham:Springer,2017.

[5] WANG Z T,SHEN Y X,AN J G. A new method for measuring the response time of the high pressure ionization chamber[J]. Applied Radiation and Isotopes,2012,80(8):1718-1722.

[6] LI Y L,QI H R,LI J,et al. Performance study of a GEM-TPC prototype using cosmic rays [J]. Nucl. Instr. Meth. A,2008,596(3):305-310.

[7] DAVID A,TIES B,ALAIN B,et al. A time projection chamber with GEM-based readout [J]. Nucl. Instr. Meth. A,2017,856:109-118.

[8] ZHU L,ZHOU J R,XIA Y G,et al. Large area ^{3}He tube array detector with modular design for multi-physics instrument at CSNS[J]. Nucl. Sci. Tech.,2023,34(1):3-14.

[9] 金仕纶,王建松,王猛,等. ΔE-E 望远镜在^{9}C 碎裂反应上的应用[J]. 原子能科学技术,2012,46(4):385-389.

[10] LANDSBERGER S,TSOULFANIDIS N. Measurement and detection of radiation[M]. 4th ed. Boca Raton:CRC Press,2015.

[11] SONG Y S,YE Y L,GE Y C,et al. The Monte Carlo Simulation of a single scintillator bar in multi-neutron correlation spectrometer[J]. Chinese Physics C,2009,33:860.

[12] CLAUDE L,RANCOITA P G. Principles of radiation interaction in matter and detection [M]. 3rd ed,Singapore:World Scientific Publishing Co. Pte. Ltd,2016.

第 7 章 辐射测量方法

辐射测量是使用辐射探测器,结合一定的测量方法,获得辐射场、放射源项或者辐射本身相关物理量的测量值一种实践活动。针对不同测量对象和测量场景采用恰当的测量设备和方法可以提高测量质量。即使如此,测量值也不同于表征辐射性质的物理量本身,获得测量数据后通常要对测量量进行修正给出更加精准的测量,同时对最终测量结果的精准程度进行评价。

7.1 放射性测量中的统计分布与误差

7.1.1 放射性统计分布

1. 衰变计数分布

设放射性原子核的衰变常数为 λ,由该种原子核构成的放射源在 $t=0$ 时刻有 N 个原子核,在 t 时间内衰变的原子核数为

$$\Delta N(t) = N(1 - e^{-\lambda t}) \tag{7.1}$$

所有原子核的衰变与其历史和环境无关,且每个原子核都独立衰变,不受其他原子核的影响。则在时间 t 内,其中任意原子核发生衰变的概率为

$$p = 1 - e^{-\lambda t} \tag{7.2}$$

不发生衰变的概率为 $1-p$。任意原子核经过时间 t,只有已发生衰变或不发生衰变两种状态,这两种状态各自具有固定的概率,因而放射性原子核的衰变过程满足二项式分布。则在 N 个放射性原子核中有 n 个发生衰变的概率满足二项式分布,其形式为

$$P(n) = \frac{N!}{(N-n)!\, n!} p^n (1-p)^{N-n} \tag{7.3}$$

期望 m 为

$$m \approx \bar{n} = \sum_{n=0}^{N} n P_n = pN \tag{7.4}$$

方差 σ 为

$$\sigma \approx \sqrt{p(1-p)N} \tag{7.5}$$

在观测时间 t 远小于半衰期的情况下,衰变概率 $p = (1 - e^{-\lambda t}) \ll 1$,则发生衰变的原子核数 n 遵循的二项式分布可简化为泊松分布,即

$$P(n) = \frac{m^n}{n!}e^{-m} \tag{7.6}$$

相应有期望 m 为

$$m \approx \bar{n} = \sum_{n=0}^{N} nP_n = pN \tag{7.7}$$

σ 为

$$\sigma = \sqrt{m} \tag{7.8}$$

对于放射性物质通常满足原子核数量很大,即 $N \gg 1$,$\lambda t \ll 1$ 情况下,期望 $m \approx Np$ 比较大(例如 $m>20$ 时),上述泊松分布可进一步简化为高斯分布,即

$$P(n) = \frac{1}{\sqrt{2\pi}\sigma}e^{-\frac{(n-m)^2}{2\sigma^2}} \tag{7.9}$$

式中的 σ 同泊松分布的一样满足

$$\sigma = \sqrt{m} \tag{7.10}$$

如图 7.1 所示为高斯分布及参数示意,图中半高宽 FWHM 是分布一半高度处位置的宽度,与标准差 σ 满足以下关系:

$$\text{FWHM} = (2\sqrt{2\ln 2})\sigma \approx 2.35\sigma \tag{7.11}$$

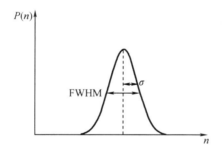

图 7.1　高斯分布的 σ 和 FWHM 示意图

2. 电离过程的分布

(1)法诺分布

除了每个入射粒子所形成的离子对的平均数目外,人们还需要关注相同能量的入射粒子所形成的离子对数目的涨落。这些涨落给任何基于电荷收集的探测器的能量分辨带来了基本限制。设能量为 E 的带电粒子入射到气体中(气体探测器,其他类型探测器类似),沉积全部能量产生的电子-离子对数的平均值为 $\bar{n} = E/w$(w 为平均电离能)。若总碰撞次数为 N,则带电粒子与气体分子发生碰撞产生电子-离子对的概率为 $\bar{n}/N$。假设每次碰撞是相互独立的,并且碰撞后产生电子-离子对的概率是确定的,则电离产生的电子-离子对数满足泊松分布。分布的方差等于其期望的平方根。但实际上,许多辐射探测器载流子数目的固有涨落比该简化模型所预测的涨落要小。这是因为随着带电粒子发生碰撞,动能变小,

碰撞发生电离的概率会发生变化；并且，各次碰撞并非完全独立，例如碰撞产生的 δ 电子会引起进一步电离，产生电子离子对。为了量化所观测到的载流子数目的统计涨落相对纯泊松分布的偏离，人们引入法诺因子（Fano factor）。法诺因子的定义为

$$F = \frac{\sigma^2}{\bar{n}} \tag{7.12}$$

其中，σ^2 为实际涨落方差；$\bar{n}$ 为根据泊松分布得到方差的理论值。法诺因子是作为一个经验常数引入的，基于泊松过程所预测方差必须乘以法诺因子才能得到实验观测到的方差。

法诺因子在一定程度上反映了所有入射粒子能量在探测器内转化为载流子的份额。如果入射辐射的全部能量总是转换成离子对，而形成每一对离子所需要的能量是相同的，那么产生的离子对的数量就总是完全相同，不会有统计上的涨落。在该条件下，法诺因子将为零。然而，若入射辐射只有很小一部分能量被转换，那么形成离子对的概率相当低，所形成的离子对相距很远，并且有充分的理由期望它们的数量分布应遵循泊松分布。在气体中，根据经验观测，法诺因子小于 1，因此涨落比仅根据泊松统计预测得要小。

（2）能量分辨率及其修正

假设每个载流子的形成是泊松过程，且每个入射粒子平均产生 N 个载流子，则可知电荷载流子个数的标准差为 $\sqrt{N}$，可以用于表征电荷载流子个数的统计涨落。若此为信号涨落的唯一来源，则响应函数应为高斯函数形式，即

$$G(H) = \frac{A}{\sigma\sqrt{2\pi}} \exp\left[-\frac{(H-H_0)^2}{2\sigma^2}\right] \tag{7.13}$$

其中，H_0 为峰位；A 为面积；σ 为标准差。

探测器的能量响应可以近似为线性，即平均脉冲高度 H_0 可以近似表示为

$$H_0 = KN \tag{7.14}$$

其中，K 为常数。相应地有脉冲高度的标准差为

$$\sigma = K\sqrt{N} \tag{7.15}$$

根据公式（7.15）可得，对应于统计涨落的能量分辨率为

$$\eta = \frac{\text{FWHM}}{H_0} = \frac{2.35\sigma}{H_0} = \frac{2.35K\sqrt{N}}{KN} = \frac{2.35}{\sqrt{N}} \tag{7.16}$$

需要说明的是，该能量分辨率为探测器能量分辨率的下限，且仅依赖于载流子的个数 N，其值随着 N 的增大而减小（即能量分辨率得到改善）。由式（7.16）可知，要想达到优于 1% 的能量分辨率，就要求 $N > 55\,000$。

进一步，利用法诺因子 F，考虑 N 的实际分布与泊松分布之间偏离，对式（7.16）所示能量分辨率进行法诺修正，即

$$\eta = \frac{\text{FWHM}}{H_0} = \frac{2.35\sigma\sqrt{F}}{H_0} = \frac{2.35K\sqrt{NF}}{KN} = 2.35\sqrt{\frac{F}{N}} \tag{7.17}$$

对于正比计数器和半导体探测器，法诺因子的数值小于 1；而对于闪烁体探测器而言，法诺因子的数值通常等于 1。

3. 衰变的时间分布

接下来介绍两个衰变事件间的时间间隔所服从的分布规律(图 7.2)。设进行测量的时间段远小于衰变的半衰期。可以认为平均事件率 m 为常数。两个辐射事件时间间隔为 t，从概率论的角度可以描述为：一个事件发生在 $t=0$ 时刻发生，在 $0 \to t$ 时间段内没有事件发生，在随后的 dt 时间段内有一个事件。在时间内 t 有 n 个衰变事件的概率满足泊松分布，即

$$P_t(n) = \frac{(mt)^n}{n!} e^{-mt} \tag{7.18}$$

第一个脉冲后的时间 t 内没有事件的概率为

$$P_t(0) = \frac{(mt)^0}{0!} e^{-mt} = e^{-mt} \tag{7.19}$$

在 $t \to t+dt$ 内有一个事件的概率为 mdt。设事件的时间间隔为 t 的概率函数为 $P(t)$，概率密度函数为 $I(t)$，则

$$dP(t) = I(t)dt = P_t(0) P_{dt}(1) = me^{-mt} \tag{7.20}$$

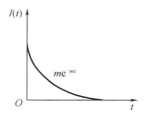

图 7.2　相邻随机事件时间间隔的时间分布

由此可得时间间隔 t 的期望为

$$E(t) = \bar{t} = \int_0^\infty t \cdot me^{-mt} dt = \frac{1}{m} \tag{7.21}$$

时间间隔 t 的方差为

$$D(t) = \sigma_t^2 = \int_0^\infty (t - \bar{t}) \cdot me^{-mt} dt = \frac{1}{m^2} = (\bar{t})^2 \tag{7.22}$$

由于探测器死时间的存在，衰变事件的时间间隔关系到电子学和数据获取系统对信号脉冲的响应。探测器的死时间行为可由两种模型来描述：非扩展型(nonparalyzable)响应和扩展型(paralyzable)响应。在一个脉冲被记录后死时间 τ 内有 1 个或多个事件发生，根据非扩展型响应模型，所有死时间段 τ 内的脉冲都不被记录，也不考虑其死时间；当新的脉冲与上一个被记录的脉冲时间间隔大于死时间 τ 时将会被记录。非扩展型响应模型是一种简化的模型，对于更接近实际的扩展型响应模型，所有的脉冲事件(不管是否在前一被记录事件的死时间内)都存在死时间 τ，所以只有与前一时间间隔大于死时间 τ 时才能被记录。图 7.3 给出了 6 个事件的脉冲时间序列，根据非扩展型响应模型可以记录到 4 个脉冲，根据扩展型响应模型可以记录到 3 个脉冲。

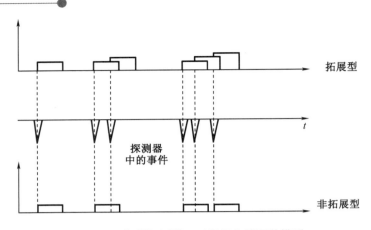

图 7.3　辐射探测器死时间行为的两种模型

下面对探测器死时间造成的计数损失进行修正。设真实的事件发生的计数率为 m，记录的事件计数率为 n。假设计数时间非常长，则 n 与 m 可视为平均计数率。根据非扩展型响应，可知死时间占总测量时间的份额为 $n\tau$，事件损失率为 $mn\tau$，因此

$$m-n = mn\tau \tag{7.23}$$

则有真实的事件发生率为

$$m = \frac{n}{1-n\tau} \tag{7.24}$$

根据扩展型响应，时间间隔大于 τ 的事件才能被记录，其概率为

$$P(t > \tau) = \int_{\tau}^{\infty} I(t)\,\mathrm{d}t = \mathrm{e}^{-m\tau}$$

因此记录的事件计数率为

$$n = m\mathrm{e}^{-m\tau} \tag{7.26}$$

对于事件发生率很低的情况（$m\tau \ll 1$），扩展型响应的事件计数率指数项展开，只保留前两项

$$n \approx m(1-m\tau) \tag{7.27}$$

漏记数很低的情况下 $n\tau \approx m\tau$，可得

$$m = \frac{n}{1-n\tau} \tag{7.28}$$

可见，在低计数率情况下两模型是一致的。

扩展型响应模型给出的测量计数率 n 和实际计数率 m 的关系式（7.26）示意图如图 7.4 所示。如果输入脉冲的时间间隔都小于分辨时间，会引起计数器的堵塞。当实际计数率 m 增大不断增大，测量计数率先增大后减小。当 $m = 1/\tau$ 时取得最大值 $n_{\max} = 1/(\tau \mathrm{e})$。并且对应同一测量计数率，可能对应不同的实际计数率。

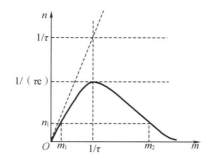

图7.4 扩展型响应模型测量计数率 n 和实际计数率 m 的关系示意图

7.1.2 放射性测量中的误差

1. 测量误差基本概念

实验测量的测量值与客观真值不可避免地存在差异,根据国家计量技术规范的规定,被测量的给出值与其客观真值的差称为误差(error)。由于真值不能确定,实际上常用某量的多次测量结果来确定约定真值。具体来讲,误差等于测量结果减去测量真值,误差之值只取一个符号,非正即负。注意不要与误差的绝对值混淆,后者为误差的模。随机误差是测量结果与重复性条件下对同一量进行无限多次测量所得结果的平均值之差。由于实际上只能进行有限次测量,因而只能得出这一测量结果中随机误差的估计值。随机误差应该是由影响量的随机时空变化所引起,它们导致重复观测中的分散性。系统误差是在重复性条件下,对同一被测量进行无限多次测量所得结果的平均值与被测量真值之差。由于系统误差及其原因不能完全获知,因此通过修正值对系统误差只能有限程度的补偿。当测量结果以代数和与修正值相加之后,其系统误差之模会比修正前的要小,但不可能为零。

在测量和仪器性能表征中还经常会用到测量精确度(精密度)、测量准确度等概念。测量精确度(precision)是指在一定测量条件下,重复测量一个物理量时测量值的重复性和分散程度。测量准确度(accuracy)则是指测量结果与被测量真值之间的一致程度。二者都是对实验测量值整体性的评价,而不是对某一具体测量的值的评价,其区别可以通过图7.5表示。一般而言,统计误差的大小决定测量精确度;而系统误差决定测量的准确程度。

测量不确定度理论是在误差理论的基础上应用和发展起来的。测量不确定度理论与误差理论是计量学的重要组成部分。测量不确定度(uncertainty)表征测量值的分散性,被测量的真值所处范围的评定。可以用诸如标准差或其倍数,或说明了置信水准的区间的半宽度来表征。对同一被测量 q 做 n 次测量,表征测量结果分散性的实验标准(偏)差(experimental standard deviation)可根据下式给出:

$$s(q) = \sqrt{\frac{\sum_{i=1}^{n}(q_i - \bar{q})^2}{n-1}} \tag{7.29}$$

其中,$\bar{q}$ 为 n 次测量的算术平均值。但当测量次数足够大,n 个测量结果可以视作分布的样本时,$\bar{q}$ 是该分布的期望值 μ_q 的无偏估计,实验方差 $s^2(q)$ 是这一分布的方差 σ^2 的无偏估计。以标准差表示的测量不确定度称作标准不确定度。1993 年国际标准化组织(ISO)联合国际电工委员会(IEC)、国际计量局(BIPM)等七个国际组织联合发布了《测量不确定度表示指南》(GUM)。根据 GUM 的规定,按照不确定度的数值的评定方法,将其分为 A 类和 B 类。不确定度的 A 类评定(A 类不确定度评定)是指对测量量采用统计分析方法确定不确定度评价的方法;不确定度的 B 类评定(B 类不确定度评定)是指对测量量采用非统计分析方法确定不确定度评价的方法。

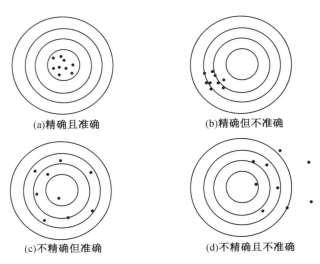

图 7.5 测量精确度和准确度的区别

误差与不确定度是完全不同的两个概念,不应混淆或误用。误差的值只取一个符号,非正即负;不确定度恒为正值。以前"误差"还作为范围的意义使用,表示不确定度,现在按照新的规定都不再继续使用。被测量通常表达为 $x \pm \Delta x$ 的形式,其中 x 为测量值,Δx 为对应不确定度。

辐射衰变是一个随机过程,因而对核衰变过程所释放粒子的任何测量都在一定程度上存在着统计涨落。除了放射性衰变外,带电粒子的电离、γ 射线的吸收、核反应过程等核事件均具存在统计涨落。这些固有涨落是所有核测量中不可避免的不确定性来源。这种核事件微观过程本身的随机性(统计涨落)造成的是 A 类不确定度,可以通过统计模型进行评价。B 类不确定度的信息主要来源于以往的观测数据和对测量仪器特性的了解和使用经验,在此不做讨论。后续书中如无特别说明不确定度均指 A 类不确定度。

2. 计数的不确定度

对于单次测量,只有一个测量值 N,要想获得不确定度的信息只能借助于统计模型。放射性计数满足高斯分布,其方差等于期望 $\sigma^2 = m$。在只有一个测量值的情况下只能取测量值为期望的估计 $m \approx N$,则有

$$\sigma = \sqrt{m} \approx \sqrt{N} \tag{7.30}$$

测量结果可表示为

$$N \pm \sigma = N \pm \sqrt{N} \tag{7.31}$$

给出的不确定度区间是$(-\sigma, \sigma)$,根据高斯分布的函数曲线(图7.6),真值出现在该区间的概率为68.26%,也就是说$(-\sigma, \sigma)$对应的置信度为68.26%。同样地,如果取$\pm 2\sigma$、$\pm 3\sigma$为不确定度,则对应的置信度分别为95.46%和99.73%。例如所测的计数为100,则不确定度为10;所测计数为10 000,则不确定度为100。计数越大相应的不确定度的值也越大,这并不能体现测量值的质量优劣,通常引入相对不确定度来表征测量结果的质量

$$\nu = \frac{\sigma}{N} \approx \frac{\sqrt{N}}{N} = \frac{1}{\sqrt{N}} \tag{7.32}$$

根据相对不确定度,则容易得到计数为10 000的相对不确定度为1%,显然计数为100的相对不确定度为10%。在测量中为了获得更高质量的测量数据,通常追求更多的统计量(计数)。

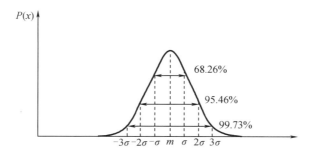

图7.6 不同置信区间对应的置信水平

有些物理量不是直接测量得到的,而是直接测量量的函数。如果通过函数计算所得变量的分布可以用高斯分布来描述,并且标准偏差不太大,以零为中心对称,这些物理量的标准差可以通过误差传递公式给出。若$x_1, x_2, \cdots, x_n$是相互独立的变量,变量y是上述独立变量的函数$y = f(x_1, x_2, \cdots, x_n)$,那么$y$的标准差

$$\sigma_y^2 = \left(\frac{\partial y}{\partial x_1}\right)^2 \sigma_{x_1}^2 + \left(\frac{\partial y}{\partial x_2}\right)^2 \sigma_{x_2}^2 + \cdots + \left(\frac{\partial y}{\partial x_n}\right)^2 \sigma_{x_n}^2 \tag{7.33}$$

其中,$\sigma_{x_1}, \sigma_{x_2}, \cdots, \sigma_{x_n}$是$x_1, x_2, \cdots, x_n$各变量对应的标准差。

对同一源项进行k次等精度独立测量,测量时间为t,测得的k个计数为$N_1, N_2, \cdots N_k$,则在t时间内计数的均值为

$$\overline{N} = \frac{1}{k} \sum_{i=1}^{k} N_i \tag{7.34}$$

k次计数的均值是期望值较单次测量更优的估计,可以作为被测量的测量值。计数满足高斯分布,有$\sigma = \sqrt{m}$。将方差的估计$\sigma_k \approx \sqrt{N}$作为不确定度,被测量可以写作

$$\overline{N} \pm \sigma_k = \overline{N} \pm \sqrt{N} \tag{7.35}$$

另一方面,可以将$\overline{N}$视为一个变量的单次测量值,而它又视作k个单次测量变量的函数,根据误差传递公式,其方差可以写作

$$\sigma_{\bar{N}}^2 = \frac{1}{k^2}\sum \sigma_{N_i}^2 \approx \frac{1}{k^2}\sum N_i = \frac{1}{k}\bar{N} \tag{7.36}$$

$\sigma_{\bar{N}} \approx \sqrt{N/k}$ 作为测量的不确定度,被测量可以写作

$$\bar{N} \pm \sigma_{\bar{N}} = \bar{N} \pm \sqrt{\frac{N}{k}} \tag{7.37}$$

测量的相对不确定度

$$\nu_{\bar{N}} = \frac{\sigma_{\bar{N}}}{\bar{N}} \approx \frac{\sqrt{N}}{\bar{N}\sqrt{k}} = \frac{1}{\sqrt{kN}} = \frac{1}{\sqrt{\sum N_i}} \tag{7.38}$$

3. 计数率的不确定度

对于单次测量,时间段 t 内测得计数为 N,则计数率 n 为

$$n = \frac{N}{t} \tag{7.39}$$

利用误差传递公式可得计数率 n 的统计误差满足

$$\sigma_n^2 = \frac{1}{t^2}\sigma_N^2 \tag{7.40}$$

其中, N 的标准差 $\sigma_N \approx \sqrt{N}$,所以

$$\sigma_n \approx \frac{\sqrt{N}}{t} = \sqrt{\frac{n}{t}} \tag{7.41}$$

以 σ_n 为不确定度,此时相对不确定度为

$$\nu_n = \frac{\sigma_n}{n} = \frac{\sqrt{n/t}}{n} = \frac{1}{\sqrt{nt}} = \frac{1}{\sqrt{N}} \tag{7.42}$$

对于多次测量,时间段 t_i 内测得计数为 N_i,对应的计数率为 $n_i = N_i/t_i$,则此时平均计数率满足

$$\bar{n} = \frac{\sum N_i}{\sum t_i} \tag{7.43}$$

利用误差传递公式得平均计数率 $\bar{n}$ 的方差满足

$$\sigma_{\bar{n}}^2 = \frac{\sum \sigma_{N_i}^2}{(\sum t_i)^2} = \frac{\sum N_i}{(\sum t_i)^2} = \frac{\bar{n}}{\sum t_i} \tag{7.44}$$

即有

$$\sigma_{\bar{n}} = \sqrt{\frac{\bar{n}}{\sum t_i}} \tag{7.45}$$

此时相对不确定度为

$$\nu_{\bar{n}} = \frac{\sigma_{\bar{n}}}{\bar{n}} = \frac{\sqrt{\bar{n}/\sum t_i}}{\bar{n}} = \frac{1}{\sqrt{\bar{n}\sum t_i}} = \frac{1}{\sqrt{\sum N_i}} \tag{7.46}$$

4. 存在本底测量的不确定度

在实际的辐射测量工作中,由于本底辐射的存在,为了测量放射性样品的净计数率 n_0,需要分别测量本底计数率 n_b 和含源计数率 n_s。设对源与本底计数的测量时间 t_s,测得计数为 N_s;本底计数时间为 t_b,测得计数为 N_b。则源净计数率 n_0 为

$$n_0 = \frac{N_s}{t_s} - \frac{N_b}{t_b} \tag{7.47}$$

应用误差传递公式可以得到源计数率的标准差为

$$\sigma_0 = \sqrt{\left(\frac{\sigma_s}{t_s}\right)^2 + \left(\frac{\sigma_b}{t_b}\right)^2} = \sqrt{\frac{N_s}{t_s^2} + \frac{N_b}{t_b^2}} = \sqrt{\frac{n_s}{t_s} + \frac{n_b}{t_b}} \tag{7.48}$$

测量的放射源净计数可以写作

$$n_0 \pm \sigma_0 = (n_s - n_b) \pm \sqrt{\frac{n_s}{t_s} + \frac{n_b}{t_b}}$$

在实践中,总的测量时间一定($t=t_s+t_b$ 为常数)的情况下,总是希望测量不确定度尽可能小,这可以通过对 t_s 与 t_b 进行优化分配实现。这就变成了求 σ_s 的极值的问题,令 $d\sigma_0^2=0$,即

$$2\sigma_0 d\sigma_0 = -\frac{n_s}{t_s^2} dt_s - \frac{n_b}{t_b^2} dt_b = 0 \tag{7.49}$$

由于 t 为常数,$dt_s+dt_b=0$,因此最优的时间分配满足以下关系:

$$\frac{t_s}{t_b} = \sqrt{\frac{n_s}{n_b}} \tag{7.50}$$

进而分别得到本底和有源测量时间分别为

$$t_b = \frac{1}{1+\sqrt{n_s/n_b}} t, \quad t_s = \frac{\sqrt{n_s/n_b}}{1+\sqrt{n_s/n_b}} t$$

此时对应最小的相对偏差为

$$v_0^2 = \frac{\sigma_0^2}{n_0^2} = \frac{1}{(n_s-n_b)^2}\left(\frac{n_s}{t_s}+\frac{n_b}{t_b}\right) = \frac{1}{tn_b(\sqrt{n_s/n_b}-1)^2} \tag{7.51}$$

另一方面,测量时间 t 越短越好。但是,在保证相对不确定度一定的前提下,存在最短的测量时间才能满足不确定度的要求。根据方程(7.51)可知对应的最短时间

$$t_{\min} = \frac{1}{n_b v_0^2 (\sqrt{n_s/n_b}-1)^2} \tag{7.52}$$

指定相对不确定度的情况下,规定总测量时间的倒数为品质因数(figure of merit)

$$\frac{1}{t} = \frac{n_b v_0^2(\sqrt{n_s/n_b}-1)^2(\sqrt{n_s/n_b}+1)^2}{(\sqrt{n_s/n_b}+1)^2}$$

$$= v_0^2 \frac{n_b\left(\frac{n_s-n_b}{n_b}\right)^2}{(\sqrt{n_s/n_b}+1)^2}$$

$$= \nu_0^2 \frac{n_0^2}{n_b(\sqrt{n_s/n_b}+1)^2}$$

$$= \nu_0^2 \frac{n_0^2}{(\sqrt{n_b}\sqrt{n_s/n_b}+\sqrt{n_b})^2}$$

$$= \nu_0^2 \frac{n_0^2}{(\sqrt{n_b+n_0}+\sqrt{n_b})^2} \tag{7.53}$$

品质因数可以用来分析许多测量的具体问题，通常我们希望品质因数越大越好。当信噪比较高，即 $n_0 \gg n_b$ 时

$$\frac{1}{t} \approx \nu_0^2 n_0 \tag{7.54}$$

这种情况下，本底的统计性影响可以忽略。要增大品质因数可以调整测量条件使净计数率 n_0 增大。相反地，当真实计数相对于本底很小时，即 $n_0 \ll n_b$，品质因数简化为

$$\frac{1}{t} = \nu_0^2 \frac{n_0^2}{4n_b} \tag{7.55}$$

这时候，要提高测量的品质因数需要提高 $n_0/4n_b$ 的比值。

7.2 符合测量

符合法是符合测量和反符合测量的统称，它利用符合或反符合电路的特性来选择或排除两个或两个以上的同时事件。符合法在辐射测量中使用非常广泛，例如可以使用符合测量对样品活度、γ 能谱、短寿命核素的半衰期和激发态寿命进行测量；也可以利用反符合测量剔除本底干扰等。

7.2.1 符合事件与符合法

符合事件是指两个或两个以上具有确定时间关系的事件。以 β-γ 级联衰变为例，一个原子核通过发射 β⁻ 粒子衰变至子核的激发态，由于原子核激发态的寿命很短（通常在 $1.0 \times 10^{-24} \sim 1.0 \times 10^{-8}$ s），因此很快通过发射 γ 光子退激至子核基态。在此过程中，可以把两个粒子的发射看成同时事件，即符合事件。这一对 β、γ 粒子如果分别进入两个探测器，将两个探测器输出的脉冲引到符合电路中便可输出一个符合脉冲（图 7.7）。符合电路的每个输入道都称为符合道，两个符合道的符合称为二重符合。如果有 n 个符合道，则称为 n 重符合。所谓符合测量是指利用符合电路来选择符合事件的测量过程。

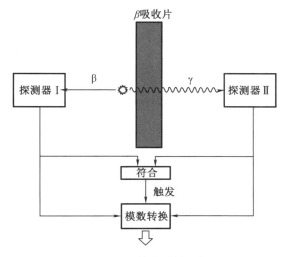

图 7.7　β-γ 符合测量示意图

上面举的 β-γ 级联衰变中的符合事件（β⁻粒子和γ粒子的发射）具有相关性，即其中一个事件和另一个事件存在内在的因果关系，称之为真符合。但实际中也存在同时发生，但是没有内在因果关系的事件。仍以图 7.7 所示测量系统为例，一个原子核发射的β⁻粒子和另一个原子核发射的γ粒子同时分别进入两个探测器，此时也将输出一个符合脉冲。但是这两个事件之间显然不存在关联性，因此不是真符合事件。这种不具有相关性的事件称为偶然符合。

7.2.2　符合分辨时间

任何符合电路都有确定的分辨时间 τ_S，是能够实现符合的两个事件的最大时间间隔，它的大小与输入到符合电路输入端的脉冲宽度有关。符合单元电路一般基于脉冲重叠原理工作。在脉宽相同的矩形脉冲输入时，只要两个脉冲有重叠部分，就能产生符合输出信号，这时符合装置的分辨时间 τ_S 就等于矩形脉冲的脉宽 T。

下面以图 7.8 所示问题为例分析偶然符合计数率与符合分辨时间的关系。两个独立的放射源 S_1 和 S_2 分别用探测器 I 和 II 记录，两组源和探测器之间用足够厚的铅屏蔽隔开。在这种情况下，符合脉冲均为偶然符合。

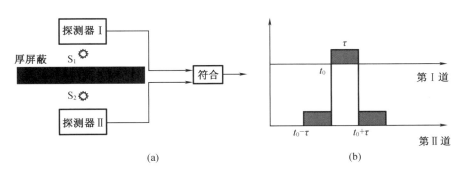

图 7.8　偶然符合示意图

假设两个符合道的脉冲均为理想的矩形脉冲,其宽度为 τ。再设第 Ⅰ 道的平均计数率为 n_1,第 Ⅱ 道的平均计数率为 n_2,则在 τ_0 时刻,第 Ⅰ 道的一个脉冲可能与从 $t_0-\tau$ 到 $t_0+\tau$ 时间内进入第 Ⅱ 道的脉冲发生偶然符合,其平均符合率为 $2\tau n_2$,从而第 Ⅰ 道 n 个计数的偶然符合计数率 n_{rc} 为

$$n_{rc} = 2\tau n_1 n_2 \tag{7.56}$$

将上述结果推广到 i 重符合时,偶然符合计数率 n_{rc} 为

$$n_{rc} = i\tau^{i-1} n_1 n_2 \cdots n_i \tag{7.57}$$

利用图 7.8 的实验系统测量偶然符合计数率和单道计数率便可以确定符合装置的分辨时间为

$$\tau_S = \frac{n_{rc}}{2n_1 n_2} \tag{7.58}$$

7.2.3 真偶符合比

真符合计数率与偶然符合计数率的比值称为真偶符合比,其是符合实验的一个重要指标。仍考虑图 7.7 所示实验。设被测的放射源是单一的 β-γ 级联跃迁,源强为 A。记探测器 Ⅰ 对放射源所张的立体角为 Ω_β,对 β 的探测效率为 ε_β;探测器 Ⅱ 对放射源所张的立体角为 Ω_γ,对 γ 的探测效率为 ε_γ。若本底计数率可以忽略,则第 Ⅰ 道的计数率为

$$n_\beta = A\Omega_\beta \varepsilon_\beta \tag{7.59}$$

探测器的探测效率近于 1,从而有

$$n_\beta = A\Omega_\beta \tag{7.60}$$

第 Ⅰ 道的计数率为

$$n_\gamma = A\Omega_\gamma \varepsilon_\gamma \tag{7.61}$$

真符合计数率为

$$n_{c_0} = A\Omega_\beta \Omega_\gamma \varepsilon_\gamma \tag{7.62}$$

偶然符合计数率为

$$n_{rc} = 2\tau A^2 \Omega_\beta \Omega_\gamma \varepsilon_\gamma \tag{7.63}$$

最后可得

$$\frac{n_{c_0}}{n_{rc}} = \frac{1}{2\tau A} \tag{7.64}$$

通过式(7.64)可以看出,在符合分辨时间一定时,为保证真符合率大于偶然符合率,源强必须小于 $1/2\tau$。另一方面,在宇宙射线的符合率可以忽略的情况下,由测得的总符合率 n_c 和单道计数率 n_β、n_γ 便可确定未知的源强。

根据 n_{c_0} 和 n_β 的表达式可得

$$\frac{n_{c_0}}{n_\beta} = \Omega_\gamma \varepsilon_\gamma \tag{7.65}$$

可见当 Ω_γ 已知时,测量 n_{c_0} 和 n_β 便可确定 γ 探测器的探测效率 ε_γ。

7.2.4 符合计数的相对误差

实际的总符合计数率 n_c 包括真符合计数率 n_{c_0} 和偶然符合计数率 n_{rc}。若计数时间为 t，则真符合率的方差 $\sigma_{c_0}^2$ 为总符合计数率的方差 σ_c^2 与偶然符合计数率的方差 σ_{rc}^2 之和：

$$\sigma_{c_0}^2 = \sigma_c^2 + \sigma_{rc}^2 = \frac{n_c}{t} + \frac{n_{rc}}{t} = \frac{n_{c_0} + 2n_{rc}}{t} \tag{7.66}$$

真符合的相对标准误差的平方 $\nu_{c_0}^2$ 为

$$\nu_{c_0}^2 = \left(\frac{1}{n_{c_0}} + \frac{2n_{rc}}{n_{c_0}^2}\right)\frac{1}{t} \tag{7.67}$$

将 n_{c_0} 和 n_{rc} 的表达式代入式(7.67)可得

$$\nu_{c_0}^2 = \left(\frac{1}{A\Omega_\beta\Omega_\gamma\varepsilon_\gamma} + \frac{4\tau}{\Omega_\beta\Omega_\gamma\varepsilon_\gamma}\right)\frac{1}{t} \tag{7.68}$$

当 A 足够大，满足 $4A\tau \gg 1$ 时，有

$$\nu_{c_0}^2 \approx \frac{4\tau}{\Omega_\beta\Omega_\gamma\varepsilon_\gamma t} \tag{7.69}$$

可见，在给定的计数时间 t 内，大的立体角和高的探测效率、短的符合分辨时间有助于减小真符合的相对标准误差。不过，A 不宜过大，否则真偶符合比将会减小。

7.3　γ射线测量

7.3.1　单能 γ 射线能谱的基本特征

进行 γ 射线的能谱测量通常选用闪烁体探测器或者半导体(固体)探测器。为了尽量使全能峰显著，在探测器选择时，通常选用 Z 值较大的元素构成的材料。入射 γ 光子进入探测器后发生的主要过程如图 7.9 所示。γ 光子与探测介质发生相互作用并产生次级电子，然后次级电子在探测介质中沉积能量产生闪烁光子(载流子)，进而转换为信号输出。由于次级电子在固体探测介质中的射程很短，可以认为次级电子的能量都能全部损耗，因此输出信号的幅度对应的是次级电子的能量，得到的信号幅度谱实际上是 γ 射线在探测器中产生的次级电子的能谱。γ 射线入射到闪烁体中，可能会与闪烁体发生光电效应和康普顿散射，当 γ 射线能量超过 1.022 MeV 时，还可能发生电子对效应。这些相互作用产生的次级电子的能量不同，因此即使入射的是单能 γ 射线，测量得到的脉冲幅度谱也是相当复杂的。

另一方面，γ 射线与探测器发生相互作用产生次级电子的同时，还会产生次级电磁辐射(光电效应后续过程中产生的特征 X 射线、康普顿散射中产生的散射光子、电子对效应后续过程中产生的湮灭辐射)。这些次级电磁辐射可能再次与探测器发生相互作用，在其中沉积能量，进而对脉冲幅度谱的形状造成影响。这些次级电磁辐射能否再次与探测器发生相

互作用和探测器的大小有关。下面按探测器的大小,分三种情况来讨论。

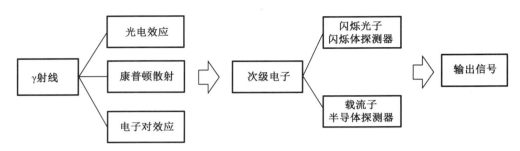

图7.9　γ射线进入探测器形成信号输出的主要过程

1. 探测器很小的情况

在探测器尺寸足够小的极限情况下,可以认为由入射γ射线产生的所有次级电磁辐射全部逃逸出探测器,而不会再次与其发生相互作用(图7.10)。图7.11给出了在"小闪烁体"中单能γ射线产生的次级电子能谱,图7.11(a)为γ射线能量小于1.022 MeV 的情况,此时γ射线与探测器仅发生光电效应和康普顿散射。康普顿边沿对应的能量为康普顿反冲电子的最大能量。图7.11(b)为能量高于1.022 MeV 时的情况。此时除光电效应和康普顿散射外,γ射线与探测器还可发生电子对效应。由于闪烁体很"小",正电子湮灭产生的两个湮灭光子(能量均为0.511 MeV)都将逃逸,沉积在探测器中的能量即为正、负电子的总动能($h\nu$-1.022 MeV),其形成的峰称为双逃逸峰。

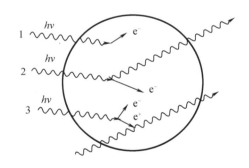

1—光电效应;2—康普顿散射;3—电子对产生

图7.10　γ射线与"小尺寸"探测器的典型相互作用

2. 探测器足够大的情况

在闪烁体足够大时,可以认为入射γ射线产生的次级电磁辐射不能逃逸出探测器,而是继续与其发生作用直至γ射线的全部能量最终都将转化为次级电子的能量,并沉积在闪烁体中(图7.12)。由于整个作用过程在很短的时间内完成,所以闪烁探测器输出脉冲信号的幅度与总沉积能量——γ射线的能量成正比。

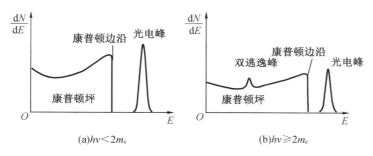

(a) $h\nu < 2m_e$ (b) $h\nu \geq 2m_e$

图 7.11 "小闪烁体"中单能 γ 射线产生的次级电子能谱

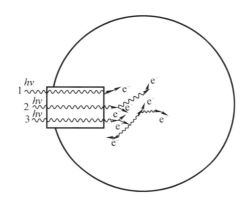

1—光电效应；2—康普顿散射；3—电子对产生。

图 7.12 "足够大"探测器中单能 γ 射线产生次级电子的过程

对单能 γ 射线而言，能谱中将只出现对应 γ 射线能量的单一能峰，称为全能峰。这种多次作用累加沉积能量的过程称为累计效应，累计效应可以在三种相互作用中都存在。由于全能峰和入射 γ 射线能量 $h\nu$ 完全对应，因此在 γ 谱解析中占有十分重要的地位，全能峰峰位和峰面积的确定，是 γ 能谱解析工作的核心内容之一。

3. 探测器中等大小的情况

实际工作中的探测器大小通常处于"很小"和"足够大"之间。这时，单能 γ 射线与探测器的相互作用过程如图 7.13 所示。图 7.14(a) 给出了入射 γ 射线能量低于 1.022 MeV 时的次级电子能谱。其与图 7.11(a) 对比可以发现，在康普顿边沿与全能峰之间仍有一连续分布部分，这是由多次康普顿散射造成的。多次康普顿散射指发生康普顿效应后产生的散射光子再次发生康普顿散射，散射光子从探测器逃逸，带走的能量可以小于初次康普顿效应的最小散射光子能量，这种情况下输出脉冲分布在全能峰和康普顿边沿之间。图 7.14(b) 为入射光子能量大于 1.022 MeV 时的情况，此时正电子湮灭时产生的两个 0.511 MeV 湮灭光子既可能全部被探测器吸收，形成全能峰，也可能一个逃逸而另一个被吸收，形成单逃逸峰，还可能两个湮灭光子全都逃逸，从而形成双逃逸峰。

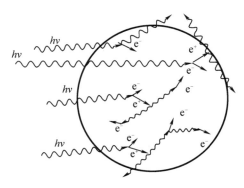

图 7.13　γ射线与中等大小探测器的相互作用

图 7.14 中各部分面积的相对比例与入射单能 γ 射线产生各种效应的截面有关,也与探测器的大小有关。探测器越大,累计效应影响越大,则全能峰面积所占比例越大。

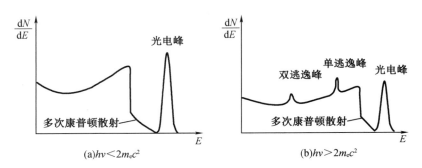

图 7.14　中等大小闪烁体中单能 γ 光子产生的次级电子能谱

7.3.2　单能 γ 射线能谱的其他特征来源

1. 和峰效应

下面以 ^{60}Co 为例说明和峰效应。^{60}Co 每次衰变放出的两个级联 γ 光子,能量分别为 1.17 MeV 和 1.33 MeV。当两能量的 γ 光子在闪烁体中发生闪光的时间间隔足够小时,就会产生一个符合事件。此时探测器不是输出两个分开的脉冲,而是输出一个幅度相当于这两个光子吸收能量之和的脉冲,这种脉冲的产生过程称为和峰效应。当这两个 γ 光子的能量都全部被闪烁体吸收时,在 γ 谱上相应于 2.5 MeV 处会产生一个峰,称为和峰。考虑 ^{60}Co 的 β^- 衰变半衰期为 5.27 a,先后产生 1.17 MeV 和 1.33 MeV 的 γ 光子的能级寿命分别为 0.3 ps 和 0.71 ps,两个能量的 γ 光子可近似视作独立事件,按符合公式,和峰计数率 n_s 为

$$n_s = A \varepsilon_{sp1} \varepsilon_{sp2} \tag{7.70}$$

其中,A 为放射源强度;ε_{sp1} 与 ε_{sp2} 分别为探测器对 γ_1 和 γ_2 的源峰探测效率。由式(7.70)可以看出和峰效应与探测效率有很大关系,当具有较大的探测器尺寸及探测器立体角时,容易产生和峰效应。

偶然符合也能产生和峰效应。对于来自不同原子核衰变产生的两个 γ 光子,如果它们进入探测器的时间间隔小于探测器分辨时间 τ,探测器同样只会输出一个脉冲。根据式

(7.56),偶然符合计数率 n_{rc} 为

$$n_{rc} = 2n_p^2 \tau \tag{7.71}$$

其中,n_p 为全谱下总计数率。可见,由偶然符合造成的脉冲叠加在高计数率下更为严重,并与探测器的分辨时间 τ 成正比。

2. 反散射峰

单能 γ 射线打到源的衬托物上、探头外壳上以及在周围屏蔽物质上都可以发生散射,产生散射光子。假设这些散射光子进入探测器与探测介质发生光电吸收沉积全部能量。能量沉积等于散射光子的能量,即

$$h\nu' = \frac{h\nu}{1 + \frac{h\nu}{m_e c^2}(1 - \cos\theta)} \tag{7.72}$$

其中,$h\nu$ 为入射光子能量;θ 为散射角;$m_e c^2$ 为电子的静止质量对应的能量。该类散射光子的能量最大可以接近入射光子的能量,此时散射角 $\theta \to 0°$;能量最小值对应散射角 $\theta = 180°$,此时散射光子在探测器中的能量沉积为

$$h\nu'|_{\theta=\pi} = h\nu - \frac{h\nu}{1 + \frac{m_e c^2}{2h\nu}} \approx \frac{m_e c^2}{2} \approx 200 \text{ keV} \quad (h\nu \gg m_0 c^2) \tag{7.73}$$

在入射光子能量相比电子静止质量较大时,反散射光子能量约为 200 keV。入射光子在周围介质上发生康普顿散射,反冲电子的能谱如图 7.15(a)中①所示,则散射光子的能谱如图 7.15(a)中②所示。探测器中能谱由两方面贡献:光子直接进入探测器形成的光谱贡献[图 7.15(a)中③]和入射光子周围介质上散射光子进入探测器中发生光电吸收的贡献[图 7.15(a)中②]。其中后一贡献将在探测器能谱的康普顿坪上 200 keV 左右形成反散射峰。对 ^{137}Cs 的 662 keV 的 γ 射线来说,计算得到的反散射光子能量为 184 keV。

3. 湮灭峰

对较高能量的射线来说,它在周围物质材料中通过电子对效应产生的正电子。正电子发生湮灭时,放出的两个背对背的 0.511 MeV 的 γ 光子,可能有一个进入闪烁体,在探测器中发生光电吸收或者康普顿散射。发生光电吸收的光子会在能谱中形成一个光电峰,这个光电峰叫作湮灭辐射峰。当放射源具有 β^+ 衰变时,在周围物质中特别是在放射源托架中湮灭时也会产生湮灭辐射。

4. 特征 X 射线峰

γ 射线与周围物质的原子发生光电效应,原子的内壳层形成空位,外壳层电子向下跃迁伴随有特征 X 射线发射。例如,射线在屏蔽层铅中作用可引起铅的 88 keV 的特征 X 射线。在低能 γ 或 X 射线测量中,需要对这种辐射效应进行校正。

许多放射源的原子核在 β 衰变中有轨道电子俘获或在跃迁中有内转换电子发出,也会伴随有特征 X 射线发射,它们在能谱上形成特征 X 射线峰。如在 ^{137}Cs 的 γ 能谱的最左边有一个 32 keV 的特征 X 射线峰。

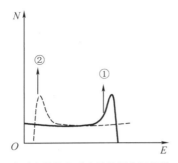 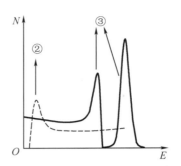

(a) 光子在其他介质上的散射光子能谱
（①）和反冲电子能谱（②）

(b) 探测器中能谱的构成包括直接入射到探测器的光子形
成的能谱贡献（③）和散射光子形成的能谱贡献（①）

图 7.15　反散射峰形成的示意图

5. 轫致辐射的影响

γ 射线常伴随着 β 衰变产生，β 射线与介质发生相互作用时会产生轫致辐射。轫致辐射的能量是连续的，其会对 γ 射线的能谱造成影响，特别是当 β 射线很强、能量很高而 γ 射线较弱时，轫致辐射的影响更为严重。图 7.16 给出了 ^{91}Y 的 γ 能谱。^{91}Y 发射的 β 射线很强，产额为 99.7%。相对而言其发射的能量为 1.205 MeV 的 γ 射线，产额仅为 0.3%。在 ^{91}Y 的 γ 谱的康普顿坪区可以明显地看到轫致辐射的干扰。

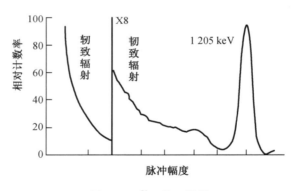

图 7.16　^{91}Y 的 γ 能谱

为防止 β 射线进入探测器，通常在放射源与探测器之间放置一块 β 吸收片。由于在原子序数大的材料中，轫致辐射更容易发生，因此通常采用低 Z 材料（如 Be、Al、聚乙烯等）做成的吸收片。此外，源衬托及支架等也要用低 Z 材料做成，这样轫致辐射影响一般可以忽略。

图 7.17 是高能量分辨的高纯锗测量得到的 γ 能谱。^{24}Na 通过 $β^-$ 衰变到 ^{24}Mg 的激发态，之后退激放出 γ 射线。其中能量为 2.754 MeV 和 1.386 MeV 的 γ 射线为主。从能谱中可以看到两种能量 γ 射线的全能峰及其逃逸峰；在能谱左侧对应的位置有湮灭峰、反散射峰等结构。两种主要能量的 γ 射线为级联衰变，在能谱中也可以看到种 γ 射线的和峰。

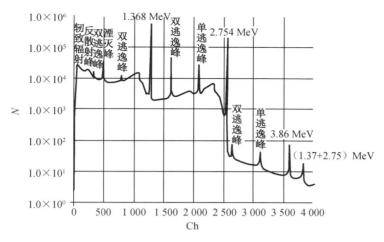

图 7.17 高纯锗测量得到的 ^{24}Na 的 γ 能谱

7.3.3 探测器能量刻度与探测器效率测定

1. 探测器能量刻度

如图 7-8 所示，γ 射线在探测中经过一系列过程输出脉冲信号，后续通过电子学对信号进行成型和模数转换(多道分析器)，对每一个事件获得一个与信号幅度相对应的道址。理想情况下道址与探测器中的能量沉积满足确定的函数关系(通常是线性关系)。能量刻度是在测量条件确定的条件下，利用一组已知能量的 γ 源，根据对应全能峰的能量和道址，获得能量和道址的一般函数关系。根据刻度的结果可以给出任意道址对应的能量。典型的能量道址之间满足线性关系，此时，可以根据能量刻度结果还可以检验探测器的线性范围和线性好坏。

常用的 γ 射线能谱探测器，像 NaI(Tl) 能量沉积与闪烁光产额及信号幅度满足较好的线性关系。假设能量刻度曲线具有如下形式：

$$E(x_p) = Gx_p + E_0 \tag{7.74}$$

其中，x_p 为峰位道址；$E(x_p)$ 为该峰位对应的能量。通过对一组实验测量数据 $\{x_{p,i}, E(x_{p,i})\}$ 进行数据拟合，可以得到刻度曲线参数 G 和 E_0。显然，E_0 为零道址对应的能量，也称为直线截距；G 为能量刻度曲线的斜率，其等于每道所对应的能量间隔，又称为增益。由于探测器包壳和死层的存在等原因，通常情况下 $E_0 \neq 0$。能量刻度是在一定条件下进行的，样品测量时也应保持测量条件一致，每当测量条件发生变化时，应重新进行刻度，在使用过程中也应定期校核。

2. 探测器效率

探测器的本征效率既与 γ 射线的能量有关，还与探测器的类型、探测器尺寸、形状等因素有关。根据所得 γ 能谱，本征效率可以表示为

$$\varepsilon_{in} = \frac{n}{N} \tag{7.75}$$

其中，N 为入射到探测器的 γ 射线的总数；n 为能谱中伽马的总计数。在实际应用中更关注 γ 能谱的全能峰，常用源峰效率（全能峰效率）描述对应的探测效率，即

$$\varepsilon_{\text{sp}} = \frac{n_{\text{p}}}{N} \tag{7.76}$$

其中，n_{p} 为全能峰计数。实践中，为了表征探测器所测能谱全能峰的突出性，这里引入峰总比，即

$$r = \frac{n_{\text{p}}}{n} \tag{7.77}$$

其中，n_{p} 为全能峰下计数；n 为全谱总计数。对确定能量的 γ 射线，在一定的测量仪器和测量条件下，峰总比 r 为定值。利用探测器本征探测效率 ε_{in} 和峰总比 r 可将源峰探测效率写为

$$\varepsilon_{\text{sp}} = \varepsilon_{\text{in}} r \tag{7.78}$$

峰总比可以通过蒙特卡罗模拟代码计算获得，也可以通过实验测量得到。实验测定峰总比是一项比较细致的工作，其需要精确测定全能峰面积和全谱曲线的面积，在测量中应当不包括散射、特征 X 射线、β 射线及其韧致辐射、光电倍增管的噪声脉冲等影响。用来测定峰总比的放射性同位素应当选择具有单一能量的 γ 射线，并且为减少韧致辐射的干扰，最好选择轨道电子俘获占优的同位素，或者选择低能 β 同位素，或者 β 与 γ 强度比弱的同位素，例如 ^{203}Hg（279 keV）、^{51}Cr（320 keV）、^{198}Au（412 keV）、^{137}Cs（662 keV）、^{54}Mn（835 keV）、^{65}Zn（1 115 keV）、^{24}Na（1 274 keV）等。

7.3.4 γ 能谱的数据处理

1. γ 射线谱的解析

当分析较多的放射性核素的混合样品时，由于许多能量的 γ 射线能谱混在一起，谱形较为复杂，部分峰之间相互重叠甚至不能区分。这就需要对复杂的能谱进行解析才能得到各种射线的能量和强度，从而进一步确定样品的组分和含量，这一解析工作也称为解谱。

（1）剥谱法

剥谱法的基本思想是首先从混合谱中找出道址最高的全能峰，由于它不受其他核素 γ 谱的 Compton 坪的影响，可由峰位定出相应的 γ 射线能量，从而确定核素的种类。用混合谱中道址最高的全能峰的面积除以该核素标准谱中相应的全能峰面积，确定一个系数。从混合谱中扣除标准谱与系数的乘积。这样就完成了一次剥谱。然后，从剩余谱中再找出另一次高能量的射线谱，进行进一步分析。其余类推，可得到每种标准谱的系数，这个系数就是要寻找的和核素含量相关的值。剥谱法一般仅用于包含 2~3 个核素的复杂谱，原理简单，应用有限。在一些多道脉冲幅度分析器中常带有此功能。

（2）逆矩阵法

假定已知样品由 n 种核素组成，但其放射性强度 $\{x_j, j=1, 2, \cdots, n\}$ 未知，需要通过解谱确定。在实验中，应对每种核素建立标准谱，并对每种核素确定一个能标志该种核素的道域，称为特征道域，一般选在有主要分支比的能表征该核素而又能区别其他核素的全能峰

上。道域序数用 i 表示。为了确定各个道域计数的贡献,定义响应函数 R_{ij} 如下

$$R_{ij} = \frac{\text{第} j \text{种成分在第} i \text{道域造成的计数率}}{\text{第} j \text{种成分的衰变率}} \tag{7.79}$$

R_{ij} 可由标准谱得到。从而混合样品谱第 i 道域的计数率 m_i 为

$$m_i = \sum_{j=1}^{n} R_{ij} x_j \tag{7.80}$$

m_i 由实验测得。式(7.80)可用矩阵表示为

$$\boldsymbol{M} = \boldsymbol{R}\boldsymbol{X} \tag{7.81}$$

其中,$\boldsymbol{R}$ 是 R_{ij} 集合而成的矩阵,称为探测器的响应矩阵;$\boldsymbol{X}$ 为未知量 x_j 组成的列矩阵;$\boldsymbol{M}$ 为各特征道域计数率组成的列矩阵。理论上讲,只要能够得到 $\boldsymbol{R}$ 的逆矩阵 $\boldsymbol{R}^{-1}$,便容易得到问题的解

$$x_j = \sum_{i=1}^{n} R_{ji}^{-1} m_i \tag{7.82}$$

其中,R_{ji}^{-1} 为逆矩阵 $\boldsymbol{R}^{-1}$ 中第 j 行第 i 列元素。

实际中,为了减少计数统计涨落的影响,提高计算结果的精确度,可使特征道域数多于样品中的组成分数,用最小二乘法求得结果。最小二乘法是把一个可变强度的标准谱系列的合成谱与实验测得的多能量 γ 射线脉冲高度谱相拟合,经改变标准谱系列的相对强度进行迭代,达到较好的拟合优度。此方法可以在更多的道域上建立计数值与各成分含量之间的关系,充分利用实验所测数据,因而精度较高。

设样品中有 n 种核素成分,取 k 个道域数(通常每道算一个道域,$k>n$),在每道上可以建立方程

$$\sum_{j=1}^{n} R_{ij} x_j = y_i \quad (i = 1, 2, \cdots, k) \tag{7.83}$$

其中,y_i 表示第 i 道上测到的计数率;R_{ij} 和 x_j 的意义同前。由于每道计数 y_i 有统计误差,可假定每道上计数残差为

$$\Delta_i = y_i - \sum_{j=1}^{n} R_{ij} x_j \tag{7.84}$$

则残差的平方和为

$$\sum_{i=1}^{k} \left(y_i - \sum_{j=1}^{n} R_{ij} x_j \right)^2 \tag{7.85}$$

按最小二乘法原理,要求上式取极小值。由于每道统计误差不一样,故引入权量因子 w_i,这样就要求下式取最小值,即

$$S = \sum_{i=1}^{k} w_i \left(y_i - \sum_{j=1}^{n} R_{ij} x_j \right)^2 \tag{7.86}$$

则应当满足以下极值条件,即

$$\frac{\partial S}{\partial x_l} = \frac{\partial}{\partial x_l} \sum_{i=1}^{k} w_i \left(y_i - \sum_{j=1}^{n} R_{ij} x_j \right)^2 = 0 \quad (l = 1, 2, \cdots, n) \tag{7.87}$$

从而可得如下的方程组,即

$$\sum_{j=1}^{n}\left(\sum_{i=1}^{k}w_iR_{ij}R_{il}\right)x_j = \sum_{i=1}^{k}w_iR_{ik}y_i \quad (l=1,2,\cdots,n) \tag{7.88}$$

其中，的权量因子 w_i 可取为相应道计数 y_i 的倒数，即 $w_i = 1/y_i$。通过求解上述方程组便可得到 n 个核素的成分 x_j。

2. 峰面积的计算

在进行 γ 谱仪的效率刻度与 γ 能谱分析中，都要从实验测量中求出特征峰的面积，从而确定 γ 射线的强度。确定峰面积的方法很多，原则上可以分为两类：计数相加法和函数拟合法。下面分别加以介绍。

（1）计数相加法

计数相加法的原理是将峰内测得的各道计数按一定的规律相加，其只适用于确定单峰面积。计数相加法最常用的是全峰面积（TPA）法。全峰面积法要求把属于峰内的所有脉冲计数加起来，本底按直线变化趋势加以扣除，如图 7.18 所示。首先确定峰的左右边界道，一般可选在峰两侧的峰谷位置，或者选在本底直线与峰相切的那两道上。设左边界道址为 l，右边界道址为 r，则峰所占道数为 $(r-l+1)$。然后，求出峰内各道计数的总和为

$$T = \sum_{i=l}^{r} y_i \tag{7.89}$$

其中，y_i 为峰内第 i 道的计数。本底面积 B 可按梯形面积计算，即

$$B = \frac{1}{2}(y_l + y_r)(r - l + 1) \tag{7.90}$$

从而峰内净计数面积即峰面积 N 可表示为

$$N = T - B = \sum_{i=l}^{r} y_i - \frac{1}{2}(y_l + y_r)(r - l + 1) \tag{7.91}$$

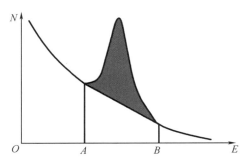

图 7.18　全峰面积法

在利用全峰面积法确定峰面积的过程中，误差主要来自两个方面：①本底按直线变化趋势扣除；②计数统计误差。其中关于第①点是否正确，要看峰区本底计数变化的实际情况。这个本底不限于谱仪本身的本底计数，还包括样品中其他高能 γ 射线康普顿坪的干扰。在测量孤立峰或单一能量的射线时，峰受其他射线的干扰小，本底按直线变化趋势考虑问题不大。在测量多种能量射线时，则峰可能落在其他谱线的康普顿边缘或落在其他的小峰上，本底按直线变化趋势考虑就会造成很大涨落。在全能峰面积法中，由于对峰所采

用的道数较多,本底按直线变化趋势考虑相对实际情况容易偏高,因此该方法容易受到本底扣除不准的影响。

根据式(7.91),全能峰面积法的统计误差为

$$\sigma_N^2 = N + \frac{1}{2}(r-l-1)B \tag{7.92}$$

可以看出,本底面积的大小对峰面积的误差有较大贡献。为了减少统计误差,计算本底面积时,边界道计数可以取边界附近几道计数的平均值,以上两种误差都与计算峰面积时峰占的道数有关。为减少误差,峰的道数不宜取得太多。与其他方法相比,全峰面积法有不足之处,但它利用了峰内的全部脉冲计数,受峰的漂移和分辨率变化的影响最小,同时也比较简单,因此仍是一种常用的方法。

(2) 函数拟合法

函数拟合法的基本思想是首先采用包含若干参数的函数来描述特征峰,其次利用测量数据拟合参数,最后将函数积分得到峰面积。这种方法求出的峰面积精确度较高,尤其适用于重峰的分解。

一般情况下,特征峰呈对称分布,可以用高斯函数来描述。表示了特征峰的几个参数。I_p 为峰的中心位置的道址,σ 为峰形用高斯函数表示时的标准偏差。峰形用高斯函数表示为

$$y(i) = y(I_p) e^{-\frac{(i-I_p)^2}{2\sigma^2}} \tag{7.93}$$

其中,$y(i)$ 和 $y(I_p)$ 分别是峰的第 i 道和峰位 I_p 的计数率。在一个谱区间,谱曲线用谱函数表示为

$$Y_i = F(x_i, \boldsymbol{P}) \quad i = 1, 2, \cdots, n \tag{7.94}$$

其中,Y_i 为由谱函数确定的 x_i 道的谱数据;x_i 为道址;n 为该谱区间内的谱数据点数;$\boldsymbol{P} = (P_1, P_2, \cdots, P_k)$ 为待定参数向量,k 为参数个数。

本底函数通常有三种选择:直线拟合、二次函数拟合和三次函数拟合。一般采用二次函数拟合较多,此时本底可表示为

$$b(x_i) = P_1 + P_2 x_i + P_3 x_i^2 \tag{7.95}$$

其中,$P_1 \sim P_3$ 为本底函数的参数;$b(x_i)$ 为第 x_i 道的本底计数率。

假设该谱区间内有 m 个峰,则利用式(7.93)至式(7.95),该谱区间内的谱函数可表示为

$$Y_i = P_1 + P_2 x_i + P_3 x_i^2 + \sum_{j=1}^{m} P_{3j+1} \exp\left[-\frac{(x_i - P_{3j+2})^2}{2 P_{3j+3}^2}\right] \tag{7.96}$$

其中,P_{3j+1} 为第 j 个峰的高度 h_j;P_{3j+2} 为第 j 个峰的峰位 $I_{p,j}$;P_{3j+3} 为第 j 个峰的标准偏差 σ_j(即峰宽)。

在式(7.96)中的参数可以利用加权最小二乘法结合测量数据得到。记第 i 道的测量数据为 $\hat{Y}_i$,此时残差平方和为

$$S = \sum_{i=1}^{n} g_i [\hat{Y}_i - F(x_i, \boldsymbol{P})]^2 \tag{7.97}$$

其中，g_i 为权重因子，实际中可取 $g_i = 1/\hat{Y}_i$。该方程也称为目标方程。实际中可以找到一组 $\{\hat{P}_i\}$，其能够使目标方程取极小值，此时可将 $\{\hat{P}_i\}$ 描述的谱作为实际的 γ 谱，并利用其来计算峰面积。显然 $\{\hat{P}_i\}$ 应当满足

$$\left.\frac{\partial S}{\partial P_i}\right|_{P_i=\hat{P}_i} = 0 \quad i = 1, 2, \cdots, n \tag{7.98}$$

该方程称为正规方程。通过求解正规方程，便可得到 $\{\hat{P}_i\}$ 值，进而可利用其计算得到峰的半高宽和峰面积分别为

$$FWHM_j = 2\sqrt{2\ln 2}\,\sigma_j = 2\sqrt{2\ln 2}\,P_{3j+3} \tag{7.99}$$

$$N_j = \sqrt{2\pi}\,\sigma_j h_j = \sqrt{2\pi}\,P_{3j+1}P_{3j+3} \tag{7.100}$$

一般情况下，正规方程为非线性方程，通常采用迭代法求解。

7.4 慢中子的测量方法

中子的测量是通过测量中子与转换介质发生核反应产生的次级带电粒子（例如质子、α 粒子等）来实现的。实际上各种类型的中子探测器就是由进行转换的靶材料和之前介绍的辐射探测器组合而成的。由于中子与物质的相互作用截面和中子能量有强烈的函数关系，因此对不同能量的中子的探测技术存在较大差异。实际中，中子的测量通常按照中子能量分为慢中子测量和快中子测量。本节主要讨论慢中子的探测方法。这里的"慢中子"指的是能量约低于 0.5 eV（即"镉截止能"）的中子。

7.4.1 慢中子测量中常用的核反应

由于中子是通过测量其引发的核反应的次级带电粒子来进行的，因此必须选择合适的核反应。寻求有益于中子探测的核反应时必须考虑以下几个因素。首先，为了制造体积小、效率高的探测器，反应截面应当尽量大，这一点对于那些以气体为转换材料的探测器特别重要。由于同样的原因，转换核素应当是天然元素中丰度较高的核素，或者是易于浓缩的核素。在许多中子测量场景中，通常伴随有强 γ 辐射场，因而选择的核反应要有利于进行中子-γ 甄别。在核反应的筛选条件中，最重要的是核反应能（Q 值）。Q 值越高，分配给反应产物的能量越大，从而有益于采用简单的幅度甄别法甄别掉 γ 事件。

用于探测慢中子的常见核反应产生的都是重带电粒子，可能的反应产物为质子、α、反冲核或者裂变碎片。所有的转换反应都是放能反应。由于慢中子的能量很低，相对 Q 值可忽略不计，因此反应产物的动能只决定于 Q 值，即从反应产物的能量中无法获取入射中子的能量信息。

反应产物释放后的飞行距离对探测器的设计具有重要意义。如果要收集这些反应产物的全部动能，探测器必须具有足够大的尺寸以完全阻止反应产物。当探测介质是固体时，容易满足该要求，因为任何反应产物在固体中的射程通常不到几百 μm。但当探测介质

是气体时,反应产物的射程一般可达 cm 量级,其可与探测器的尺寸相比拟。此时某些反应产物可能不会在探测器中沉积其全部能量。如果探测器足够大,以致这些损失可以忽略不计,响应函数将非常简单,仅由单个全能峰组成。在这种情况下,探测器会展现一条非常平坦的计数坪曲线,其甄别掉低幅度事件(例如 γ 射线引起的计数)的能力达到最大。

1. ^{10}B 核反应

慢中子测量常用的转换反应是 $^{10}_{5}$B(n,α) 反应,其反应式为

$$n+^{10}_{5}B \rightarrow \begin{cases} ^{7}_{3}Li+\alpha+2.792 \text{ MeV} \\ (^{7}_{3}Li)^{*}+\alpha+2.310 \text{ MeV} \end{cases} \quad (7.101)$$

式(7.101)表明,反应产物 ^{7}Li 可能处于基态,也可能处于激发态(激发能为 482 keV)。当热中子(0.025 3 eV)入射时,反应后 ^{7}Li 处于激发态的概率为 94%,直接到基态的概率为 6%。无论反应后处于哪个状态,反应的 Q 值都远大于入射中子能量。因此分配给反应产物(^{7}Li 和 α)的动能基本上就是 Q 值。这意味着无法从反应产物的动能中获取入射中子的能量信息。同时由于入射中子能量很小,可认为其动量近似为 0,从而两个反应产物的运动方向相反。根据能量和动量守恒,容易得到反应后 ^{7}Li 处于激发态时,^{7}Li 和 α 粒子的动能分别为 0.84 MeV 和 1.47 MeV。当中子能量为 0.025 3 eV 时,该反应截面为 3 840 b。

2. ^{6}Li 核反应

常用于慢中子测量的反应还有 $^{6}_{3}$Li(n,α) 反应,其反应式可写为

$$n+^{6}_{3}Li \rightarrow ^{3}_{1}H+\alpha+4.78 \text{ MeV} \quad (7.102)$$

当入射中子能量可以忽略不计时,反应产物 $^{3}_{1}$H 和 α 粒子的能量分别为 2.73 MeV 和 2.05 MeV。同理,该反应的两个产物的运动方向相反。当入射中子能量为 0.025 3 eV 时,该反应的截面为 940 b,较低的截面值是该反应的一个缺点。但是该反应的 Q 值较高,有利于 n-γ 甄别。同时,^{6}Li 在天然同位素中的丰度为 7.4%,浓缩的 ^{6}Li 也较容易获得。

3. ^{3}He 核反应

可用于中子探测的核反应还包括 $^{3}_{2}$He(n,p)$^{3}_{1}$H,其反应式可写为

$$n+^{3}_{2}He \rightarrow ^{3}_{1}H+p+0.765 \text{ MeV} \quad (7.103)$$

当入射中子为慢中子时,两个反应产物的运动方向相反,$^{3}_{1}$H 和 p 的动能分别为 0.191 MeV 和 0.574 MeV。当入射中子能量为 0.025 3 eV 时,该反应的截面为 5 330 b,比 ^{10}B 和 ^{6}Li 的反应截面都大。但利用 ^{3}He 探测中子的缺点在于 ^{3}He 获取较为困难,成本较高。

图 7.19 给出了中子探测中三种常用核素与中子核反应的激发曲线。三个核反应的截面 σ 随着中子能量 E_n 增加而迅速下降,其中同样入射中子能量的情况下 ^{3}He 的反应截面最大,^{10}B 次之,^{6}Li 最小。可见该三种核素用于测量慢中子效率较高,但是当中子能量升高后,探测效果并不理想。

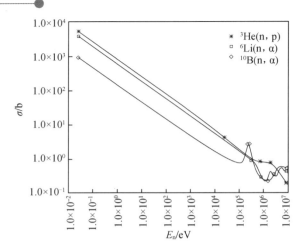

图 7.19 中子探测中常用核反应的截面

4. Gd 中子活化

目前发现的核素中,与热中子反应截面最大的是 $^{157}_{64}\text{Gd}$,其与 0.025 3 eV 的热中子的俘获截面可达 255 000 b。$^{157}_{64}\text{Gd}$ 的天然丰度为 15.7%。$^{157}_{64}\text{Gd}$ 俘获一个慢中子变成处于激发态的 $(^{158}_{64}\text{Gd})^*$,$(^{158}_{64}\text{Gd})^*$ 既可以通过发射一个 γ 光子退激,也可以通过发射一个内转换电子退激。由于内转换电子可直接在介质中产生电离,其在中子探测和成像中非常有用。最典型的是能量为 72 keV 的内转换电子,其在俘获反应中的发射概率为 39%,其在典型的含 Gd 涂层中的射程约为 20 μm。对于此厚度的含 Gd 涂层,其对中子的转换效率可达 30%,而对于同等厚度的 ^6Li 和 ^{10}B 仅为 1% 和 3%~4%。由于这些优点,$^{157}_{64}\text{Gd}$ 被广泛用于中子成像,此时内转电子记载了中子与介质中 $^{157}_{64}\text{Gd}$ 发生相互作用的位置,利用位置敏感探测器测量这些内转换电子,即可获得入射中子的位置信息。在天然钆中另一种热中子俘获截面较大的核素是 ^{155}Gd,约为 6.1×10^4 b,其丰度为 14.8%。如采用天然钆作为转换材料,^{157}Gd 与 ^{155}Gd 中子俘获贡献分别为 80% 和 18%,其余其同位素的贡献为 2%。

同样可以采用含 Gd 的液体闪烁体探测器,其中 Gd 的典型浓度在 0.5%~1.5%。此时产物中的 γ 射线将带来比较大的本底,因此需要采用脉冲形状甄别方法甄别掉 γ 射线计数。

5. 裂变反应

在低能中子区,^{235}U 和 ^{239}Pu 的裂变截面较大,因而可用于慢中子探测。与之前讨论的反应相比,裂变反应具有很大的 Q 值(接近 200 MeV),其产生的脉冲幅度比竞争反应或 γ 射线引起的脉冲大几个数量级,非常容易甄别。图 7.20 给出了几种可裂变核的裂变截面 σ_f 随中子能量 E_n 变化的曲线。

几乎所有可裂变核都具有 α 放射性,因此任何含有这些材料的探测器都会出现 α 粒子产生的输出信号。然而 α 衰变的能量总是比裂变反应释放的能量小许多倍,根据脉冲幅度能够容易地甄别这些事件。

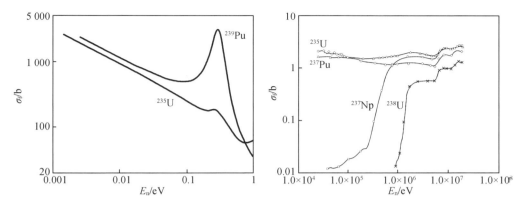

图 7.20 几种易裂变核与可裂变核的裂变截面

7.4.2 ³He 正比计数器

$^3_2\text{He}(\text{n},\text{p})^3_1\text{H}$ 反应的截面很大,因此可利用该反应探测中子。³He 为惰性气体,不能形成固态化合物;然而,当 ³He 的纯度足够高时,其是一种良好的正比气体。因此目前广泛使用的是以 ³He 作为工作气体的正比计数器。

1. 管壁效应

对于足够大的计数管而言,几乎所有的反应都发生在远离探测器管壁的地方,足以使反应产物的全部能量都沉积在正比气体内,即反应的全部能量都能够被探测器收集。当计数管的大小不再远大于反应产生的质子和反冲氚核的射程时,对于距离管壁较近位置发生的反应,其中一个产物离子将会撞击管壁,即其不再把全部能量沉积在气体中,从而产生一个较小的脉冲。该过程的累积效应称之为"管壁效应"。图 7.21 给出了 ³He 正比计数管管壁效应脉冲幅度谱的示意图。在全能峰的左侧出现了一个连续谱,这是由那些仅把部分能量沉积在气体中的反应产物形成的。同时可以看到,连续谱存在两段阶梯状突变,这可以通过以下分析加以说明。

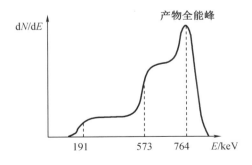

图 7.21 ³He 正比计数管管壁效应的脉冲幅度谱

由于入射中子的动量不大,我们可认为反应前体系总动量为零,产物近似背对背飞。当反应地点离管壁较近时,两个反应产物中的一个会撞击管壁,另一个将沿着离开管壁的方向运动,并将其全部能量沉积在气体内。此时存在两种可能:(1)质子在 ^{3}He 气体中沉积部分能量之后撞击管壁,反冲氚核在气体中沉积全部能量;(2)反冲氚核在 ^{3}He 气体中沉积部分能量之后撞击管壁,质子在 ^{3}He 气体中沉积全部能量。记反应产物质子在工作气体中的射程为 R_p,t 在工作气体中的射程为 R_T。在情况(1)中,反应发生的位置到管壁的距离可能介于 0 到 R_p 之间,相应的沉积在 ^{3}He 气体中的能量的取值范围为 $[E_T, E_T+E_p]$。由于所有发生反应的位置的概率几乎是相等的,因而在 ^{3}He 中沉积的能量分布在此区间内是近似均匀的。对于情况(2)可采用同样的分析。此时沉积在 ^{3}He 气体中的能量取值范围为 $[E_p, E_T+E_p]$。

反应产物撞击管壁的全部事件的脉冲幅度分布是上述两种情况的总和,其形状如图 7.21 所示。两种情况的叠加使得管壁效应连续区从 E_T(191 keV)一直延伸到全能峰 E_T+E_p(765 keV)处。除了管壁效应外,再叠加两个产物的动能全部被工作气体吸收所产生的全能峰即得到完整的 ^{3}He 正比计数管脉冲幅度谱。需要强调的是,^{3}He 正比计数管的脉冲幅度谱并不反映入射中子的能谱,而仅取决于探测器的几何形状和大小。在实际应用中,一般也无须记录 ^{3}He 管的脉冲幅度谱。

2. γ 甄别

许多中子测量场合伴随有 γ 辐射,此时需要考虑 n-γ 甄别的问题。对于 ^{3}He 正比计数器,γ 射线主要是与管壁发生相互作用并产生次级电子。由于气体对电子的阻止本领很低,次级电子在 ^{3}He 中损失的能量只占其初始能量的一小部分。因此大多数 γ 射线在 ^{3}He 正比计数器将产生一些低幅度的脉冲,采用简单的幅度甄别即可消除这些 γ 射线的影响。然而,当 γ 射线的注量率足够高时,γ 射线脉冲堆积能产生幅度明显的脉冲。为了减少 γ 射线堆积,可以选择小的时间常数,但不完全的电荷收集可能使中子引起的脉冲幅度降低。

3. 探测效率

沿着 ^{3}He 管轴线入射的中子的探测效率可用下式近似估算:

$$\varepsilon(E) = 1 - e^{-\Sigma_p(E)L} \tag{7.104}$$

其中,$\Sigma_p(E)$ 是入射中子能量为 E 时 ^{3}He(n,p)^{3}H 反应的宏观截面;L 为计数管的长度。显然对非单能中子入射的情形,^{3}He 计数管主要是响应的是其中的慢中子。在靠近计数管两端的区域,电荷收集效率降低将会导致中子响应下降,这些区域称为"死区"。由于"死区"的存在,式(7.104)对中子计数效率的估计显然是过高的。对于长度很小的计数管,"死区"的影响非常严重。

7.4.3 裂变室

在大型动力堆中,中子通量水平可达 1.0×10^{15} cm$^{-2} \cdot$ s^{-1},同时伴有强烈的 γ 辐射。由于固态闪烁体对 γ 射线灵敏度较高,且辐射在光电倍增管中会引起假事件,因此基于闪烁过程制成的探测器并不适用于反应堆中。半导体探测器由于对辐射损伤非常敏感,因此也不适用于反应堆内中子测量。气体探测器对于 γ 射线灵敏度较低,具有固有的甄别特性,同时还具有较宽的动态范围和较强的抗辐照能力,因此在反应堆中使用的大多数都是气体探测器。

由于死时间的限制,以脉冲方式工作的气体探测器无法工作于高中子通量水平。目前探测器的脉冲方式工作的一般用于计数率低于 $1.0×10^5/s$ 的情形。当中子通量进一步增加时,探测器将工作在电流方式。电流工作方式的气体探测器一般可满足反应堆功率水平,其测量上限取决于离子-电子复合而产生非线性效应,下限通常决定于探测器绝缘材料和电缆的电介质材料的漏电流。但是在电流模式下,所有幅度的脉冲全部都贡献到电流中,此时无法再进行 n-γ 甄别。

微型裂变室适用于反应堆的任何功率区段。在裂变室的室壁通常衬以高浓缩度铀以增加电离电流。微型电离室的工作电压为 50~300 V。裂变室内填充气体一般选择氩气,压力为几个大气压。这样高的气压保证了裂变碎片在工作气体中的射程不会超过探测器的尺寸。

对于在堆芯长期工作的探测器而言,中子敏感材料的燃耗效应是一个严重问题。例如,以 ^{235}U 为中子敏感材料的裂变室,在中子注量达到 $1.7×10^{21}cm^{-2}$ 后,灵敏度将会降低约 50%。减少中子敏感材料燃耗效应的一种方法是在中子敏感材料中添加可增殖材料。这些可增殖材料在吸收中子后会转变成易裂变核素,从而补偿初始中子敏感材料的燃耗效应。例如将 ^{238}U 和 ^{239}Pu 的混合物作为裂变室的衬里。其中,^{239}Pu 作为中子敏感材料,与热中子发生裂变反应;而 ^{238}U 在吸收中子后连续发生两次 $β^-$ 衰变产生 ^{239}Pu,从而补偿 ^{239}Pu 的消耗。采用这个方法能够大大改进裂变室的长期稳定性。实际数据表明,^{238}U 和 ^{239}Pu 混合物作为衬里的裂变室在中子注量达到 $4.8×10^{21}cm^{-2}$ 时,灵敏度的变化不大于±5%。

裂变室在高中子注量率的条件下长期运行,由于裂变产物的积累,将会产生"剩余电流"效应。裂变产物通常具有 $β^-$ 放射性,其产生的 β 和 γ 射线将会电离裂变室中的工作气体,从而产生电流信号。图 7.22 给出的是一个在稳定中子辐射场长期照射下的裂变室,从辐射场中移走后的输出电流 I_{res}(已归一化)随时间的变化。从图 7.22 中可以看出,裂变室从辐射场移开 1 min 后,剩余电流大约为稳定照射时输出电流的 0.1%。在结束照射十天以后,短寿命裂变产物已基本衰变完,剩余电流降到稳定照射时输出电流的 $1.0×10^{-5}$ 左右。

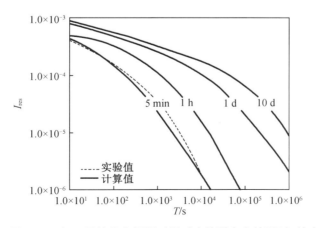

图 7.22 与不同的稳态辐照时间对应的裂变室的"记忆效应"

对于反应堆使用的裂变室,很重要的一个性质是其量程必须覆盖较宽的辐照率范围。在中子注量率较低时,裂变室达到饱和区所需的电压较低。而随着中子注量率的增加,裂变室中的电离密度也随之增加,此时正离子-电子之间的复合也更容易发生,此时需要更强的电场以阻止正离子-电子的复合,即在高计数率情况下达到饱和区需要更高的工作电压。

7.4.4 自给能探测器

现在普遍用于堆内中子测量的一种探测器是自给能探测器。这些探测器采用的材料中子俘获截面较大,并且其后续产生β或γ衰变的概率也较大。这种探测器一类是直接测量俘获中子后产生的β衰变电流。该电流正比于探测器内中子的俘获反应率。因为直接测量β衰变电流,无须再给探测器施加外偏压,因此称其为"自给能"探测器。另一类自给能探测器利用的是俘获中子后发射的γ射线。这些γ射线与工作介质发生相互作用而产生次级电子。这些次级电子的电流可作为探测器的基本信号。

与其他堆内中子探测器比较,自给能探测器具有体积小、价格低、电子学设计相对简单等优点。自给能探测器的缺点在于其输出电流小,输出电流对中子能谱变化极其灵敏,以及响应时间慢。由于单个中子在自给能探测器中产生的信号至多是单个电子,所以自给能探测器以脉冲方式工作是不实际的,而总是以电流方式工作。

图 7.23 所示的是一个典型的基于β衰变的自给能探测器结构示意图。探测器中可能发生与探测相关的物理过程主要有图 7.23 所示的五种情况:①②分别在发射体和绝缘材料上发生中子俘获产生β放射性核素,继而发生β衰变;③发生中子俘获后,产生瞬发伽马,进而由伽马光子产生快电子;④⑤是外部伽马通过材料发生相互作用,产生快电子的过程。过程①是β衰变自给能探测器中子探测的主要过程。核素衰变发射β粒子形成电流,电流被收集极收集并测量。探测器内部空间用绝缘体填充,选择的绝缘体材料必须能够经受堆芯内的高温和强辐射环境。绝缘体材料通常采用各种金属氧化物,最常用的是氧化镁或氧化铝。收集极一般是高纯度不锈钢或因康镍合金。

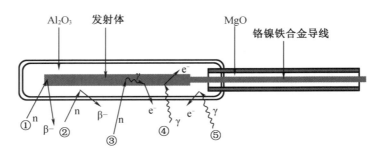

图 7.23 自给能探测器结构示意图及其中可能发生的典型物理过程

探测器性能的关键在于发射体材料的选择。挑选发射体时需要考虑的因素包括中子俘获截面和β放射性产物的半衰期及发射β射线的能量。俘获截面既不宜太高也不宜太低:截面值太低会降低探测器灵敏度,截面值太高会使发射体材料迅速耗尽。反应产生的β放射性产物的半衰期应尽可能短,以确保探测器对中子注量率变化做出快速响应;发射的β

射线应该有足够大的能量,以尽量避免其在发射体内的自吸收。

根据上述要求,目前使用最多的两种发射体材料是铑和钒。表7.1列出了这两种材料的相关性质。钒只有一个β衰变分支,其半衰期为225 s。铑的β衰变有2个分支,半衰期分别为44 s和265 s。图7.24给出了这两种材料对中子注量率阶跃变化的响应,图中纵坐标为稳态电流百分比$I(t)/I(0)$。尽管钒的灵敏度比铑低而且响应时间较慢,但钒的燃耗率明显的小于铑,因而在反应堆自给能探测器中更加常见,其使用寿命一般可达几年。

表7.1 基于β衰变制成的自给能探测器发射体材料的性质

发射体核素	天然丰度	热中子活化截面	诱发β衰变半衰期	β衰变能
$^{51}_{23}\text{V}$	99.750%	4.9 b	225 s	2.47 MeV
$^{103}_{45}\text{Rh}$	100%	139 b 11 b	44 s 265 s	2.44 MeV

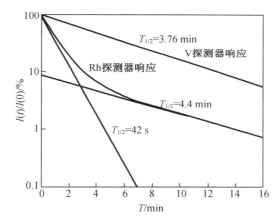

图7.24 铑和钒自给能探测器对稳态中子注量率很快降至零点的响应

假设自给能探测器中发射体材料具有单一的诱发放射性,同时忽略其燃耗,在探测器在受到中子照射t时间后产生的电流可表示为

$$I(t) = Cq\sigma N\varphi(1-e^{-\lambda t}) \tag{7.105}$$

其中,C为比例系数,为无量纲量;q为每吸收一个中子释放的电荷数;σ为发射体材料的活化截面;N为发射体原子数目;φ为中子注量率;λ为活化反应产生的放射性核素的衰变常量。

当探测器在稳定中子场中的受照射时间达到7~8倍活化产物的半衰期后,活化产物的放射性活度将趋近饱和状态,此时探测器的输出电流将趋近于一个稳定值,可简单地表示为

$$I = Cq\sigma N\varphi \tag{7.106}$$

可见饱和电流与中子注量率成正比,因而自给能探测器可用于中子注量率的监测。

对自给能探测器输出信号的更复杂的分析必须考虑其他因素,例如发射体自屏蔽造成的中子注量率的衰减,伴随着β衰变过程的γ射线产生的康普顿电子和光电子对电流的贡

献,以及发射体对 β 射线的自吸收的影响等。

β 衰变自给能探测器的一个主要缺陷是响应时间比较慢。通过图 7-22 中所示的中子俘获 γ 发射产生次级电子的方式响应时间一般在秒以内。在传统的 β 衰变自给能探测器中也有该过程产生的信号,只是该类信号的贡献较小。在商业化的钒发射体探测器中快慢信号的比在 6.5% 左右。基于俘获中子后发射的 γ 射线快自给能探测器通常采用镉或者钴作为发射体。其灵敏度通常低于 β 衰变自给能探测器。

7.5 快中子的测量方法

快中子的测量方法根据基本思想可以分为两类。第一类方法首先将快中子慢化为慢中子,然后再对慢中子进行测量。这种方法在慢化过程中舍弃了快中子的能量信息,因此只适用于对快中子能谱没有要求的情形,例如快中子注量率的测量。第二类方法则是利用快中子诱发的核反应(尤其是弹性散射反应)对快中子进行测量。如果入射中子的能量与反应 Q 值相比不是太小,那么只要测量反应产物的能量并扣除反应 Q 值就可获得入射中子的能量。因此这种方法可用于快中子能谱的测量。

7.5.1 基于慢化的快中子探测器

慢中子测量的核反应,其反应截面的整体变化趋势是随着中子能量增加而降低的。因此这些核反应直接用于测量快中子时,探测效率是很低的。为此考虑在探测器外部增加慢化体,使中子先与慢化体发生弹性散射而降低能量,然后再进入探测器被探测到以此提高中子探测效率。

增大慢化体的厚度,中子在慢化体内的碰撞次数将会增加,在进入探测器时的平均能量将会更低,因此探测效率随着慢化体厚度增加而变大。然而,随着慢化体的厚度增加,一方面探测器占系统总体积的比例将会变小,中子从慢化体中逸出之前穿过探测器的概率也将随之变小。另一方面,中子的吸收截面随着中子能量降低而增加,因此随着慢化体厚度的增加,中子被慢化体吸收的概率也会增加。以上这些因素竞争的结果是,对于单能入射中子,当慢化体厚度取某一值时探测效率取最大值。慢化体材料通常选用聚乙烯或石蜡等富含氢的物质,其最佳厚度在几厘米(对 keV 能量的中子)到几十厘米(对 MeV 能量的中子)之间。

1. 球形中子剂量仪

中子剂量测量是中子探测器的一个重要应用场景。在辐射场的中子能谱未知的情况下,人们希望设计一种中子探测器能够测得剂量(率)而不依赖于能谱。中子作用于人体器官和组织,确定能量 E_n 的中子比释动能率可以写作

$$\dot{K} = E_n \varphi \frac{\mu_{tr}}{\rho} \qquad (7.107)$$

对应的辐射权重因子为 w_R。在满足带电粒子平衡并忽略轫致辐射情况下,用比释动能

代替吸收剂量,则当量剂量率为

$$\dot{H} = w_R E_n \frac{\mu_{tr}}{\rho} \varphi \qquad (7.108)$$

据此可以得到不同能量中子在组织中的剂量因子为

$$f_H(E_n) = w_R E \frac{\mu_{tr}(E_n)}{\rho} \qquad (7.109)$$

则具有任意能谱的辐射场的剂量为

$$\dot{H}_n = \int_0^E f_H(E_n) \varphi(E_n) dE_n \qquad (7.110)$$

在中子能谱 $\varphi(E_n)$ 未知的情况下,只需在一定能量范围内调整仪器的响应,使仪器的探测效率 $\eta(E_n)$ 满足

$$\eta(E_n) = k f_H(E_n) \qquad (7.111)$$

其中 k 为常数,则仪器测量得到的中子的计数率为

$$\begin{aligned} n &= \int_0^E \eta(E_n) \varphi(E_n) dE_n \\ &= k \int_0^E f_H(E_n) \varphi(E_n) dE_n \\ &= k \dot{H} \end{aligned} \qquad (7.112)$$

据此,通过合适的设计使探测器满足式(7.111),通过探测器计数率就可以给出辐射场的剂量率。

Bramblett、Ewing 和 Bonner 等在研究中子谱仪的过程中,研究了不同直径的聚乙烯慢化球中心放置小块 LiI 闪烁体(4 mm×4 mm)的探测器的性质。不同直径的慢化体对应不同的中子能量响应,极大值和形状都存在差异。利用这样一组具有不同半径慢化球的探测器,以响应差异为依据利用反卷积的方法,就可以获得中子的能谱。这些球形慢化体装置称为博纳球(Bonner)。其中 30 cm 直径慢化球的响应曲线与中子给予的剂量当量随能量的变化曲线有类似的形状。换算为剂量,平均响应约为 3.0×10^5/mSv,能够对能量从热中子到 MeV 提供真实的中子剂量。

中子剂量仪采用更大尺寸的 ^{3}He 正比计数管代替 LiI 具有更高的探测效率和伽马甄别能力。为了克服低能中子过响应的问题,在 ^{3}He 计数管周围布置带孔的球形镉吸收体。另外,还会在慢化体上打孔以进一步调整能量响应。一种该类型的商业化的中子剂量仪如图 7.25 所示。该剂量仪在 50 keV 到 10 MeV 能量范围内对 ^{252}Cf 的灵敏度为 2.83/nSv。对于 10 MeV 以上中子的慢化能力变弱,其灵敏度迅速下降。添加高 Z 材料的慢化层,通过 (n, 2n) 等中子倍增反应可以提高对高能中子的响应。通过这种方法可以将有效灵敏度能量范围外推到几百 MeV。这种依靠增加慢化体拓宽能量响应范围的方式会让剂量仪变得很重。一种新式的设计是采用两种不同的闪烁体分别用以响应慢中子和快中子。慢中子响应探测器通过 LiF 和 ZnS 混合添加到干净的塑料圆盘的表面制成。快中子响应,则通过置于塑料层的表面的 ZnS 探测反冲质子来实现。对 1 μSv/h 的 Am-Be 中子源,其灵敏度可以达到 40/min。

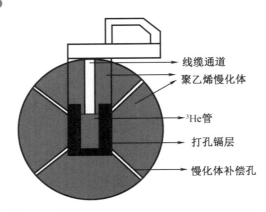

图 7.25 改进的博纳球中子剂量仪结构示意图

2. 长计数管

中子反应截面与中子的能量密切相关，从而使得中子探测效率也随着中子的能量发生变化。然而在许多中子测量场景，希望能够有一种探测效率与中子能量无关（能量响应平坦）的探测器。通过合理设计可以得到一种接近理想要求的中子探测器，其探测效率在较宽的能量范围内基本不变。

目前最常用的响应平坦的中子计数器是长计数管，其典型结构如图 7.26(a) 所示。在长计数管的中心是一个慢中子探测器（如 BF_3 计数管），其外部被慢化体所包围，常用中子慢化材料为石蜡或聚乙烯。慢化体在中子入射方向开有 8 个孔洞，用以提高能量较低的快中子进入中心探测器的概率，从而起到调节探测效率的作用。在中心探测器前端加有镉块，其作用是吸收掉直射入探测器的热中子。在内部慢化体外，还有一层 B_2O_3 壳和慢化体，其作用是吸收从其他方向入射的中子（包括快中子和慢中子），使得探测器仅对从右侧 B_2O_3 壳层所围截面内入射的中子灵敏。

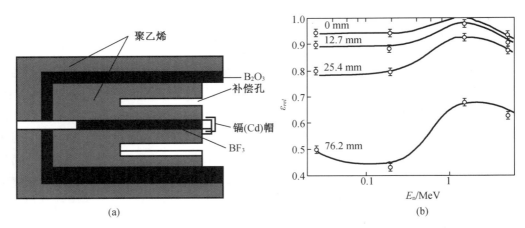

图 7.26 长计数管的典型结构图及长计数管探测效率随中子能量变化的关系曲线

快中子从右侧入射后，通过与内层的慢化体发生弹性散射而慢化。如果内层的慢化体足够长，那么进入中心探测器的中子的能量将会具有确定的分布，这个分布与入射中子的能量基本无关。此时探测器的探测效率不会强烈地依赖于中子能量。图 7.26(b) 给出了 BF_3 管处于轴向不同位置时,探测效率随中子能量的关系。可以看到当 BF_3 管与入射表面相齐时,探测效率在较宽的能量范围(可从热能区延伸至 5 MeV)内变化相当平坦,偏差不超过 5%~10%,这也是其称为长计数器的原因。

East 和 Walton 提出了一种改进的长计数管,其结构如图 7.27(a) 所示。在他们的设计中,采用的是 ^{3}He 探测器而非 BF_3 探测器,并且在内层慢化体中放置了五个独立的探测器,使得中子探测效率高达 11.5%。与其形成对比的是,采用单根 BF_3 探测器的长计数管,其中子探测效率仅为 0.25%。同时,内层慢化体中的圆孔数增加至 12 个,并在其前端覆盖有一层聚乙烯环,以展平中子探测效率曲线。改进后探测器的探测效率随能量变化曲线如图 7.27(b) 所示,可见其对 25 keV 到 4 MeV 范围内的中子的探测效率是完全平坦的。

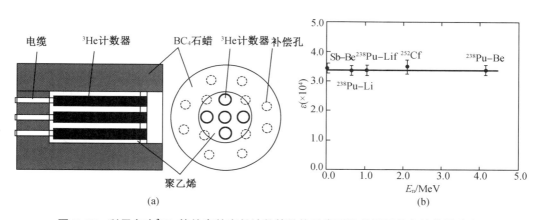

图 7.27　利用多支 ^{3}He 管的高效率长计数管结构示意图及其探测效率的能量响应

7.5.2　基于反冲的快中子探测器

采用先慢化后测量的方式进行快中子探测,入射快中子的能量信息在慢化过程中全部丢失,因此这种方法对于需要获得快中子能谱的情况是不适用的。同时,中子在慢化体中的慢化和扩散需要较长的时间(1.0×10^{-5} s),然后才能进入探测器产生探测信号。

若利用快中子引发的核反应来进行测量,上述两个问题都可解决。当入射中子能量相比反应 Q 值不算太小时,从测得的反应产物的能量中减去反应 Q 值就可得到入射中子能量。同时,入射快中子在探测器的灵敏体积内经历的时间一般不超过 10^{-9} s,因此探测过程可以很快。但是由于快中子的反应截面相比慢中子要低若干个数量级,因此其探测效率相对热中子探测器也将大大降低。

探测快中子最常用的反应是中子与氢核的弹性散射。根据后面的分析可知,散射后反冲核(靶核)的动能与靶核的质量相关,靶核质量越大,反冲核的平均动能越小,因此实际中常用氢作为靶核。此时反冲质子的平均能量大约是入射中子能量的一半。因此对于快中子入射,可以通过脉冲幅度甄别方便地去除 γ 射线和其他低能本底的影响。但是当入射中子能量低于几百 keV 时,利用脉冲幅度甄别方法甄别 γ 射线变得比较困难,此时可利用脉冲形状甄别或上升时间甄别等技术来去除 γ 射线引发的计数。采用这些技术的专用反冲质子探测器可探测能量低至 1 keV 的中子。显然，核反冲法不适用于热中子能量的测量。

1. 快中子弹性散射的运动学

非相对论中子($E_n \ll 939$ MeV)入射到质量数为 A 的原子核靶上，在质心系中(图 7.28)，根据动量守恒和能量守恒可得

$$E_R = \frac{2A}{(1+A)^2}(1-\cos\theta_C)E_n \tag{7.113}$$

其中，θ_C 为质心坐标系内中子的散射角；E_R 为实验室坐标系内反冲核的动能。

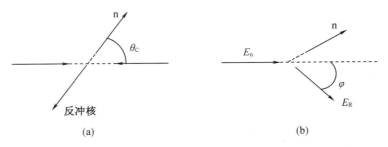

图 7.28 质心坐标系(a)和实验室坐标系(b)的中子弹性散射示意图

反应前靶核在实验室坐标系内是静止的，利用关系式

$$\cos\varphi = \sqrt{\frac{1-\cos\theta_C}{2}} \tag{7.114}$$

可得使用反冲核散射角 φ 表示的反冲核动能为

$$E_R = \frac{4A}{(1+A)^2}E_n\cos^2\varphi \tag{7.115}$$

当 $\varphi = 90°$ 时，反冲核能量取最小值，此时中子从反冲核旁边掠射过去，能量几乎不变。当 $\varphi = 0°$ 时，此时入射中子与靶核发生对心碰撞，反冲核能量取最大值为

$$E_{R,\max} = \frac{4A}{(1+A)^2}E_n \tag{7.116}$$

可见反冲核出的最大出射动能随着靶核质量增加而减少。对于氢核($A=1$)，中子可能在散射过程中将其全部能量交给氢核。这也是为什么在反冲探测器中主要采用的是氢。

2. 反冲核的能量分布

因为反冲核的散射角取值是任意的，因此反冲核的能量在该范围内 $E_R \in [0, E_{R,\max}]$ 连续取值。记 $\sigma(\theta_C)$ 为质心坐标系的微分散射截面，则中子被散射到 $\theta_C \sim \theta_C + \mathrm{d}\theta_C$ 范围内的概率为

$$P(\theta_C)\mathrm{d}\theta_C = 2\pi\sin\theta_C\mathrm{d}\theta_C\frac{\sigma(\theta_C)}{\sigma_s} \tag{7.117}$$

在此我们以 $P(E_R)\mathrm{d}E_R$ 表示反冲能量在 E_R 附近 $\mathrm{d}E_R$ 范围内的概率，考虑存在如下关系 $P(\theta_C)\mathrm{d}\theta_C = P(E_R)\mathrm{d}E_R$，可得

$$P(E_R) = 2\pi \sin\theta_C \frac{\sigma(\theta_C)}{\sigma_s} \frac{d\theta_C}{dE_R} \tag{7.118}$$

其中 σ_s 是散射反应总截面。利用式(7.113)求得 $d\theta_C/dE_R$，代入式(7.118)可得

$$P(E_R) = \frac{(1+A)^2}{A} \frac{\sigma(\theta_C)}{\sigma_s} \frac{\pi}{E_n} \tag{7.119}$$

式(7.119)表明反冲核的能量分布由 $\sigma(\theta_C)$ 决定。对于大多数靶核，$\sigma(\theta_C)$ 的形状往往倾向于前向散射和背向散射。对于氢核，当入射中子能量满足 $E_n<10$ MeV 时，中子在质心坐标系内的弹性散射是各向同性的，从而有

$$\sigma(\theta_C) = \frac{1}{4\pi}\sigma_s \tag{7.120}$$

此时反冲质子的能量在 $[0, E_n]$ 上均匀分布，即其脉冲幅度谱应当为一矩形谱，如图 7.29 所示。

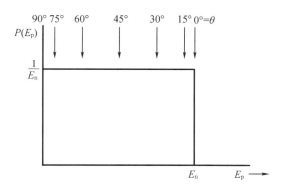

图 7.29　单能中子产生的反冲质子能量分布

3. 有机闪烁体探测器

实际中常利用含氢闪烁体探测快中子。散射产生的反冲质子在闪烁体内的射程一般小于闪烁体的尺寸，其能量能够全部沉积在闪烁体内，产生的脉冲幅度分布也近似为矩形。目前，使用的闪烁体材料主要有在含氢有机溶剂中溶入有机闪烁物质配制而成的液体闪烁体，以及在聚合烃基体中加入闪烁物质制成的塑料闪烁体。这些材料比较便宜，能制成各种尺寸和形状，而且它们的闪烁响应完全没有方向性。

（1）闪烁体的尺寸

选择反冲质子闪烁体的尺寸时必须权衡探测效率与能量分辨率。闪烁体厚度增加，中子探测效率将随之提高。例如，对于能量小于 2~3 MeV 的中子，闪烁体在中子运动方向上的厚度为 5 cm 时，相互作用概率可达 40% 以上。但是随着中子能量增加，为了提高探测效率，需要进一步增加闪烁体的尺寸。然而，从大体积的闪烁体上均匀地收集荧光比较困难，这将使探测器的能量分辨率变坏。限制闪烁体尺寸的另一个因素是 γ 射线的脉冲堆积。在许多应用环境中，γ 计数率超过快中子脉冲的计数率，此时必须采用小尺寸的闪烁体以避免 γ 射线事件的堆积问题。

在把闪烁体作为快中子谱仪使用时,还需要考虑闪烁体尺寸的其他影响因素。在小尺寸晶体中,中子一般只发生一次散射,此时质子反冲核的能谱接近之前讨论的矩形分布。只要闪烁体的尺寸大于几毫米,质子就无法从闪烁体中逃逸出去,此时探测器的响应函数比较简单。随着闪烁体尺寸增加,中子可能发生多次散射,响应函数将变得较为复杂。

(2) 响应函数的影响因素

通过探测器的输出脉冲幅度谱反推入射中子能谱,需要利用探测器的响应函数。下面对闪烁体响应函数的影响因素进行简单分析。大部分有机闪烁体的光输出与沉积能量并非是线性变化的。这意味着对于单能入射中子(能量为 E_n),即便反冲质子的能量在 $[0, E_n]$ 上是均匀分布的,由于不同能量的质子产生的光子数量不同,其产生的脉冲幅度也并不相同,即此时探测器的响应函数将不再是矩形分布[图7.30(a)],而是如图7.30(b)所示。对于许多有机闪烁体,光输出 H 近似正比于 $E^{3/2}$,即

$$H = kE^{3/2} \tag{7.121}$$

其中,k 为常数。此时脉冲幅度分布形状为

$$\frac{dN}{dH} = \frac{dN/dE}{dH/dE} = \frac{dN/dE}{\frac{3}{2}kE^{1/2}} = k'H^{-1/3} \tag{7.122}$$

其中,N 为事件数,由于 dN/dE 为常数,所以 k' 也是常数。式(7.122)仅是对非线性光输出引起的畸变的一个近似表达式。

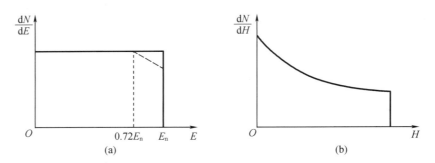

图 7.30 导致探测器响应函数畸变的情况示意图

如果闪烁体尺寸过小或中子能量非常高,以至于反冲质子的射程可与探测器尺寸相比拟,此时部分反冲质子可能会从闪烁体中逃逸,而并未将全部能量沉积在闪烁体中,使得输出脉冲幅度变低,对响应函数的影响是使得图7.30(b)中的斜率进一步增加。

当闪烁体尺寸较大时,入射中子可能在闪烁体中与氢核发生多次散射。这些散射之间的时间间隔远小于发光衰减时间,从而多次散射产生的反冲质子发出的光叠加在一起,产生一个幅度正比于总光输出的脉冲。即多次散射会增加脉冲的平均幅度。

有机闪烁体中同时含有碳和氢。一方面由于 $(-dE/dx)$ 高的粒子的闪烁效率较低;另一方面与中子发生单次散射后碳的反冲能量较小,形成的脉冲幅度较小,通常小于系统的甄别阈,因此对探测器的输出并没有多大贡献。但是与碳散射后的中子可能再次与氢发生散射,其产生的反冲质子谱的最大值将小于未与碳散射的中子产生的反冲质子谱的最大值。

入射中子在与碳发生一次散射后,其可能失掉 0~28% 的初始能量,这意味着随后产生的反冲质子的最大能量占入射中子初始能量的 72%~100%,会造成响应函数的高能区间有所下降[图 7.30(a)虚线]。

(3) 利用 γ 射线进行能量刻度

有机闪烁体对电子的每单位能量的光输出始终高于重带电粒子。这意味着 2~3 MeV 能量的中子的光输出与 1 MeV 的 γ 射线光输出是相同的,这使得 γ 射线的甄别更加困难。由于闪烁体对电子的响应是线性的,因此 γ 源常用来对探测器的输出进行能量刻度。有机闪烁体中低 Z 值组分(氢、碳、氧)的光电截面值非常低,因此 γ 射线与有机闪烁体的相互作用实际上只有康普顿散射,这意味着利用有机闪烁体得到的 γ 射线谱不会出现光电峰,即只有康普顿坪。由于没有光电峰,此时必须利用康普顿边缘上与康普顿反冲电子最大能量对应的点进行刻度。

(4) 对 γ 射线的脉冲形状甄别

某些有机闪烁体光产额的快、慢成分的相对强度取决于电离粒子的比电离,所以不同质量或不同电荷的粒子将产生不同时间特性的信号脉冲。具体说来,γ 射线诱发的快电子产生的闪光中快成分比中子产生的反冲质子强度大,慢成分较反冲质子小,如图 7.31(a)所示。信号对时间的积分对应于光产额对应的电荷量,通常可以慢成分电荷量与全部光产额电荷量的比值作为脉冲形状甄别量(pulse shape discrimination,PSD),且

$$\text{PSD} = \frac{Q_{slow}}{Q} \tag{7.123}$$

PSD 与总电荷的二维散点图如图 7.31(b)所示,可以清晰地分辨中子和 γ。脉冲形状甄别方法能够非常有效地扣除来自 γ 射线脉冲,同时又保持合理的快中子探测效率。

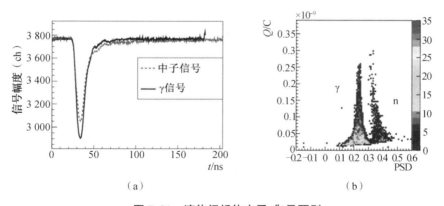

图 7.31 液体闪烁体中子、伽马甄别

7.6 低水平放射性测量

在环境监测与辐射防护中,经常遇到放射性样品的活度极其微弱的情形,例如核设施周围放射性的平衡、核沉降物的测量,放射性废物向大气、水域排放的监控等。这些情况下的放射性测量称为低水平放射性测量。在低水平放射性测量中,由于样品的放射性活度很低,容易受到非样品计数的干扰,必须采用专门的低水平测量装置和技术。

7.6.1 测量装置的探测极限

辐射测量首先要回答有无放射性,然后是确定样品中该放射性的大小。但对于低水平测量,由于净计数与本底计数相当,甚至可能出现净计数比本底计数还要低的情况,这时首先要判断所测的计数究竟是样品中放射性的贡献还是本底涨落所致。1968 年,L. A. Currrie 引入了判断限、探测下限概念来表述一个测量装置所能探测样品放射性的极限。

1. 判断限 L_C

在低水平测量中,常常把样品测量时间与本底测量时间取相等数值,即所谓等时间测量。设 N_s、N_0、N_b 分别表示样品总计数、待测样品净计数和本底计数,相应的期望分别为 μ_s、μ_0、μ_b,相应的标准偏差为 σ_s、σ_0 及 σ_b,则净计数可以表示为

$$N_0 = N_s - N_b \tag{7.124}$$

根据误差传递公式,可以得到净计数的标准偏差为

$$\sigma_0 = \sqrt{\sigma_s^2 + \sigma_b^2} \tag{7.125}$$

根据标准偏差可以近似用测量量表示,即 $\sigma_s^2 = N_s$,$\sigma_b^2 = N_b$,将其代入式(7.125)可得

$$\sigma_0 = \sqrt{N_0 + 2N_b} \tag{7.126}$$

根据辐射计数的统计模型,样品无放射性和有放射性时测得净计数(N_0)分布如图 7.32 所示。需要说明的是,图中分布并不一定通过实验测量实际获得,在此只是为了说明问题,根据统计模型给出的示意图。净计数 N_0 并不能直接测量,而是通过测量 N_s 和 N_b 利用式(7.124)得到。

如果待测样品无放射性,即 $\mu_0 = 0$,但是由于统计涨落的存在,测量值 N_0 仍可以出现大于零的取值。待测样品有放射性时,即 $\mu_0 > 0$,测量值 N_0 也可以小于 μ_0,甚至接近于零。因此,需要确定一个判断限 L_C,以此来判断一次测量的测量值意味着有放射性还是没有放射性。给定判断限,在没有放射性的情况下,根据测量值可能会将其误判为有放射性,这种判断错误在统计假设的检验上称为第一类错误。发生第一类错误的概率用 α 表示,称为显著性水平,$1-\alpha$ 称为置信度。另一方面,如果样品存在放射性,根据测量值将其误判为无放射性的错误称为第二类错误。发生第二类错误的概率用 β 表示,$1-\beta$ 称为实验检出力。

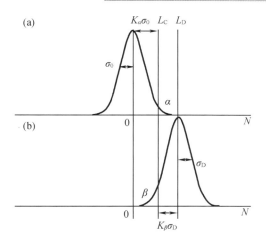

图 7.32 无放射性(a)和有放射性(b)情况下,净计数的分布

由图 7.32 可见,α 的大小由 L_C 的取值决定。给定第一类错误概率的大小,我们可以确定判断限 L_C。通常把它表示为无放射性样品净计数标准偏差 σ_0 的倍数

$$L_C = K_\alpha \sigma_0 \tag{7.127}$$

出现第一类错误时,已知 $\mu_0 = 0$,所以 $N_0 \approx 0$。将 $N_0 \approx 0$ 代入式(7.126)可得

$$\sigma_0 = \sqrt{N_0 + 2N_b} \approx \sqrt{2N_b} \tag{7.128}$$

第一类错误概率 α 可通过对 $N_0 = 0$ 为对称轴的正态分布从 L_C 到 ∞ 积分得到

$$\alpha = \int_{K_\alpha \sigma_0(0)}^{\infty} \frac{1}{\sqrt{2\pi}\,\sigma_0(0)} e^{-N_0^2/\sigma_0^2(0)} dN_0 \tag{7.129}$$

由此得到 K_α 与 α 的关系如表 7.2 所示。由表 7.2 可知常用的 3σ 的判断限,对应出现第一类错误的概率为 0.135%。

表 7.2 典型 α、β 值与 K_α、K_β

α	0.25	0.16	0.10	0.05	0.025	0.01	0.005	0.001 35
$K_\alpha(K_\beta)$	0.675	1.000	1.282	1.645	1.96	2.33	2.58	3.00

2. 探测限 L_D

在有放射性的情况下,如果已知净计数期望 $\mu_0 = \mu_D$,对应的 σ_0 用 σ_D 表示,则发生第二类错误的概率可以表示为

$$\beta = \int_{-\infty}^{L_C} \frac{1}{\sqrt{2\pi}\,\sigma_D} e^{-(N_0-\mu_D)^2/2\sigma_D^2} dN_0 = \int_{\mu_D-L_C}^{\infty} \frac{1}{\sqrt{2\pi}\,\sigma_D} e^{-N_0^2/2\sigma_D^2} dN_0 \tag{7.130}$$

在 L_C 确定的情况下,μ_D 越小则"实际有放射性,而被误判为无放射性"($N_0 < L_C$)的概率越高。误判概率 β 大到一定程度再讲探测仪器能够测到 μ_0 水平的放射性,就没有意义了。判断限 L_C 确定的情况下,给定第二类错误的概率 β(不能太大),可以确定相应的放射性测量的下限 $\mu_D|_{\min} = L_D$,L_D 称为探测限。

为了求取 L_D，与无放射性的情况类似，从 L_D 到期望 L_C 的距离可以用样品净计数标准偏差 σ_D 的倍数来表示，则 L_D 可以写作

$$L_D = L_C + K_\beta \sigma_D \tag{7.131}$$

K_β 的取值方式与 K_α 相同，确定的第二类错误的概率 β 对应确定的 K_β，其取值见表7.2。根据式(7.125)，并用 L_D 代替 N_0，可得

$$\sigma_D = \sqrt{L_D + 2N_b} \tag{7.132}$$

将其代入方程(7.131)，可以解得

$$L_D = L_C + \frac{1}{2}K_\beta^2\left(1 + \sqrt{1 + \frac{4L_C}{K_\beta^2} + \frac{4L_C^2}{K_\alpha^2 K_\beta^2}}\right) \tag{7.133}$$

给定一次测量的测量量 N_0，根据判断限 L_C 可以对有无放射性进行判断。而 L_D 则是给出了测量仪器可以测量的放射性计数期望的下限。根据式(7.127)和式(7.128)，可得

$$L_C = K_\alpha \sqrt{2N_b} \tag{7.134}$$

L_C 的取值由测量置信度 $(1-\alpha)$ 和本底的水平决定。根据式(7.127)和式(7.133)可知，L_D 则由检出力 $1-\beta$ 和 L_C 共同决定。进一步根据 L_C 的表达式(7.134)可知，L_D 最终由本底水平和置信度 $(1-\alpha)$ 及检出力 $1-\beta$ 共同决定。取 $K_\alpha = K_\beta = K$ 时有

$$L_D = K^2 + 2L_C = K^2 + 2K\sqrt{2N_b} \tag{7.135}$$

由此可见，在给出置信度（检出力与此取值相同）情况下判断限和探测限都有本底的水平决定。取 $1-\alpha = 95\%$，则根据表7.2可得

$$L_C = 1.645\sqrt{2N_b}$$
$$L_D = 2.7 + 3.29\sqrt{2N_b} \tag{7.136}$$

3. 最小可探测量 MDA

测量实践中更多用到对应计数率的判断限与探测限，计算方法与计数的情况类似，下面给出主要的结论。设 n_s、n_0、n_b 分别表示样品总计数率、待测样品净计数率及本底计数率，相应的标准偏差为 σ_{ns}、σ_{n0} 及 σ_{nb}。

在样品中不存在放射性的情况下，将测量计数率的判断限记为 l_C。以 $(1-\alpha)$ 作为置信度的判断限可以由下式给出：

$$l_C = K_\alpha \sigma_{n0} \tag{7.137}$$

σ_{n0} 为样品中不存在放射性时的净计数率标准差，可以表示为

$$\sigma_{n0} = (\sigma_{ns}^2 + \sigma_{nb}^2)^{1/2} = \left(\frac{n_s}{t_s} + \frac{n_b}{t_b}\right)^{1/2} = \left(\frac{n_0 + n_b}{t_s} + \frac{n_b}{t_b}\right)^{1/2} = \left(\frac{n_b}{t_s} + \frac{n_b}{t_b}\right)^{1/2} \tag{7.138}$$

进一步可以得到判断限 l_C 的表达式为

$$l_C = K_\alpha \left(\frac{n_b}{t_s} + \frac{n_b}{t_b}\right)^{1/2} \tag{7.139}$$

将测量计数率的探测限记为 l_D，根据统计学可知

$$l_D = l_C + K_\beta \sigma_{nD} \tag{7.140}$$

σ_{nD} 为样品中有放射性时净计数率的标准差。当 $K_\alpha = K_\beta = K$ 时，有

$$l_D = K(\sigma_{n0} + \sigma_{nD}) \tag{7.141}$$

l_D 为净计数率的期望，根据式(7.138)和式(7.139)，有

$$\sigma_{nD}^2 = \frac{l_D + n_b}{t_s} + \frac{n_b}{t_b} = \frac{l_D}{t_s} + \sigma_{n0}^2 \tag{7.142}$$

将式(7.142)代入方程(7.141)得到

$$l_D = K\sigma_{n0} + K\left(\frac{l_D}{t_s} + \sigma_{n0}^2\right)^{1/2} \tag{7.143}$$

求解该方程，就得到了计数率的探测限表达式为

$$l_D = \frac{K^2}{t_s} + 2K\sigma_{n0} = \frac{K^2}{t_s} + 2K\left(\frac{n_b}{t_s} + \frac{n_b}{t_b}\right)^{1/2} \tag{7.144}$$

在实际测量中经常会用到最小可探测量(minimum detectable amount, MDA)，它表示在第一类错误发生概率 α 和第二类错误发生概率 β 的条件下，最小的可探测样品的活度或者质量等物理量。以源项的最小可探测活度 MDA 为例，引入探测器校准因子 F(单位：Bq^{-1})表示在确定的测量条件下单位活度在探测器中引起的计数率，则

$$\mathrm{MDA} = \frac{l_D}{F} \tag{7.145}$$

将式(7.144)代入式(7.145)则得到

$$\mathrm{MDA} = \frac{K^2 + 2K\sqrt{n_b t_s\left(1 + \frac{t_s}{t_b}\right)}}{F t_s} \tag{7.146}$$

如果样品测量时间与本底测量时间相等，$t_s = t_b = t$，则

$$\mathrm{MDA} = \frac{K^2 + 2\sqrt{2}K\sqrt{\frac{n_b}{t}}}{F} \tag{7.147}$$

要想降低 MDA，可以通过降低本底计数率和延长测量时间实现。但是，这种优化是有限的，当 $K \gg 2\sqrt{2}\sqrt{\frac{n_b}{t}}$ 时，上述优化方式就不再有效，而只能通过增加 F，也就是探测器的探测效率进行优化。

7.6.2 本底来源及降低本底的措施

1. 本底的来源

本底按照其来源不同可以分为辐射本底和信号噪声本底。除了样品中的干扰辐射(如伴随中子产生的伽马)，环境中的放射性(陆生和空气中的放射性)和宇宙射线是辐射本底的主要来源。信号噪声造成的本底则不是物理的辐射造成的，主要来源于电子仪器的噪声、电磁干扰、高压不稳定或者击穿放电等。其中，信号噪声造成的本底可采用更好的元件、电磁屏蔽等来解决，在此主要对环境中的放射性、宇宙线引起的本底进行说明。

宇宙射线在海平面附近以次级粒子 μ 子为主，其次是中子。在海平面上，入射到每平

方厘米水平表面的 μ 子数大约每分钟有一个,中子的注量率是 μ 子的一半左右。μ 子能量较高,贯穿本领很大,100 cm 的混凝土仅能使它衰减至原来的约 70%,因此称其为宇宙射线的硬成分。同样厚度的混凝土对宇宙射线中的中子则可衰减至原来的约 20%。15 cm 铅便能差不多完全吸收电子和光子成分,这些易于吸收的成分称为宇宙射线的软成分。宇宙射线 μ 子对本底的贡献除直接穿越探测器并在探测器内引起电离、发生韧致辐射之外,它与探测器材料、屏蔽材料等周边物质发生作用产生的高能 δ 电子产生的韧致辐射是最主要的。另外,μ 子导致的电子对产生、μ 子衰变和中子核反应等也会产生本底辐射。这些贡献的相对大小取决于屏蔽材料的原子序数和屏蔽体积的大小。

低水平放射性测量装置周围环境中的放射性包括天然和人工的放射性。主要是 ^{40}K 及 ^{238}U 和 ^{232}Th 衰变链中各元素的放射性,还有裂变气体 ^{85}Kr 和活化气体 ^{41}Ar 等。在靠近地表面处,空气中含有氡、钍射气浓度约分别为 10^{-3} Bq/L 和 10^{-4} Bq/L。

对于不同的探测装置,上述各项对本底贡献的相对大小是不一样的。大体来说 β、γ 放射性测量装置中,周围环境辐射对本底贡献占 50%~60%、宇宙射线硬成分占 20%~30%、软成分占 10%,其余占 10%~20%。对 α 气体探测器,本底的主要来源是探测器结构材料内表面沾污。

2. 降低本底的措施

(1) 屏蔽

对于宇宙线的软成分和周围环境 γ 辐射本底,通常可采用物质屏蔽。屏蔽材料常用的为混凝土、铅、铁等。混凝土中含有较多的氢,能有效地屏蔽宇宙射线中的核子成分,但它也含有较多的 ^{222}Rn 的子体产物及较多的 ^{40}K,使得 γ 本底增加。铅有很大的密度,因此是很好的屏蔽材料。但铅中常含有 Ra,Th 等及其子体产物。其中,^{210}Pb 的半衰期为 20 年左右。测量表明,新铅的比放射性为,100 g 铅每分钟有 350 次衰变,而 16 世纪的老铅仅为其十分之一,故而,老铅就成为低本底测量中理想的屏蔽材料。钢也是广泛使用的屏蔽材料。在轻结构建筑里,用钢做屏蔽要比铅好,因为对宇宙射线成分中的中子来说,钢的倍增数较铅小。第二次世界大战后由于大量的核试验和同位素的使用,钢铁产品含有的放射性核素相对于战前的要高,所以使用钢铁做屏蔽体时通常选用战前的旧钢铁。

为了吸收在主屏蔽中产生的低能散射射线(100~300 keV)或铅的 K 壳层特征 X 射线(约 73 keV),最好在主屏蔽内加一层镉衬里,厚度为 0.5~1 mm。镉的 K 壳层 X 射线(约 22 keV)相继被更里面的电解铜或不锈钢衬里(0.5~1 mm 厚)所吸收。在最里层,则衬以约 3 mm 的聚乙烯或有机玻璃。当测量装置附近有同位素或反应堆中子源存在时,可以用含硼聚乙烯或者含硼石蜡先屏蔽中子,大约 20 cm 厚的含硼石蜡层能使大部分快中子被吸收掉。中子在石蜡层中产生的 γ 射线,再用铅或铁屏蔽。

(2) 降低电子学干扰

接地不良使得电子学电路容易接受电信号干扰,在探测器与前端放大器间用长电缆连接时尤其如此。因此,应当尽量缩短探测器与前端放大器之间的距离。所有的电子仪器要注意做好接地,并且信号的接地一定要做到"干净",与强电的底线严格分开。空间中的电磁波、测量场所中电磁设备等都可能直接或间接造成噪声信号的产生,要做好电缆和电路板的合理布局和屏蔽防止信号串扰和引入外界噪声。

(3) 反符合

针对一些穿透力较强的本底辐射,如宇宙射线中的硬成分,无法通过屏蔽消除。对此,可用反符合的办法解决。在主探测器周围及顶部安放一组反符合探测器(Veto detector),测量的样品对着主探测器。宇宙射线进入主探测器前,必先穿过屏蔽探测器。而样品发出的射线,能量较低,穿透本领较差,不会达到屏蔽探测器。当反符合探测器和主探测器都有信号时,说明该信号是由强贯穿本底辐射造成的,通过获取系统的逻辑判选对该信号不予记录。

(4) 信号甄别

幅度甄别对于一般的计数实验,并不强调它的脉冲幅度与粒子能量间的线性关系,因此往往不管脉冲幅度的大小,凡是超过甄别阈的都予以记录。假如利用能量灵敏探测器,则利用待测射线的特定能量,选择记录一定幅度的脉冲,便能极大地剔除其他干扰元素及本底的影响。在具有 α 放射性及 γ 放射性样品的测量中常常用到它。

7.6.3 低水平 γ 放射性测量

低本底 γ 测量广泛应用于环境放射性(水、土壤)核素分析、微量元素分析及暗物质测量科学研究实验等。为了获得较高的能量分辨实现核素的识别通常采用高纯锗(HPGe)探测器作为主探测器。在不采取任何措施的情况下,宇宙射线、周围环境辐射、探测器及周边材料自身的放射性是主要的放射性来源,在 γ 能谱中贡献了主要的计数。为了降低这些本底,大多数低本底 γ 测量仪器都采用前面章节所述类似的措施。

一种用于测量水中 ^{228}Ra 含量测量的低本底 γ 谱仪针对上述本底采取了对应的措施降低本底。为了进行基本的宇宙射线的屏蔽,将探测器放置于 33 m 水等效屏蔽的地下实验室中;并使用第二次世界大战前的铁做成的约 15 cm 厚的密封的铁盒子进行进一步屏蔽。宇宙射线中的硬成分(主要是高能 μ 子)通过反符合探测器进行排除。周围环境的光子通过两层铅材料进行屏蔽,内层是 ^{210}Pb 比活度小于 3 Bq/kg 的老铅,外层是 ^{210}Pb 比活度 20 Bq/kg 的铅,其厚度都是 7.5 cm。并通过液氮蒸发向探测器所在空间连续通入氮气,从而降低氡及其子体的影响。整个探测系统示意图如图 7.33 所示。

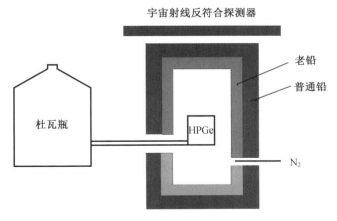

图 7.33 低水平 γ 谱仪结构示意图

实验室所在地区海平面附近的 μ 子约为 180 m²/s,将设备放入地下密闭铁盒子中,μ 子计数率下降为 62 m²/s,约降低了 3 倍左右。在采取不同本底降低措施情况下,所得的 γ 能谱如图 7.34 所示。其中 a 是探测器在没有任何屏蔽情况下测到的本底辐射的能谱。将探测器放到地下室中得到能谱 b。进一步将探测器放到密闭铁盒子中,得到能谱 c。将探测器放入铅屏蔽后,得到能谱 d,这是主要的本底是宇宙射线。采用 μ 子主动反符合探测器后,宇宙射线基本排除,仅剩余少量天然辐射,包括 ^{226}Ra、^{212}Pb、^{214}Bi、^{40}K、^{208}Tl。另外,还有 μ 子产生的正电子湮灭峰,以及中子在 Ge 和 Pb 中产生的伽马峰。

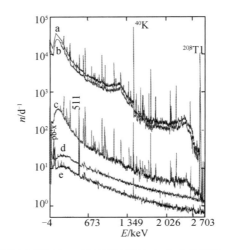

a—完全暴露在环境中;b—放入地下实验室;c—放入铁屏蔽室;d—加入铅屏蔽;e—设置宇宙射线反符合探测器。

图 7.34 对探测器采取不同的降本底措施情况下,所测得 γ 能谱的情况

习　　题

1. 对某放射源进行测量 t 分钟,放射源发射出粒子的平均数为 $\bar{n}=100$。

(1) 试求在相同测量时间内,计数为 92 的概率;

(2) 探测器计数偏差满足 $|n-\bar{n}|\leq 6$ 的概率,已知标准高斯分布 $\Phi(0.6)=0.725$。

2. 对一个放射源进行测量,计划测量 10 次,每次测量 10 min。在测量期间保持测量条件完全相同。在完成前 2 次测量后,发现测量时间太短,数据误差达不到要求,于是将后面 8 次的测量时间改为 20 min。在处理测量数据过程中,该同学将前两次的测量结果乘以 2,然后直接与后几次的测量结果求平均。请分析这种做法是否正确。

3. 对某个放射源进行测量。首先对放射源测量 10 分钟,得到探测器总计数为 $N_s = 2\,000$。然后移走放射源,测量 15 min,得到本底计数为 $N_b = 522$。试求该放射源的计数率,并给出不确定度。

4. 对一个放射源进行测量,计划测量时间为 90 min。已知该放射源的净计数率 $n_0 \approx$

$100\ s^{-1}$,本底计数率 $n_b \approx 32\ s^{-1}$。试问要想得到测量误差尽量小,源和本底测量时间各应当为多少?

5. 使用 NaI(Tl) 探测器测量一个点 γ 源。γ 源放置距离探测器 20 cm,测量时间为 5 min。已知探测器的灵敏区直径为 8 cm,探测器的本征效率为 32%。已知 γ 能谱的峰总比为 0.532,全能峰计数为 3 000。试求该放射源的活度。

6. 请分析使用 HPGe 测量 ^{54}Mn 和 ^{22}Na 所得的 γ 能谱,并指出特征结构对应的能量。

7. 在符合测量实验中为什么不能选择源强太大的放射源?反之,是否源强越弱越好,为什么?

8. 一个点 α 源放在直径为 2 cm 的圆盘形探测器的中心轴线上,源到探测器外表面的垂直距离为 10 cm,忽略空气和探测器窗对 α 粒子的吸收,当该 α 源的活度为 3.7×10^5 Bq 时,问探测器计数率是多少。(设探测器本征效率为 95%,探测器的死时间为 $\tau = 5\ \mu s$。)

9. 使用 β-γ 符合装置测量 ^{60}Co 的 β-γ 符合计数。请分析此时真符合事件和偶然符合事件的来源。

10. 将一个直径为 2 cm、厚度 80 mg/cm^2 的金箔(^{197}Au)放入热中子场中照射,其会和热中子发生 (n, γ) 反应产生具有 β$^-$ 放射性的 ^{198}Au。在照射 24 小时后将金箔取出,冷却 10 min 后开始测量,测量 10 min 得到 400 个计数。已知该反应的截面为 98.7 b,^{198}Au 的半衰期为 2.69 d,若探测器对 β$^-$ 的探测效率为 0.43,试求该辐射场的热中子注量率。

11. 慢中子的测量通常是采用哪些反应来进行的?采用这些反应能否测量慢中子的能量,为什么?

12. 自给能探测器输出信号的形成机制与电离室有什么异同?自给能探测器工作材料应该考虑哪些因素?

13. 中子源室中放置一个裂变中子源,一个尺寸较小的 ^{3}He 管测量得到的脉冲幅度谱的形状是什么样的?其脉冲幅度是否能够反应入射中子的能量?

14. 长中子计数管的优势是什么?从探头设计的角度说明它是如何做到的?

15. 有一台低本底 γ 测量装置,测得本底计数率 n_b = 10 cpm。设本底和样品测量均为 10 min,测量中要求出现第一、二类错误的概率小于 5%。

(1) 如果某次样品测量得到的计数率为 12 cpm,请问该样品是否具有放射性。

(2) 如果该设备对 ^{137}Cs 的探测效率为 10%,请问其能够测量的 ^{137}Cs 的最小活度是多少?

参 考 文 献

[1] BELLINGER S L, MCNEIL W J, UNRUCH T C. Characteristics of 3D Micro-structured semiconductor high efficiency neutron detectors[J]. IEEE Trans. Nucl. Sci., 2009, 56(3):742.

[2] ZHANG Y J, FANG X, JIANG S Y, et al. The direct measurement of HTR-10 in-core

neutron flux[J]. Nuclear Engineering and Design, 2023, 401: 112085.

[3] XIE Z Y, ZHOU J R, SONG Y S, et al. Experimental study of boron-coated straws with a neutron source[J]. Nucl. Inst. Meth. A, 2018, 888: 235-239.

[4] SEMKOW T M, PAREKH P P, SCHWENKER C D, et al. Low-background gamma spectrometry for environmental radioactivity[J]. Applied Radiation and Isotopes, 2002, 57(2):213-223.

[5] LLOYD A, CURRIE. Limits for qualitative detection and quantitative determination[J]. Analytical Chemistry, 1968, 40(3):586.

[6] LAURENT B, TAIEB J, BÉLIER G, et al. New developments of a fission chamber for very high radioactivity samples[J]. Nucl. Inst. Meth. A, 2021, 990: 164966.

[7] ANTHONY B, DANIEL C, SWEENEY N, et al. Simulating self-powered neutron detector responses to infer burnup-induced power distribution perturbations in next-generation light water reactors[J]. Progress in Nuclear Energy, 2022, 153: 104437.

[8] HOU Y W, SONG Y S, HU L Y, et al. A neutron scatter imaging technique with distance determining capability [J]. Nucl. Instr. Meth. A, 2022, 1022(4):165975.

[9] PAZIANOTTE M T, GONCALEZ O L, FEDERICO C A, et al. Study of a long counter neutron detector for the cosmic-ray-induced neutron spectrum[J]. IEEE Trans. Nucl. Sci., 2013, 60(2):897-902.

[10] NISSIM S, BRANDIS M, AVIV O, et al. Characterization of a $4\pi\alpha\beta$(LS)-γ(HPGe) prototype system for low-background measurements[J]. Applied Radiation and Isotopes, 2023, 198:110866.

[11] THIESSE M, SCOVELL P, THOMPSON L. Background shielding by dense samples in low-level gamma spectrometry [J]. Applied Radiation and Isotopes, 2022, 188: 110384.

第8章 辐射监测

辐射监测(radiation monitoring)是指针对辐射外照射造成的剂量进行的监督性测量,以实现对辐射照射的估算与控制。辐射监测通过获得辐射场、源项及个人剂量信息,来为辐射安全评价、防护、响应提供依据。辐射监测活动包括纲要的制定、测量和结果的解释,是衡量公众和工作人员生活环境条件的重要手段。按照监测对象的不同,辐射照射监测可以分为个人监测、工作场所监测、环境辐射监测与流出物监测。

对于各类辐射监测设备,灵敏度(sensitivity)与响应函数(response function)是两个重要指标。

(1)灵敏度是测量仪器或装置所得的观测量变化与相应的被测量的变化的比值。对于剂量测量仪器或装置而言,灵敏度可以理解为每单位剂量所对应的仪器或装置读数。我们希望剂量测量仪器或装置具有足够高且稳定的灵敏度。

(2)响应指的是探测效率、输出脉冲幅度、计数率或平均电流等的指示值与约定真值之间的比值,响应随辐射能量的变化称为能量响应,响应随辐射入射角的变化称为角响应,能量响应与角响应可统称响应函数。对于剂量测量仪器或装置而言,响应函数是指单位剂量的响应(即灵敏度)随能量或角度的变化。我们希望剂量测量仪器或装置的响应函数在感兴趣的能量和角度测量范围内足够平坦。

8.1 个人剂量监测

个人剂量监测可采用个人剂量计或其他测量设备,给出受照者在一段时间内所受的剂量当量,或者给出剂量当量率。个人剂量监测针对的是人员所受到的外照射剂量、内照射和皮肤污染,本节主要关注外照射剂量的监测。

根据《职业性外照射个人监测规范》(GBZ 128—2002):对于任何在控制区工作,或有时进入控制区工作且可能受到显著职业外照射的工作人员,或其职业外照射年有效剂量可能超过 5 mSv/a 的工作人员,均应进行外照射个人监测;对于在监督区工作或偶尔进入控制区工作、预计其职业外照射年有效剂量在 1~5 mSv/a 范围内的工作人员,应尽可能进行外照射个人监测;而对于职业外照射年剂量水平可能始终低于法规或标准相应规定值的工作人员,可不进行外照射个人监测。该标准还要求:所有从事或涉及放射工作的个人,都应该接受职业外照射个人监测。

外照射个人剂量的监测需要借助个人剂量计,通常将其佩戴于躯干或其他可能接受最大剂量的区域,用于测量个人剂量当量 $H_p(d)$(对于穿透辐射,组织深度 $d = 10$ mm,对于非

穿透辐射 $d=0.07$ mm)。根据 GBZ 128—2002，个人剂量计应该满足一些基本的性能要求，包括：只对欲测的一种或几种辐射响应，且响应不受温度、湿度等环境因素的影响和电源电压波动等作业因素的重大影响；量程应能覆盖监测范围，其上限对于常规监测一般应达为 1 Sv，对特殊检测应达 10 Sv；灵敏度应足够高，或探测下限应足够低；因能量响应与角响应共同引入的误差应不大于 30%（95% 置信度）。

常用的个人剂量计主要包括热释光剂量计、光激发光剂量计、固体径迹剂量计和个人电子剂量计等。

8.1.1 热释光剂量计

当电离辐射轰击一块晶体时，晶体中的电子能够获得能量。当电子的能量足够高时，电子可由价带跃迁到导带，即发生电离；电子也可能由价带跃迁到激子带，此时电子与空穴组成的激子可以在晶体中迁移。激子可以在晶体中迁移，并被固体中的陷阱俘获。外来的杂质原子、间隙原子、晶体缺陷等都可以充当陷阱。如果晶体的温度保持不变或降低，被俘获的载流子将在相当长的时间留在原位。而当温度升高时，俘获的载流子更易逃逸，当电子或空穴逃离陷阱且返回基态时，就会引起晶体发光，这一机制就被称为热释光（thermoluminescence）（图 8.1）。基于这一原理，开发了热释光剂量计（thermoluminescence dosimeters，TLD）。当热释光材料受到辐照后，发生电子俘获，且被俘获的电子在常温下保持稳定；当将该材料加热到合适温度（通常约 200 ℃）时，被俘获的电子就会释放并退激造成发光。释放出的光子由光电倍增管进行光电转换与电子倍增，从而实现对光输出的测量。因为光输出正比于材料所接受的剂量，所以 TLD 能够进行剂量测量。

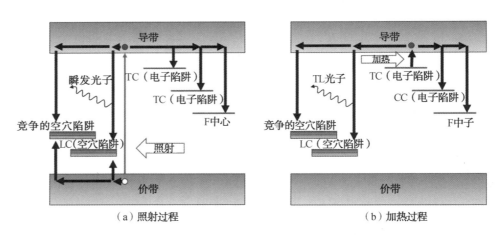

（a）照射过程　　　　　（b）加热过程

图 8.1　热释光剂量计的照射过程与加热过程所对应的能带示意图

最常用的热释光材料是 LiF，此外还有 CaF_2。CaF_2 的灵敏度很高，但是其能量响应却较差。LiF 的灵敏度比 CaF_2 的要低，但是其能量响应却很好。基于 LiF 的 TLD 可用于监测全身暴露于 X 射线、γ 射线和 β 粒子的情况。如果 LiF 中采用 ^{6}Li 富集的 Li，则 TLD 可被用于中子/β-γ 剂量的联合测量。此外，热释光材料 $Li_2B_4O_7$ 可用于评估医用 X 射线剂量，以及其他具有"组织等效"的有效原子序数，因此不会影响图像质量；$CaSO_4$ 是具有很高灵敏度的热释光材料,可用于环境剂量测量。在实际的剂量测量系统中,热释光材料常制成薄板形式。

TLD 可用于短期或长期的剂量测量,能够被应用于全身和四肢剂量监测。当前,许多机构正在使用 TLD 系统作为个人监测的主要方法,这是因为它们特别适合自动连接到计算机化剂量记录系统。TLD 系统也被用于为短期剂量控制提供依据,特别是对四肢(例如手指)的剂量控制。然而,TLD 也有一个明显的不足,那就是在对剂量读取的过程中会毁掉 TLD 中记录的辐射剂量信息,被辐照的 TLD 只能读取一次,因而其所提供的辐射剂量信息较为有限。

8.1.2 光激发光剂量计

光激发光剂量计(optically stimulated luminescence dosimeters,OSLD)与 TLD 类似,同样是利用晶体中电子的俘获与释放过程来进行剂量测量。其与 TLD 的区别是,没有利用加热,而是利用光学激发去释放被俘获的电子。最常用的光激发光剂量计为掺杂 C 的 Al_2O_3(记作 Al_2O_3:C),所用的激发光源为来自激光器或发光二极管的绿光。电子释放所发出的光为蓝光,其光强正比于辐射照射的剂量。目前一些商用的 OSLD 可用于测量低至 10 μSv 的 X、γ 射线和 100 μSv 的 β 射线,对于 5 keV~40 MeV 能量范围的光子束测量上限可达 10 Sv。

8.1.3 固体径迹剂量计

固体径迹剂量计可用于快中子和 α 剂量的测量。固体径迹剂量计常采用 PADC(或称 CR-39)塑料板,PADC 对应的化学名称为"聚烯丙基二甘醇碳酸酯"。利用 CR-39 测量中子的原理如下:快中子同 CR-39 塑料的材料相互作用,造成质子反冲(在 5 MeV 以上中子的情况下,还会涉及 C、O 核反冲);带电粒子会产生电离轨迹,破坏 CR-39 塑料的聚合物结构;对损伤痕迹相继进行化学蚀刻和电化学蚀刻,可形成直径为 20~200 μm 的凹坑;因为径迹密度正比于粒子注量,因此最后利用自动扫描仪评估每平方厘米此类轨迹的数量,从而测量中子剂量。CR-39 对中子剂量的测量范围为 0.2 mSv~0.2 Sv,其能量响应对 144 keV 以上的快中子可以接受。

对于 α 粒子,其沿着入射路径造成固体材料电离损伤,而后同样进行径迹蚀刻,通过统计径迹密度得到相应的辐射剂量。CR-39 对 α 的能量测量宽度为 0.1~20 MeV。

固体径迹剂量计对环境中的其他辐射(γ、X 和 β)和宇宙射线不灵敏,且基本不受环境因素(如热量和湿度等)的影响。

8.1.4 个人电子剂量计

几十年来,各种类型的个人电子剂量计(personal electronic dosimeters,PED)问世。PED 主要基于微型 G-M 管,可直接显示剂量率或累积剂量,被用于现场剂量测量和控制。这种剂量计通常具有报警功能,能够警告剂量率过高或累积剂量达到预定值的情况。一种个人电子剂量计商品如图 8.2 所示。

图 8.2 一种个人电子剂量计商品

随着固态探测器和信息技术的发展,新一代的 PED 已成为可能。通过内置微处理器和内存,可以对其进行编程,以执行各种功能,例如记录特定任务的剂量,或存储辐射场特性的信息。这种 PED 也可以作为一种安全通行证,只有有记录的人员才被许可进入控制区。因此,这些设备具有将操作剂量控制和长期合法剂量测量功能相结合的优势。PED 的不足在于它们的初始成本较高,比 TLD 和 OSLD 的体积和质量大,并且还可能受到周围电磁场的影响。

8.2　工作场所监测

工作场所监测,针对的是工作场所中的外照射水平、空气污染,以及地面和设备污染。监测中所测量的剂量为运行实用量——周围剂量当量 $H^*(d)$。主要应用于以下情景:

(1) 在核设施调试期间,需要进行工作场所监测,以测试屏蔽是否充分,并验证辐射水平是否能达到满意水平;

(2) 当做出任何可能影响到辐射水平的变动(例如改变操作、布局和屏蔽安排等)时,需要进行工作场所监测;

(3) 在核设施运行期间,进行工作场所监测以确定工作辐射水平、控制累积剂量。

工作场所监测可以分为外照射剂量率的监测、空气污染的监测、表面污染的监测。工作场所外照射剂量率的监测目的在于评价工作条件是否符合法规要求,为运行管理决定和放射防护最优化提供数据支持,常用的监测方法有利用便携式的剂量率仪进行定期的、重复性的巡测,也可利用固定式的剂量率仪对异常、突发事件进行报警测量。空气场所空气污染监测的目的在于协助控制工作人员由于吸入而导致的内照射,提供工作条件恶化或异常的早期探测结果以进行补救与防护,同时为工作人员体内污染监测计划的指定提供信息,常用的监测方法包括报警监测、区域采样监测和代表性采样监测等。工作场所表面污染的监测目的是支持防止污染扩散的防护措施、探测非密封源包容的失效或偏离安全操作的程序,并为制定体内污染源监测计划和制定安全操作程序提供依据,常用的监测方法包括直接测量法(利用便携式 α、β、γ 污染检测仪)和间接测量法(擦拭法、粘贴法)等。

工作场所监测可采用固定式的或可移动式的测量设备,这些辐射监测设备大多基于第 6 章所介绍的输出电信号的辐射探测器。下面分别介绍针对 X 或 γ 辐射,以及中子的监测仪器。

8.2.1　X、γ 辐射监测仪器

针对 X、γ 辐射的监测,可以采用电离室、G-M 管或闪烁体探测器。典型的电离室监测仪可以测量 X、γ、β,能够自动调节量程并能够记录数据。图 8.3 所示为三种探测器的能量响应曲线,横坐标 E_{ph} 为光子能量,纵坐标 R 表示响应。可以看出,电离室在 0.3~10 MeV 范围内具有相对平坦的响应,而 G-M 管和闪烁体探测器的响应曲线在低能区达到峰值。这些监测仪器通常使用 ^{137}Cs 的 0.662 MeV 的 γ 进行校准。如果用闪烁体探测器或 G-M 管测量其他能量的 X、γ 射线,可能会严重地低估或高估剂量率,因此常常在探测器中添加补偿装置,以使 0.1~3 MeV 范围内的能量响应更为均匀。

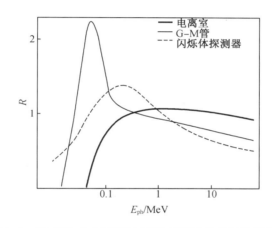

图 8.3　电离室、G-M 管和闪烁体探测器的能量响应曲线

根据《辐射防护仪器　β、X 和 γ 辐射周围和/或定向剂量当量(率)仪和/或监测仪》(GB/T 4835—2008),周围剂量当量(率)仪对于额定光子能量和入射角范围内的光子辐射的响应与在校准方向上对 ^{137}Cs 参考光子辐射的响应之差不应大于±40%。光子能量和辐射入射角的最小额定范围是 30~150 keV 和 0°~±45°,或者为 80 keV~1.5 MeV 和 0°~±45°。

8.2.2　中子监测仪器

单能中子造成的剂量率亦可由注量率转换而来,即
$$\dot{H}(r, E) = \varphi(r, E) C(E) \tag{8.1}$$
对于非单能中子,剂量当量率的计算公式为
$$\dot{H} = \int_{E_1}^{E_2} \mathrm{d}E\, C(E) \varphi(E) \tag{8.2}$$
若已知中子能量可以分成 G 组能群,则剂量率可用下式计算,即

$$\dot{H} = \sum_{g=1}^{G} C_g \varphi_g \tag{8.3}$$

"注量率-剂量率"转换因子 $C(E)$ 亦可查表得到,其曲线如图 8.4 所示。

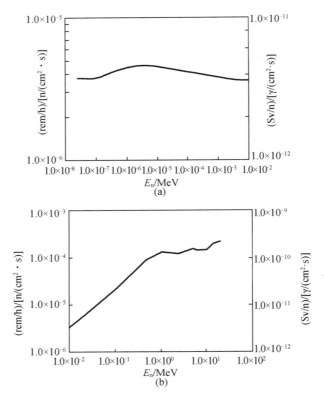

图 8.4 中子"注量率-剂量率"转换因子曲线

基于此,人们设计了中子剂量率测量仪,其对不同能量中子的探测效率同中子"注量率-剂量率"转换因子成正比,即

$$\varepsilon(E) = KC(E) \tag{8.4}$$

其中,K 为比例系数,可见 K 即为单位剂量率下剂量率仪所测得的实际注量率,即灵敏度。此外,可知该剂量仪所测量的中子计数率应该满足下式,即

$$N = \int_{E_1}^{E_2} dE \varepsilon(E) \varphi(E) \tag{8.5}$$

将式(8.4)代入式(8.5)中,并结合式(8.3)得到计数率与剂量当量率的正比关系,即

$$N = K\dot{H} \tag{8.6}$$

在对剂量率仪完成刻度后,只需要测量中子的计数率,即可得到剂量当量率。由式(8.4)和式(8.6)也可以看出,我们希望能量响应曲线[即 $K(E)$]比较平缓。

中子由于不带电,因而中子测量往往采用间接方法。对于快中子,可以通过与含有大量氢原子的材料相互作用、质子反冲引起电离而实现探测,例如在正比计数器中加入一些聚乙烯材料。但此类仪器的灵敏度较低,很难测量小于 5 μSv/h 的剂量率。对热中子,最常

用的探测方法基于 $^{10}B(n,\alpha)^7Li$ 反应,因为 ^{10}B 对热中子具有大的俘获反应截面。常用的热中子监测仪采用装有一层 B 的电离室或充填 BF_3 气体的正比计数器。

采用 B 反应的中子监测仪的能量响应在几 eV 以上的能量会快速下降,而基于质子反冲的仪器所考虑的中子能区在 0.1 MeV 以上。对于从热中子到约 15 MeV 快中子这样宽的能区,可以利用中子与 ^3He 的反应 $^3He(n,p)^3H$ 进行中子探测。典型的中子监测仪如图 8.5 所示,它采用了圆柱体的结构:外层为聚乙烯圆柱体,通过弹性碰撞慢化快中子;在聚乙烯内配有一系列的 Cd 滤片,用于调整能量响应曲线;最后内部为 ^3He 正比计数器,用于探测热中子。相比于基于 ^{10}B 反应的中子监测仪,基于 ^3He 反应的中子监测仪具有对 γ 不灵敏的优点。

 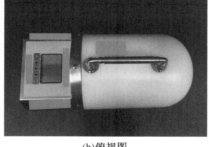

(a)侧视图　　　　　　　　(b)俯视图

图 8.5　中子监测仪

对于中子周围剂量当量(率)仪,《中子周围剂量当量(率)仪》(JJG 852—1993)指出了对其性能的基本要求有:能量响应对约 50 keV 的热中子为 0.2~8.0,对 50 keV~10 MeV 的中子为 0.5~2.0,对 10 MeV~20 MeV 的中子为 0.2~2.0;角响应在 0~±90°的范围内,不超过±25%;等等。

8.3　环境辐射监测

环境辐射监测,是为了评价和控制核设施对周围环境和居民所产生的辐射影响而开展的一类对设施边界以外的环境中的辐射水平、环境介质和生物中放射性浓度的监督性测量。环境辐射监测可采用直接测量或取样后在实验室测量等方法,因此环境辐射监测可以分为就地监测与实验室分析两种。核设施气态和液态流出物中的放射性核素有可能对环境产生影响,因此对流出物也需要进行监测。由于流出物监测同环境辐射监测一样,分为直接测量与取样分析两种,因此不做单独章节介绍。

环境辐射的就地监测能够实现对辐射水平的快速评估而不改变被测样品在环境中的状态,并实现对放射性核素种类的鉴别和对人类活动影响环境放射性趋势的判断。在一些情况下就地监测能够实现剂量评估,然而在许多场合,就地监测需要和实验室分析结合起来进行环境监测。后者对能够所分析物质实现更好的描述、更高的精度,并能对并不能发射强贯穿辐射的放射性物质具有更高的灵敏度。当然,实验室分析意味着要进行较为复杂的采样过程及对样品的物理或化学处理过程。下面分别对环境辐射的就地监测及实验室分析进行介绍。

8.3.1 环境辐射的就地监测

1. 就地监测的计划制订

就地监测前必须制订详细计划,计划中需要考虑的因素主要包括测量对象的性质(例如核素种类、预期活度和物理化学性质等)、环境条件的可能影响(例如地形、水文和气象等影响因素)、测量仪器的适应性(例如量程范围、能量响应特性和最小可探测限值等)。此外,还需要考虑设备及测量仪器在现场可能出现的故障及补救方法、测量人员的技术素质以及资金的保障情况等。

就地监测必须选择有代表性的地方进行,需要根据对监测网点进行布设。在环境 γ 本底辐射调查中,常常采用均匀网格的方式布置监测点。对于核电站等大型核设施,则往往以反应堆为中心,按风向、"近密远疏"地划分若干扇形区域布置监测点;同时考虑环境情况,对常住人群较多处和地表平均 γ 剂量最高的地方布置监测点;为了与核设施造成的剂量进行对照,还需要在不易受核设施污染的地方(例如核设施上风向等)布置监测点。

2. 就地监测的测量技术

环境辐射就地监测所关注的辐射种类涵盖了 γ、β、α 和中子,其中尤以 γ 为主要关注对象:通过对 γ 强度进行就地测量能够识别和定位放射源,从而评估公众所接受的剂量率;γ 的就地能谱则能够用于鉴别环境中的核素并估计其浓度。

(1)γ 剂量测量

在就地监测的 γ 剂量测量中,通常将 γ 剂量率仪置于距离地面高 1 m 左右的高度,对空气吸收剂量进行测量。考虑到就地监测中的环境因素,要求 γ 剂量仪具有较高的灵敏度和较宽的量程(通常的低量程和高量程分别为 $1.0\times10^{-8} \sim 1.0\times10^{-3}$ Gy/h 和 $1.0\times10^{-5} \sim 1.0\times10^{-2}$ Gy/h),具有较好的能量响应与角响应,并且能够在恶劣的湿度、温度环境下正常使用。常用的 γ 剂量仪包括电离室监测仪、闪烁计数器监测仪、热释光监测仪和 G-M 计数管监测仪等。其中,便携式的闪烁计数器监测仪可被工作人员用于地表 γ 辐射剂量的步行测量,以初步调查环境中是否存在辐射污染情况,并可用于寻找丢失的放射源。

在利用 γ 剂量仪测得空气吸收剂量后,可依据下式计算公众成员的受照剂量,即

$$\dot{E}_\gamma = \dot{D}_\gamma K \tag{8.7}$$

其中,$\dot{E}_\gamma$ 为环境 γ 辐射造成的公众有效剂量率(Sv/h);$\dot{D}_\gamma$ 为空气吸收剂量率(Gy/h);K 为空气吸收剂量与有效剂量的换算系数(0.7 Sv/Gy)。若所测量得到的为空气照射量率,则可由下式近似估计空气吸收剂量率,即

$$\dot{D}_\gamma = \dot{X}_\gamma f \tag{8.8}$$

其中，$\dot{X}$ 为空气的 γ 照射量率(R/h)；f 为空气照射量与 γ 吸收剂量换算比(8.69×10^{-3} Gy/R)。

(2) γ 能谱测量

我们知道，不同的放射性核素可以释放不同能量的 γ 射线，因而通过观察就地测量的 γ 能谱中是否有某一或某些能量的 γ 射线全能峰，就能够判断该处有无相应的核素。例如，^{232}Th 对应的 γ 能量包括为 2.62 MeV 和 0.58 MeV，^{40}K 对应的能量为 1.46 MeV 等。

就地监测中常用的 γ 能谱仪包括 NaI(Tl)、HPGe 等。置于地面的非准直探测器所测得的辐射来自很大体积的土壤，只需要很短的时间就可以得到足够的计数统计。例如，采用一个普通的 10×10 cm^2 的 NaI(Tl)探测器对天然放射性物质 ^{40}K、^{238}U、^{232}Th 进行测量，只需 10 min 即可得到很高的计数统计；而实验室分析技术要想达到相同的计数统计，则需要进行长达数小时的分析。

γ 能谱的就地测量根据使用者的交通方式可以分为航空测量、汽车测量和步行测量。

①γ 能谱的航空测量是将 γ 能谱仪置于飞行高度为 50～100 m、飞行速度不超过 140 km/h 的飞机上，通过测量地表释放的 γ 射线、分析 γ 能谱来获得地表介质中放射性核素的种类及含量。该测量方法可用于对核事故中大量放射性物质释放情况的监测，也可用于对环境辐射水平的大面积普查和对矿体进行的大面积保护。

②γ 能谱的汽车测量是将 γ 谱仪置于车速不超过 20 km/h 的车辆上，对土壤中的放射性核素进行测量，能够对 U、Th、K 的浓度、γ 辐射剂量以及 Cs、Co 等造成的地表污染进行有效的测量，从而确定土壤辐射污染的范围与水平，该方法可以用于寻找丢失的 γ 辐射源。

③γ 能谱的步行测量则是由工作人员手持便携式的 γ 能谱仪，定点、定时(1 min)地对地表土壤中的 γ 放射性进行测量。

8.3.2 环境辐射的实验室分析

环境辐射的实验室分析分为样品的采集、样品的处理与分析等步骤，本节着重介绍样品的采集过程。

1. 环境样品的采集

在进行环境样品的采集之前，必须制定好采样程序。环境样品的采集首先要求所收集的样品必须具有代表性，从而能够较为真实地反映放射性核素的水平与状态。例如，采集环境样品时要避免建筑物、降水冲刷和搅动、靠近岸边的水的影响等。在制订环境样品采集方案时，需要确定采样点、采样频度和时间、采样量，以及采样设备。

采样点的布设需要考虑污染源所释放的放射性核素的迁移主导方向。例如，对于烟囱排出的气载放射性物质，需要将采样点布置于主导风向的下风向；对于水体，需要将采样点布置于污水排放口的下游饮水点附近或农业灌溉渠的入口处。同时，在离污染源较近的地方及污染可能性大的地方布设的采样点应该密集一些，而在离污染源较远或污染可能性小的地方所布设的采样点可以稀疏一些。

采样频度与时间的安排需要考虑放射性废物的排放率、放射性核素的半衰期、放射性核素在环境中转移和积累的特性、环境介质的稳定性及环境放射性评价的期限要求等多种因素。以环境介质的稳定性为例,对于空气、水这类不稳定且变化较为频繁的环境介质,采样的频率应该高一些,例如每月一次;而对于土壤这种较为稳定的环境介质,采样频率可以低一些,例如每半年一次。

样品的最小采样量与辐射测量仪器的探测限有关,并可由下式表示,即

$$Q = \frac{L_0}{A} \tag{8.9}$$

其中,Q 为最小采样量(kg 或 L);L_0 为辐射测量仪器的探测限(s^{-1});A 为待测样品中放射性活度的估计值(Bq/kg 或 Bq/L)。对于不同的采样对象(空气、水、土壤、生物等),对上述因素的考虑既具有共性,也存在一些差异,下面分别进行简要介绍。

(1)空气采样

空气采样可用于评估辐射外照射和吸入气载放射性物质(例如 ^{3}H、^{14}C、^{131}I)的情况。为了积累足够的放射性物质,往往需要比较大的空气采样体积(例如大于 0.1 m^3)。小体积空气可以用手动泵收集到塑料袋中,大体积空气则可以用泵收集到金属罐中。在采样时需要注意大气稳定性、风速以及风向数据,因为即使在相对稳定的状态下,放射性核素的浓度有时也会有所不同。

(2)沉降物采样

放射性核素干、湿沉降物的测量是为了分析放射性核素从空气到陆地和水体介质的情况。原则上,可以采用具有开放表面的收集器在指定的时间内积累灰尘或者沉淀,而后对容器进行清洗以收集黏附于表面或塑料板衬里的放射性核素,并将水通过过滤器或离子交换系统,实现对放射性核素的收集,从而分析材料中放射性核素的含量。对于干沉积,利用胶纸或纤维材料采样;对于降水,可利用一个带盖子的装置收集,且盖子只在降雨期间打开。为了获得放射性浓度情况,在每次收集后测量降雨量。相同的放射性核素通常沉积于雨水中,并与空气中的颗粒物一起收集,但其相对数量取决于它的初始垂直分布、颗粒大小及其他特征。在进行沉降物采样的过程中,需要注意避免空气湍流、建筑物和植被的遮挡,以及灰尘、烟雾和湿气等的影响。图 8.6 所示为用于沉降物采集的粘纸法装置。

图 8.6 粘纸法装置

(3) 水体采样

在核设施排放点附近采集水样,能够确定是否符合规定的放射性核素浓度限值;从供水中采集水样,能够评估摄入造成辐射照射。最简单的水样采集工具是玻璃瓶。对于核设施排放点附近的水样采集,所需水样仅数毫升;但对远离核设施位置水体放射性核素浓度的测量,则需要许多升的水样。在水样采集中,有时进行连续取水,有时根据核设施排放情况以确定的时间间隔取水,有时则随机取水。在水样采集过程中,要确保放射性核素处于初始状态,并尽可能减少悬浮物的吸附,因而在收集的同时会对悬浮物进行过滤。

(4) 土壤采样

土壤进行采样和分析能够用于调查土壤中天然放射性的水平含量、确定核设施运行对周围土壤的污染情况,以及评价核事故对土壤的核事故污染。土壤的采样要求采样点地势平坦、无额外污染、含沙石量少、土层较厚、未被水淹没过。采样点的常见布设方法如图 8.7 所示,针对不同的土地面积和地形情况选择不同的采样点布设方式。例如,针对面积较小、地势平坦,土地较均匀的区域,可以采用梅花形法布设采样点;而对于中等面积、地势平坦、但土壤较不均匀的地区,常采用棋盘形法;对于山区地形那种面积较大、地势不平坦、土壤不均匀的区域,可采用蛇形法;而对角线法则适用于受污染的水灌溉的田块。

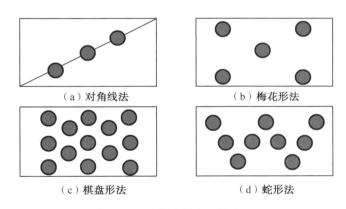

图 8.7 土壤采样点布设方式

(5) 生物采样

生物采样包括了对食物的采样,因而可用于评估人体直接摄入的放射性物质的剂量贡献。此外,一些物种对于环境监测还有着特殊的意义,例如多年生植物的叶子能够用于鉴别在特定的生长季节收集到的核素。样品可以在农场、牧场一类的生产现场中采集,也可以在市场上采购,但采购前应先调查清楚产地、厂商与批次。同时需要注意样品的代表性,可以从多批样品中均匀取样。

2. 环境样品的处理与分析

针对采集的样品,首先需要进行前处理,以缩小体积、减小质量、破坏有机成分,从而使待测核素转移到有机溶液中;而后进行化学分离与浓集(如蒸发、沉淀、溶剂萃取等方法),以提高待测核素浓度,分离其他杂质及干扰物质。针对分离所得的放射性物质,可以采用物理测量,也可以采用放射化学方法进行分析,考虑到本书的主题,将只介绍物理测量技术。环境样品的室内物理测量主要包括总放射性活度测量、α能谱分析和γ能谱分析。

(1) 总放射性活度测量

环境样品的总放射性活度测量包括α活度测量和β活度测量。

① α活度测量

天然放射性核素所释放的α能量范围为2~8 MeV,在一般地质或生物样品中的最大射程为4~6 mg/cm²。针对环境样品中所释放的α所常采用的探测器种类较多,包括屏栅电离室、正比计数器、闪烁计数器、半导体探测器和固体径迹探测器等。

尽管能够计数厚源中的α放射性核素,但由于α的射程很短,因而计数效率很低。例如,在4 mg/cm²厚的有机物质源中,对于4.5 MeV的α粒子,只有5%能够逃出;而在0.1 mg/cm²厚的源中,几乎所有的α都能够逃出。根据样品厚度的不同,发展了针对环境样品α活度测量的薄层法、中等厚度法及厚层法。下面以固体样品为例,呈现测量对厚度的考虑。

薄层法:当样品厚度比较薄(0.5~1 mg/cm²)时,α的自吸收可忽略,则可根据探测器所得计数,得出待测样品的α放射性比活度为

$$C_\alpha = \frac{(n_a - n_b) \times 10^6}{\eta_\alpha M_d} \tag{8.10}$$

其中,C_α为待测样品的总α放射性比活度(Bq/kg);M_d为样品源的质量(mg);n_a和n_b分别为样品源计数率和本底计数率(s^{-1});η_α为仪器对α粒子的探测效率。

中等厚度法:当样品厚度尚未达到α粒子在该物质中的射程,且其自吸收不可忽略时,需要进行自吸收校正,即在不同质量样品中加入等量的放射性标准样品,混匀后测定计数率,再按照标准样的测量效率计算样品的等效活度。待测样品的α放射性比活度为

$$C_\alpha = \frac{(n_a - n_b) \times 10^6}{S\delta_m \left(1 - \frac{\delta_m}{2\delta_s}\right) \eta_\alpha} \tag{8.11}$$

其中,S为源的面积(cm²);δ_m为样品源质量厚度(mg/cm²);δ_s为样品物质的α饱和层质量厚度(mg/cm²),是指α粒子由源物质最底层垂直穿透样品表层,而剩余能量刚好高于仪器甄别阈而被记录时的临界样品层厚度,可由α粒子在样品密度为ρ的物质中的射程R_ρ(mg/cm²)来近似,即

$$R_\rho = 0.32 \rho^{-1} A^{1/2} R_\alpha \tag{8.12}$$

其中,R_α为α粒子在空气中的射程(cm);A为源物质平均原子量。

厚层法:当样品的厚度大于饱和层厚度时,自吸收不可忽略,此时待测样品的α放射性比活度为

$$C_\alpha = \frac{(n_a - n_b) \times 10^6}{S\delta_s \eta_\alpha Y} \tag{8.13}$$

其中,Y为制样回收率。

② β 活度测量

在环境样品中,β 放射性的主要来源为天然放射性核素 ^{40}K。对可能受到人工 β 核素沾染的样品,常常采用"去钾总 β 测量"以评估人工放射性污染。

为了测量环境样品中的 β 放射性活度,样品需铺成厚度为 $10\sim50$ mg/cm^2 的薄层,厚度太大会造成低能 β 的损失。以固体样品为例,样品中总的 β 比活度为

$$C_\beta = \frac{(n_a - n_b) \times 10^6}{\eta_\beta M_d} \tag{8.14}$$

其中,C_β 为待测样品的总 β 放射性比活度(Bq/kg);M_d 为样品源的质量(mg);n_a 和 n_b 分别为样品源计数率和本底计数率(s^{-1});η_β 为仪器对 β 射线的探测效率。可见其形式与 α 活度测量中的薄层法一致。

(2) α 能谱分析

为了对环境样品中的 α 放射性核素进行鉴别,得到各单个核素的活度水平,可以对环境样品进行 α 能谱测量与分析。用于 α 能谱分析的探测器可以选用金硅面垒探测器、离子注入型硅半导体探测器(PIPS)和屏栅电离室。

图 8.8 所示为典型的 α 能谱,由于 α 粒子的入射方向、空气吸收、样品源自吸收等因素的影响,所测 α 能谱并非单一的谱线,而是一个具有宽度的峰。不同探测器测量 α 能谱的能量分辨率有所不同:ϕ12 mm 的 PIPS 测量 ^{241}Am 的 α 峰(5.486 MeV)的能量分辨率可以达到 12 keV(FHWM)或 0.02%,ϕ26 mm 的 Au-Si 面垒探测器测量 ^{241}Am 的 α 峰能量分辨率为 17.8 keV 或 0.03%,屏栅电离室探测器测量 ^{241}Am 的 α 峰的能量分辨率则为 34 keV。

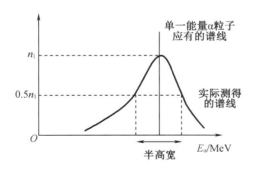

图 8.8 典型的 α 能谱

(3) γ 能谱分析

同就地测量一样,为了对 γ 放射性的核素进行鉴别并获得其含量,在实验室分析中同样可进行 γ 能谱分析。实验室分析中环境样品的 γ 能谱分析所采用的探测器主要是 NaI(Tl) 和 HPGe。

8.3.3 氡的测量

^{219}Rn、^{220}Rn、^{222}Rn 这三种 Rn 同位素作为天然放射性系的成员存在于环境当中。其中,^{219}Rn 的半衰期为 4 s,^{220}Rn(Thoron)的半衰期为 55 s,^{222}Rn(Radon)半衰期为 3.82 d。因

此,对于^{219}Rn,通常不加考虑;对于^{220}Rn,必须采用就地测量;而对于^{222}Rn,则既可以就地测量,也可以通过采样测量。同时,由于^{222}Rn的半衰期相对较长,因此空气中主要的氡同位素为^{222}Rn。下面我们以"氡"来代指^{222}Rn,并介绍^{222}Rn的测量方法。

尽管氡的衰变产物(常称为氡子体,主要是^{218}Po和^{214}Po)是氡造成的辐射剂量的最主要来源,但仍然主要直接测量氡的浓度。氡浓度的测量可以分为短期和长期测量。氡的短期测量常采用活性炭探测器,或者驻极体(electret)电离室,可以为室内中长期的平均氡浓度提供初步估计。然而,在进行短期氡测量时,需要考虑氡浓度每天及季节的变化;而且,在室内不通风时段测量的氡浓度会比较高,而在室内通风时段所测得的氡浓度又会比较低,对年平均氡浓度的评估会造成一定的高估或低估。因此,对于室内年平均氡浓度的评估常采用长期积分氡浓度测量方法。

常用的氡测量仪器列于表8.1中。其中,被动的测量仪器不需要供电或用于采集样品的泵,而主动的测量仪器则需要供电。α径迹探测器常用于氡浓度的长期测量,而驻极体电离室常被用于短期(数天)和中长期(数周至数月)的测量。针对不同测量目标,氡浓度测量的方法及设备列于表8.2中。需要说明的是,表8.2中未列入通过空气采样、采用实验室分析测量氡浓度的方法,因为这种方法并不能得到氡及氡子体浓度随时间的涨落。下面分别以α径迹探测器和连续氡监测器作为氡浓度被动和主动测量仪器的例子进行介绍。

表 8.1 氡测量设备及其特征

探测器类型	主动/被动	典型的不确定度①/%	典型的采样周期	成本
α径迹探测器(ATD)	被动	10~25	1~12 个月	低
活性炭探测器(ACD)	被动	10~30	2~7 天	低
驻极体电离室(EIC)	被动	8~15	5 天~1 年	中等
电子积分器(EID)	主动	约 25	2 天~数年	中等
连续氡监测器(CRM)	主动	10	1 小时~数年	高

注:①该不确定度针对最优的照射时间与约 200 Bq/m^3 的照射量。

表 8.2 住宅氡测量的主要方法和设备

方法	测量类型	设备
氡的初步检测	短期抽样	CRM、EIC、ACD
照射量评估	时间积分	ATD、EIC、CRM、EID
修复检测	连续监测	CRM

α径迹探测器是一小块塑料基板,封装于过滤器覆盖的扩散室中,氡子体不能进入(图8.9)。所用的塑料通常为聚烯丙基二甘醇碳酸盐(PADC 或 CR-39)、硝酸纤维素(LR-115)或聚碳酸酯(Makrofol)材料。当探测材料附近的氡或氡子体衰变产生α粒子时,α会撞击探测材料并产生称为潜在α径迹的微观损伤区域。这些α径迹可通过化学或电

化学腐蚀手段实现扩大,从而能够通过光学显微镜观测。对径迹利用肉眼或自动计数设备进行计数,并减去背景计数后,可得到单位表面积的径迹数(即径迹密度),其与以 Bq·h/m³ 为单位的积分氡浓度(integrated radon concentration)成正比。基于此,可以通过刻度所得的"径迹密度-氡浓度转换系数"由径迹密度得到空气中的 ^{222}Rn 浓度 $\chi_{\alpha,Rn}$(Bq·m^{-3})为

$$\chi_{\alpha,Rn} = \frac{n_R}{TF_R} \tag{8.15}$$

其中,n_R 为净的径迹密度(cm^{-2});T 为暴露采样时间;F_R 为刻度系数[cm^{-2}/(Bq·h·m^{-3})]。

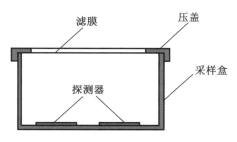

图 8.9 α 径迹探测器示意图

α 径迹探测器对湿度、温度以及背景 β、γ 不敏感,但对于极高海拔(如 2 000 m 以上)进行的氡浓度测量,需要考虑空气密度的变化对 α 粒子可移动距离的影响,因而要对"径迹密度-氡浓度转换系数"进行修正。α 径迹探测器的最小可探测氡浓度为 30 Bq/m³。

对于连续氡监测仪,可以选用闪烁体、电流或脉冲电离室、半导体硅探测器等不同的探测器对氡进行探测。连续氡监测仪可采用小泵来收集空气或允许空气扩散至具有探测器的腔室中。所有的连续氡监测仪都能够提供氡浓度随时间变化的记录,这使得能够得到一段时间内的积分氡浓度。在连续氡监测仪中,选用各种探测器有其各自的优点,例如,若采用硅探测器,则能够测量 α 能谱,从而能够区分 ^{222}Rn 与 ^{220}Rn。一般来说,连续氡监测仪的最小可探测氡浓度约为 5 Bq/m³。

习 题

1. 辐射监测的目的是什么?辐射监测包括哪些内容?
2. 辐射监测仪器的灵敏度是否越高越好,灵敏度太高通常会带来什么样的问题?
3. 利用热释光剂量计和固体径迹探测器分别如何探测中子?
4. 热释光剂量计与光激发光剂量计在测量剂量过程中的区别是什么?
5. 个人剂量计通常佩戴的位置有什么要求?不按照要求佩戴会对测量结果有什么影响?
6. 中子剂量当量率仪的直接测量量是什么?该直接测量量为什么能够反应中子的剂量?并解释为什么希望能量响应曲线比较平坦?

7. 基于 NaI 的伽马计量仪的能量响应曲线有什么特征？造成这些特征的原因是什么？为了使响应曲线变的平坦通常采取什么措施？

8. 在环境辐射监测工作中，有时需要对环境样品进行采集，其中一个需要考虑的要素是采样频率。通常对空气、水每月一次，而对土壤则是每半年一次，请问这种差异是出于什么考虑？

9. 在环境辐射监测中，不论是就地监测还是实验室分析，测点或采样点都要求测量数据具有代表性。考虑针对一个核设施进行环境辐射就地监测，需要怎样布置监测点，为什么？

参 考 文 献

[1] MARTIN A, HARBISON S, BEACH K, et al. An introduction to radiation protection [M]. 7th ed. Boca Raton：CRC Press, 2019.

[2] LANDSBERGER S, TSOULFANIDIS N. Measurement and detection of radiation[M]. 4th ed. Boca Raton：CRC Press, 2015.

[3] 宋妙发，强亦忠. 核环境学基础[M]. 北京：原子能出版社，1999.

[4] 国家技术监督局. 环境核辐射监测规定：GB 12379—90 [S]. 北京：中国标准出版社，1991.

[5] 国家质量监督检验检疫总局. 环境监测用 X、γ 辐射空气比释动能(吸收计量)率仪：JJG 521—2006 [S]. 北京：中国计量出版社，2006.

[6] 霍雷，刘剑和，马永和. 辐射剂量与防护[M]. 北京：电子工业出版社，2015.

[7] 俞誉福. 环境放射性概论[M]. 上海：复旦大学出版社，1993.

[8] 肖雪夫，岳清宇. 环境辐射监测技术[M]. 哈尔滨：哈尔滨工程大学出版社，2015.

[9] EISENBUD M, GESELL T. Environmental radioactivity [M]. San Diego：Academic Press, 1997.

[10] DOMENECH H. Radiation safety [M]. Switzerland：Springer, 2017.

[11] 中华人民共和国国家质量监督检验检疫总局. 电离辐射防护与辐射源安全基本标准：GB 18871—2002 [S]. 北京：中国标准出版社，2012.

[12] 西安核仪器厂. GB/T 4835—2008 辐射防护仪器 β、X 和 γ 辐射周围和/或定向剂量当量(率)仪和/或监测仪[S]. 北京：中国标准出版社，2008.

[13] 国家市场监督管理总局. JJG 852—2019 中子周围剂量当量(率)仪 [S]. 北京：中国标准出版社，2019.

第 9 章 外照射的屏蔽与剂量计算

辐射屏蔽是外照射防护的重要手段之一,也是为了降低辐射源辐射水平进行辐射防护设计的重要内容。从微观来看,辐射屏蔽是粒子与物质通过碰撞与吸收等相互作用,从而造成载能粒子能量降低和数量减少的过程。相互作用过程与粒子的种类、能量及相互作用截面有关。比如,1 MeV 的中子在钢材中平均自由程约为 4 cm,通常经过大约 200 次碰撞停止,而有机聚合物材料平均碰撞 40 次就可以停止。对于 1 MeV 的 γ 能够穿透约 2 cm 的钢材,平均碰撞 10 次后吸收。因而,辐射屏蔽设计包括屏蔽材料选择、几何构型设计等具体内容。与此同时,还要对屏蔽后的剂量进行评价。本章主要针对中子、γ 等几种主要的外照射辐射的衰减和剂量计算进行讲解。

9.1 γ射线的屏蔽与剂量计算

本节所讲述的 γ 光子衰减和剂量计算的方法同样适用于 X 射线,为了表述方便,在接下来的讲解中不再赘述。

9.1.1 吸收剂量与注量的关系

实际中常用注量(率)描述辐射场,它也是辐射输运计算的求解对象。但通常被测定的、用来确定屏蔽设计准则的却是反映辐射场特征的剂量学量。本节以 γ 射线为例,讨论常用的剂量学量与注量率之间的关系。

1. 注量率与比释动能率

根据比释动能与注量的关系 $K=E\Phi(\mu_{tr}/\rho)$,能量为 E_γ 的 γ 光子形成的辐射场产生的比释动能率为

$$\dot{K} = E_\gamma \frac{\mu_{tr}}{\rho} \varphi \tag{9.1}$$

当 γ 射线具有一定能谱,能量连续变化时,比释动能率与注量率的关系可以写作

$$\dot{K} = \int E \frac{\mu_{tr}}{\rho} \varphi_E dE \tag{9.2}$$

这里注量率是能量 E 的函数,对整个能谱积分可以得到所有 γ 射线对应的比释动能率。

2. 收剂量率与比释动能率

在带电粒子平衡条件下,如果轫致辐射导致的能量损失不能忽略不计,则吸收剂量 D

与比释动能 K 的关系为 $D=K(1-g)$。对时间求导,可得吸收剂量率与注量率的关系为

$$\dot{D} = E\frac{\mu_{tr}}{\rho}(1-g)\varphi = E\frac{\mu_{en}}{\rho}\varphi \qquad (9.3)$$

当 γ 射线具有一定能谱,能量连续变化时,式(9.3)应当写为

$$\dot{D} = \int E\frac{\mu_{en}}{\rho}\varphi_E dE \qquad (9.4)$$

这里注量率是能量 E 的函数,对整个能谱积分可以得到所有 γ 射线对应的吸收剂量率。

3. 注量率的响应

从式(9.2)和式(9.4)可以看出,无论是比释动能率,还是吸收剂量率,它们都是对注量率的一种响应。因此可以将式(9.2)和式(9.4)统一写成

$$\dot{R} = \int f_R(E)\varphi_E dE \qquad (9.5)$$

其中 $f_R(E)$ 为响应函数,其一般是能量 E 的函数。对于 γ 光子,不同响应量对应的响应函数见表9.1。对于单能情况,式(9.5)简化为

$$\dot{R} = f_R\varphi \qquad (9.6)$$

表9.1 γ 光子注量率的响应量及其对应的响应函数

响应量 $\dot{R}$	响应函数 $f_R(E)$
吸收剂量率 $\dot{D}$	$E\dfrac{\mu_{en}}{\rho}$
比释动能 $\dot{K}$	$E\dfrac{\mu_{tr}}{\rho}$
照射量 $\dot{X}$	$E\left(\dfrac{\mu_{en}}{\rho}\right)_a \dfrac{e}{W_a}$

尽管式(9.5)是以 γ 光子为例分析得到的,但其也适用于中子。只要给出不同能量中子的响应函数 $f_R(E)$,即可得到相应的响应量。另外通过式也可看出剂量计算的关键在于注量率的能量分布 φ_E 的求解。

在本章后面的讨论中将基于式(9.5)以吸收剂量率为例进行说明,即在后面默认 $\dot{D}$ 为吸收剂量率。如果需要得到其他响应量,直接将 f_R 更换为相应的响应函数即可得。

9.1.2 窄束 γ 的衰减

如图9.1所示,注量率为 φ_0 的窄束单能 γ 射线,经过厚度为 t 的介质,我们来分析参考点 P 处的注量率。所谓窄束伽马光子只要与介质发生作用无论是吸收或是被散射都将造成注量率的降低,对 P 点注量率有贡献的都是未碰撞的光子。在任意厚度 x 处,束流经过 dx 注量率的变化与 dx 及此处注量率 φ 成正比,所以有

$$-\mathrm{d}\varphi = \mu\varphi\mathrm{d}x \tag{9.7}$$

其中,μ 为衰减常数。对于均匀介质,考虑初始条件对式(9.7)积分可得在 P 点的注量率为

$$\varphi(t) = \varphi_0 \mathrm{e}^{-\mu t} \tag{9.8}$$

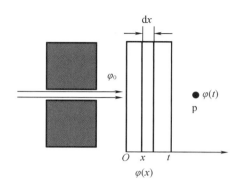

图 9.1 窄束 γ 注量率衰减示意图

对于非单能光子在非均匀介质中的情况,当 γ 光子能量分布为离散谱时,$\varphi_0 = \sum_i \varphi_i$,则

$$\varphi(t) = \sum_i \varphi_i \mathrm{e}^{-\mu_i t} \tag{9.9}$$

当点源发射的 γ 光子能量为连续谱时,$\varphi_0 = \int_0^\infty \varphi(E)\mathrm{d}E$,则

$$\varphi(t) = \int_0^\infty \mathrm{d}E \varphi(E) \mathrm{e}^{-\mu(E)t} \tag{9.10}$$

实践中,介质的衰减常数通常以质量衰减常数 $\mu_m = \mu/\rho$ 给出(ρ 为材料密度),常用单位为 cm^2/g。表 9.2 给出了空气、水和混凝土对应不同能量光子的衰减系数。

表 9.2 材料衰减系数举例(单位:cm^2/g)

E/MeV	空气	水	混凝土
0.01	5.12	5.33	2.66×10^1
0.015	1.62	1.67	8.30
0.02	7.78×10^{-1}	8.10×10^{-1}	3.65
0.03	3.54×10^{-1}	3.76×10^{-1}	1.21
0.04	2.49×10^{-1}	2.68×10^{-1}	6.12×10^{-1}
0.05	2.08×10^{-1}	2.27×10^{-1}	3.94×10^{-1}
0.06	1.88×10^{-1}	2.06×10^{-1}	2.96×10^{-1}
0.08	1.66×10^{-1}	1.84×10^{-1}	2.13×10^{-1}
0.1	1.54×10^{-1}	1.71×10^{-1}	1.78×10^{-1}
0.15	1.36×10^{-1}	1.51×10^{-1}	1.43×10^{-1}

表 9.2(续)

E/MeV	空气	水	混凝土
0.2	1.23×10^{-1}	1.37×10^{-1}	1.27×10^{-1}
0.3	1.07×10^{-1}	1.19×10^{-1}	1.08×10^{-1}
0.4	9.55×10^{-2}	1.06×10^{-1}	9.63×10^{-2}
0.5	8.71×10^{-2}	9.69×10^{-2}	8.77×10^{-2}
0.6	8.06×10^{-2}	8.96×10^{-2}	8.10×10^{-2}
0.8	7.07×10^{-2}	7.87×10^{-2}	7.10×10^{-2}
1	6.36×10^{-2}	7.07×10^{-2}	6.38×10^{-2}
1.5	5.18×10^{-2}	5.75×10^{-2}	5.20×10^{-2}
2	4.45×10^{-2}	4.94×10^{-2}	4.48×10^{-2}
3	3.58×10^{-2}	3.97×10^{-2}	3.65×10^{-2}
4	3.08×10^{-2}	3.40×10^{-2}	3.19×10^{-2}
5	2.75×10^{-2}	3.03×10^{-2}	2.90×10^{-2}
6	2.52×10^{-2}	2.77×10^{-2}	2.70×10^{-2}
8	2.23×10^{-2}	2.43×10^{-2}	2.45×10^{-2}
10	2.05×10^{-2}	2.22×10^{-2}	2.31×10^{-2}
15	1.81×10^{-2}	1.94×10^{-2}	2.15×10^{-2}
20	1.71×10^{-2}	1.81×10^{-2}	2.11×10^{-2}
30	1.63×10^{-2}	1.71×10^{-2}	2.11×10^{-2}

如果屏蔽介质是由若干层不同材料的平板构成的,记第 i 层介质的线衰减系数为 μ_i,$t = \sum_i x_i$,则参考点处的注量率

$$\varphi(t) = \varphi_0 \exp\left(-\sum_i \mu_i x_i\right) \tag{9.11}$$

当屏蔽介质为连续变化的非均匀介质时,线衰减系数 μ 还是空间坐标的函数 $\mu=\mu(x)$,参考点处的注量率为

$$\varphi(t) = \varphi_0 \exp\left[-\int_0^t \mathrm{d}x\mu(x)\right] = \varphi_0 \exp[-\tau(t)] \tag{9.12}$$

其中,$\tau(t)$ 称为介质的光学距离,其表达式为

$$\tau(t) = \int_0^t \mathrm{d}x\mu(x) \tag{9.13}$$

9.1.3 宽束 γ 的衰减

1. 积累因子

窄束是一种近似处理,实际多数情况并不满足窄束近似。如图 9.2 所示,点源与参考点 P 处有厚度为 t 的屏蔽介质,介质的衰减系数为 μ。参考点处的注量有两类光子的贡献:未

碰撞直接到达参考点的光子和经过一次或多次散射后到达参考点的光子。将未碰撞光子的注量率贡献记为 φ_{nc}，散射光子的注量率贡献记为 φ_s，则总注量率 $\varphi = \varphi_{nc} + \varphi_s$。

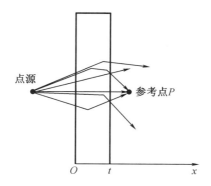

图 9.2 实际情况中 γ 光子径迹

一般 φ_s 的计算较为困难，计算 P 点处注量率的常用方法是先计算未碰撞光子的注量率 φ_{nc}；通过乘以一个比例系数来得到总剂量。这个比例系数称为积累因子，表示为总注量率 φ 与未碰撞光子注量率 φ_{nc} 的比值，用 B 表示，即

$$B = \frac{\varphi}{\varphi_{nc}} = 1 + \frac{\varphi_s}{\varphi_{nc}} \tag{9.14}$$

无屏蔽时参考点处预期注量率设为 φ_0，则

$$\varphi = B\varphi_{nc} = B\varphi_0 \exp(-\mu t) \tag{9.15}$$

积累因子的大小与 γ 射线的能量、屏蔽介质的性质(成分、几何尺寸、布置)等因素密切相关。对于给定几何形状的辐射源、特定的屏蔽介质和照射条件，积累因子将主要取决于 γ 光子能量 E_γ 和屏蔽介质的厚度。屏蔽介质的厚度通常采用 μx 的形式表示。一般将积累因子写成 $B(E_\gamma, \mu x)$ 的形式。设 λ 为平均自由程(mean free path, mfp)，则 $\mu x = x/\lambda$，可见 μx 是以平均自由程为单位的介质厚度。

吸收剂量、比释动能、照射量等不同的响应量的积累因子与注量的积累因子存在差异，各响应量的积累因子也各不相同。对应的积累因子可以写作

$$B_R = \frac{\dot R}{\dot R_{nc}} = 1 + \frac{\dot R_s}{\dot R_{nc}} = 1 + \frac{\int f_R(E)\varphi_s(E)dE}{\int f_R(E)\varphi_{nc}(E)dE} \tag{9.16}$$

当 $f_R(E)$ 取不同的响应函数时，便可得到不同响应量的积累因子。如果辐射源为单能光子，则 φ_{nc} 依然是单能；但是，无论点源发射光子是否为单能，经过屏蔽体散射的光子必然具有一定能谱结构，因此在利用 φ_s 计算响应量时必须考虑不同能量。总的剂量响应为

$$\dot R = B_R \dot R_{nc} \tag{9.17}$$

实际中最常用的是能量吸收剂量因子，此时

$$f_R(E) = E\frac{\mu_{en}}{\rho} \tag{9.18}$$

表9.3 给出了不同能量光子在不同尺度的水和混凝土中的吸收剂量积累因子。

表9.3 不同能量光子在水和混凝土中的吸收剂量积累因子

μx	入射到水中 γ 的能量 E/MeV							
	1	0.8	0.6	0.5	0.4	0.3	0.2	0.1
0.5	1.47	1.51	1.56	1.61	1.66	1.75	1.92	2.36
1.0	2.08	2.18	2.34	2.45	2.6	2.84	3.42	4.52
2.0	3.62	3.96	4.48	4.87	5.42	6.25	8.22	1.17E+01
3.0	5.50	6.24	7.40	8.29	9.56	1.15×10^1	1.57×10^1	2.35×10^1
4.0	7.66	8.96	1.11×10^1	1.27×10^1	1.51×10^1	1.90×10^1	2.64×10^1	4.06×10^1
5.0	1.01×10^1	1.21×10^1	1.54×10^1	1.81×10^1	2.22×10^1	2.88×10^1	4.13×10^1	6.40×10^1
6.0	1.28×10^1	1.56×10^1	2.06×10^1	2.46×10^1	3.08×10^1	4.12×10^1	6.10×10^1	9.48×10^1
7.0	1.57×10^1	1.96×10^1	2.64×10^1	3.22×10^1	4.11×10^1	5.65×10^1	8.62×10^1	1.34×10^2
8.0	1.89×10^1	2.40×10^1	3.30×10^1	4.08×10^1	5.32×10^1	7.50×10^1	1.18×10^2	1.83×10^2
10.0	2.60×10^1	3.39×10^1	4.87×10^1	6.18×10^1	8.32×10^1	1.22×10^2	2.02×10^2	3.14×10^2
15.0	4.74×10^1	6.56×10^1	1.02×10^2	1.37×10^2	1.97×10^2	3.18×10^2	5.82×10^2	9.17×10^2
20.0	7.35×10^1	1.06×10^2	1.76×10^2	2.47×10^2	3.77×10^2	6.56×10^2	1.31×10^3	2.12×10^3
25.0	1.04×10^2	1.56×10^2	2.72×10^2	3.95×10^2	6.32×10^2	1.18×10^3	2.58×10^3	4.26×10^3
30.0	1.38×10^2	2.13×10^2	3.88×10^2	5.82×10^2	9.72×10^2	1.93×10^3	4.64×10^3	7.78×10^3
35.0	1.75×10^2	2.77×10^2	5.25×10^2	8.09×10^2	1.40×10^3	2.95×10^3	7.89×10^3	1.31×10^4
40.0	2.14×10^2	3.49×10^2	6.83×10^2	1.08×10^3	1.94×10^3	4.28×10^3	1.28×10^4	2.03×10^4

μx	入射到水中 γ 的能量 E/MeV							
	1	0.8	0.6	0.5	0.4	0.3	0.2	0.1
0.5	1.49	1.53	1.6	1.66	1.73	1.86	2.11	2.39
1	2.11	2.22	2.41	2.55	2.74	3.06	3.65	3.89
2	3.59	3.94	4.48	4.89	5.46	6.32	7.69	7.06
3	5.35	6.03	7.1	7.89	9	1.06×10^1	1.29×10^1	1.04×10^1
4	7.35	8.48	1.03×10^1	1.16×10^1	1.34×10^1	1.60×10^1	1.93×10^1	1.41×10^1
5	9.61	1.13×10^1	1.40×10^1	1.60×10^1	1.87×10^1	2.25×10^1	2.70×10^1	1.79×10^1
6	1.21×10^1	1.45×10^1	1.82×10^1	2.11×10^1	2.50×10^1	3.03×10^1	3.60×10^1	2.21×10^1
7	1.48×10^1	1.80×10^1	2.31×10^1	2.70×10^1	3.23×10^1	3.95×10^1	4.66×10^1	2.66×10^1
8	1.78×10^1	2.19×10^1	2.86×10^1	3.37×10^1	4.07×10^1	5.01×10^1	5.88×10^1	3.15×10^1
10	2.43×10^1	3.07×10^1	6.13×10^1	4.96×10^1	6.09×10^1	7.62×10^1	8.85×10^1	4.21×10^1
15	4.40×10^1	5.85×10^1	8.40×10^1	1.05×10^2	1.34×10^2	1.74×10^2	1.99×10^2	7.47×10^1
20	6.79×10^1	9.41×10^1	1.42×10^2	1.83×10^2	2.43×10^2	3.26×10^2	3.72×10^2	1.16×10^2
25	9.55×10^1	1.37×10^2	2.16×10^2	2.86×10^2	3.92×10^2	5.43×10^2	6.20×10^2	1.65×10^2
30	1.26×10^2	1.86×10^2	3.05×10^2	4.14×10^2	5.83×10^2	8.34×10^2	9.58×10^2	2.22×10^2
35	1.60×10^2	2.42×10^2	4.08×10^2	5.67×10^2	8.20×10^2	1.21×10^3	1.40×10^3	2.86×10^2
40	1.97×10^2	3.03×10^2	5.27×10^2	7.47×10^2	1.10×10^3	1.67×10^3	1.94×10^3	3.58×10^2

2. 点源积累因子的经验公式

积累因子可以通过实验或理论计算的方法给出。通常将积累因子的值制成各种表格，在确定 γ 光子能量、介质成分与厚度后，直接查表或通过内插的方法即可得到积累因子的数值。对于单能、各向同性点 γ 源，在一定条件下可以得到其积累因子 $B(E_\gamma, \mu x)$ 的近似表达式。目前，经常使用的表达式有 Taylor 公式、Berger 公式和几何级数拟合（G-P）函数。

Taylor 公式的表达式为

$$B(E_\gamma, \mu x) = \sum_{i=1}^{I} A_i \mathrm{e}^{-\alpha_i \mu x} \tag{9.19}$$

参数 A_i 和 α_i 依赖于 γ 光子能量 E_γ 和屏蔽介质。其中参数 A_i 满足

$$\sum_{i=1}^{I} A_i = 1 \tag{9.20}$$

通常取 Taylor 近似公式中 I 的值为 2，此时 Taylor 近似为

$$B(E_\gamma, \mu x) = A_1 \mathrm{e}^{-\alpha_1 \mu x} + (1-A_1) \mathrm{e}^{-\alpha_2 \mu x} \tag{9.21}$$

响应函数为照射量时，表 9.4 给出了一些常见的屏蔽材料对应式（9.21）中的参数 A_1、α_1 和 α_2。注量及不同的响应量对应的积累因子相应的参数会有所不同。

表 9.4 $I=2$ 时不同介质中 Taylor 型照射量积累因子的参数

材料	E_γ /MeV	A_1	$-\alpha_1$	α_2	材料	E_γ /MeV	A_1	$-\alpha_1$	α_2
水	0.5	100.845	0.126 87	-0.109 25	铁	0.5	31.379	0.068 42	-0.037 42
	1.0	19.601	0.090 37	-0.252 2		1.0	24.957	0.060 86	-0.024 63
	2.0	12.612	0.053 20	0.019 32		2.0	17.622	0.046 27	-0.005 26
	3.0	11.110	0.035 50	0.032 06		3.0	13.218	0.044 31	-0.000 87
	4.0	11.163	0.025 43	0.030 25		4.0	9.624	0.046 98	0.001 75
	6.0	8.385	0.018 20	0.041 64		6.0	5.867	0.061 50	-0.001 86
	8.0	4.635	0.026 33	0.070 97		8.0	3.243	0.075 00	0.021 23
	10.0	3.545	0.029 91	0.087 17		10.0	1.747	0.099 00	0.066 27
混凝土	0.5	38.225	0.148 24	-0.105 79	铅	0.5	1.677	0.030 84	0.309 41
	1.0	25.507	0.072 30	-0.018 43		1.0	2.984	0.035 03	0.134 86
	2.0	18.089	0.042 50	0.008 49		2.0	5.421	0.034 82	0.043 79
	3.0	13.640	0.032 00	0.020 22		3.0	5.580	0.054 22	0.006 11
	4.0	11.460	0.026 00	0.024 50		4.0	3.897	0.084 68	-0.023 83
	6.0	10.781	0.015 20	0.029 25		6.0	0.926	0.178 60	-0.046 35
	8.0	8.972	0.013 00	0.029 79		8.0	0.368	0.236 91	-0.058 64
	10.0	4.015	0.028 80	0.068 44		10.0	0.311	0.240 24	-0.028 73

Berger 公式的表达式为

$$B(E_\gamma, \mu x) = 1 + a\mu t e^{b\mu x} \quad (9.22)$$

其中,参数 a 和 b 依赖于 γ 光子能量和屏蔽介质。表 9.5 给出了当响应函数为照射量时,对于一些常见屏蔽材料,在距离点源 20 个平均自由程范围内,式(9.22)中的参数 a 和 b。相对其他形式的积累因子近似公式,Berger 公式形式较为简单,对于大多数情况其结果精度与其它更加复杂公式的结果也很接近。

表 9.5 不同介质中 Berger 型照射量积累因子的参数

材料	E_γ/MeV	a	b	材料	E_γ/MeV	a	b
水	0.5	1.083 5	0.122 4	铁	0.5	0.981 4	0.054 8
	1.0	1.228 2	0.064 9		1.0	0.893 2	0.046 0
	2.0	0.859 4	0.024 0		2.0	0.717 3	0.027 7
	3.0	0.700 4	0.007 4		3.0	0.557 1	0.026 1
	4.0	0.582 6	0.001 4		4.0	0.451 8	0.026 8
	6.0	0.485 3	−0.008 2		6.0	0.338 1	0.036 8
	8.0	0.374 1	−0.012 4		8.0	0.260 6	0.042 8
	10.0	0.320 6	−0.013 9		10.0	0.190 2	0.055 3
钨	0.5	0.269 2	−0.047 7	铅	0.5	0.224 3	−0.050 0
	1.0	0.427 9	−0.015 0		1.0	0.353 0	−0.021 1
	2.0	0.416 3	0.007 0		2.0	0.379 1	0.002 1
	3.0	0.348 4	0.032 4		3.0	0.324 4	0.027 9
	4.0	0.272 7	0.065 3		4.0	0.252 6	0.055 7
	6.0	0.170 4	0.116 0		5.1	0.190 4	0.088 3
	8.0	0.116 1	0.140 5		6.0	0.155 4	0.114 3
	10.0	0.088 2	0.151 0		—	—	—

上述两个函数在低 Z 和低能情况下,偏差较大。几何级数拟合(G-P)函数是由 Harima 等于 1986 年提出并逐步改进得到的,其表达式如下:

$$B(E_\gamma, \mu t) = \begin{cases} 1 + (b-1)(K^{\mu t}-1) & K \neq 1 \\ 1 + (b-1)\mu t & K = 1 \end{cases} \quad (9.23)$$

其中,参数 K 是 μt 的函数,其计算式为

$$K(\mu t) = c(\mu t)^a + d \frac{\tanh(\mu t/X_k - 2) - \tanh(-2)}{1 - \tanh(-2)} \quad (9.24)$$

式(9.23)与式(9.24)中的参数 a、b、c、d 和 X_k 依赖于 γ 射线的能量与屏蔽介质,其数值一般由理论计算给出或查表得到。表 9.6 给出了不同能量光子吸收剂量在铅中衰减对应的积累因子。

表 9.6　光子在铅中吸收剂量对应的 G-P 函数的参数

E/MeV	b	c	a	X_k	d
0.03	1.003	0.396	0.248	14.56	-0.169 5
0.04	1.007	0.438	0.204	14.26	-0.109 3
0.05	1.012	0.405	0.244	14.18	-0.162 4
0.06	1.017	0.487	0.18	13.37	-0.103 7
0.08	1.033	0.523	0.153	13.3	-0.077 7
0.1	2.037	1.432	0.079	18.37	-0.093 5
0.15	1.408	0.362	0.281	21.46	-0.096 4
0.2	1.184	0.19	0.381	13.27	-0.186 8
0.3	1.122	0.533	0.137	13.69	-0.061 2
0.4	1.135	0.67	0.085	19.56	-0.032 5
0.5	1.179	0.725	0.072	14.89	-0.024 4
0.6	1.228	0.744	0.064	14.47	-0.018 4
0.8	1.283	0.8	0.05	15.2	-0.019 1
1	1.318	0.86	0.035	16.49	-0.015 4
1.5	1.375	0.891	0.029	13.29	-0.016 8
2	1.388	0.939	0.024	13.33	-0.026 6
3	1.385	0.96	0.029	13.48	-0.042 1
4	1.378	0.954	0.042	14.04	-0.060 3
5	1.361	0.956	0.051	13.95	-0.070 9
6	1.377	0.941	0.062	14.14	-0.079 5
8	1.424	0.968	0.068	13.98	-0.087 4
10	1.448	1.121	0.036	13.98	-0.059 9
15	1.548	1.287	0.024	13.5	-0.057 1

9.1.4　点源的注量与剂量

考虑一个放射性活度为 A（单位：Bq）的各向同性单能 γ 点源，设每次衰变产生 1 个能量为 E 的 γ 光子。由于源是各向同性的且处于真空中，因此所有发射的 γ 光子沿径向向外运动。在以源为球心、半径为 r 的球面上注量率处处相等。实际上空气对各种能量 γ 射线的线衰减系数都很小，如空气对能量为 1 MeV 的 γ 射线（平均自由程约为 1.2×10^4 cm）的线衰减系数仅为 8.2×10^{-5} cm^{-1}。因此，在估算 γ 射线在空气中的剂量时，通常可以忽略空气导致的衰减。则距离点源 r 处的注量率为无碰撞部分，则

$$\varphi_{nc}(r) = \frac{A}{4\pi r^2} \tag{9.25}$$

如果这些 γ 光子具有相同的能量，那么在距离点源 r 处注量率的响应量为

$$\dot{R}(r) = f_R \frac{A}{4\pi r^2} \tag{9.26}$$

据此,比释动能率为

$$\dot{K}(r) = E \frac{\mu_{tr}}{\rho} \frac{A}{4\pi r^2} \tag{9.27}$$

实际中为了便于估算 γ 点源在空气中某一点的比释动能率,引入了比释动能率常数

$$\Gamma_K = \frac{1}{4\pi} E \frac{\mu_{tr}}{\rho} \tag{9.28}$$

则比释动能率可以表示为

$$\dot{K}(r) = \frac{A}{r^2} \Gamma_K \tag{9.29}$$

通常将不同类型的 γ 源的比释动能率常数制成表格以便查阅。表9.7列出了一些常用 γ 放射源的比释动能率常数。

表 9.7 常用 γ 源的比释动能率常数

核素	空气比释动能率常数 Γ_K /(Gy·m²·Bq⁻¹·s⁻¹)	核素	空气比释动能率常数 Γ_K /(Gy·m²·Bq⁻¹·s⁻¹)
^{24}Na	1.23×10^{-16}	^{131}I	1.44×10^{-17}
^{46}Sc	7.14×10^{-17}	^{134}Cs	5.72×10^{-17}
^{47}Sc	3.55×10^{-18}	^{137}Cs	2.12×10^{-17}
^{59}Fe	4.80×10^{-17}	^{152}Eu	3.8×10^{-17}
^{57}Co	6.36×10^{-18}	^{192}Ir	3.15×10^{-17}
^{60}Co	8.67×10^{-17}	^{198}Au	1.51×10^{-17}
^{65}Zn	1.77×10^{-17}	^{226}Ra	6.13×10^{-17}
^{87}Sr*	1.13×10^{-17}	^{235}U	4.84×10^{-18}
^{90}Mo	1.18×10^{-17}	^{238}U	4.71×10^{-19}
^{110}Ag*	9.38×10^{-17}	^{241}Am	4.13×10^{-18}

点源周围充满屏蔽介质,其线衰减系数为 μ。则根据式(9.15)可得

$$\varphi(r) = B \frac{A}{4\pi r^2} \exp(-\mu r) \tag{9.30}$$

其中,B 为积累因子。要计算剂量响应,要先计算无碰撞光子对应的剂量 $\dot{R}_{nc}(r)$,然后根据宽束的剂量衰减规律得到衰减后的剂量响应为

$$\dot{R}(r) = B_R \dot{R}_{nc}(r) = B_R \left(f_R \frac{A}{4\pi r^2} \right) \exp(-\mu r) \tag{9.31}$$

B_R 是对应响应 $\dot{R}$ 的积累因子。

9.1.5 非点源的注量与剂量

工程实践中不存在理想的点源,点源是一种近似处理方法。当参考点与辐射源距离远大于源的尺度时,辐射源可以近似视为点源。当辐射源的空间分布对参考点不能忽略时,根据具体情况需要可以将其视为线源、面源或者体源。针对具有几何结构的辐射源,可以将源项分解为点源进行求和(离散)或者积分(连续)求取其所产生的辐射场。这种计算辐射场的方法通常称为点核积分法。下面以线源为例,对非点源在有(无)屏蔽介质情况下的剂量计算进行介绍,面源和体源方法类似。

考虑如图 9.3 所示的线源在 P 点的剂量率。单能线源长度为 L,单位时间内、单位长度上发射的 γ 光子数为 S_1。参考点 P 位于过线源末端 O 点的垂线上,到 O 点距离为 h,整个空间不存在衰减介质。

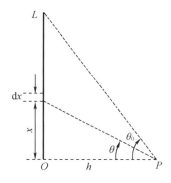

图 9.3 线状源示意图

在距离 O 点 x 处选取一个长度为 dx 的微元,所选微元在 P 点产生的注量率为

$$d\varphi(P) = S_1 dx \frac{1}{x^2+h^2} \frac{1}{4\pi} \tag{9.32}$$

对上式积分可得

$$\varphi(P) = \frac{S_1}{4\pi} \int_0^L \frac{dx}{x^2+h^2} \tag{9.33}$$

为了便于积分,进行变量代换。根据图 9.3 有

$$x = h\tan\theta$$
$$x^2+h^2 = h^2\sec^2\theta \tag{9.34}$$

可得

$$dx = h\sec^2\theta d\theta \tag{9.35}$$

将式(9.34)和式(9.35)代入式(9.33)可得 P 点处的注量率为

$$\varphi(P) = \frac{S_1}{4\pi h}\int_0^{\theta_0} d\theta = \frac{S_1}{4\pi h}\theta_0 = \frac{S_1}{4\pi h}\arctan\left(\frac{L}{h}\right) \tag{9.36}$$

当 $L \ll h$ 时,有 $\arctan\left(\dfrac{L}{h}\right) \approx L/h$,式(9.36)变为

$$\varphi(P) \approx \frac{S_l L}{4\pi h^2} \tag{9.37}$$

可见当线状源的尺寸远小于参考点 P 到源的垂直距离时,可以将线状源近似为点源。

现在考虑周围充满均匀衰减介质的情形。设衰减介质的线衰减系数为 μ,则微元 $\mathrm{d}x$ 在 P 点造成的无碰撞光子的注量率为

$$\mathrm{d}\varphi_{nc}(P) = \frac{1}{4\pi} \frac{S_l \mathrm{d}x}{x^2 + h^2} \exp(-\mu\sqrt{x^2 + h^2}) \tag{9.38}$$

从而整个线状源在 P 点造成的注量率为

$$\varphi_{nc}(P) = \int_0^L \frac{1}{4\pi} \frac{S_l \mathrm{d}x}{x^2 + h^2} \exp(-\mu\sqrt{x^2 + h^2}) \tag{9.39}$$

同样将式(9.34)和代入式(9.35)可得

$$\varphi_{nc}(P) = \frac{S_l}{4\pi h} \int_0^{\theta_0} \mathrm{d}\theta \mathrm{e}^{-\mu h \sec\theta} \tag{9.40}$$

式中的积分无法得到解析表达式,但是其可以表示为 Sievert 积分

$$F(\theta, b) = \int_0^\theta \mathrm{d}\theta \mathrm{e}^{-b\sec\theta} \tag{9.41}$$

该积分中 b 为常数,在此 $b=\mu h$。将用 Sievert 积分表示,则注量率可以写作

$$\varphi_{nc}(P) = \frac{S_l}{4\pi h} F(\theta_0, \mu h) \tag{9.42}$$

如果线状源与参考点 P 之间仅有一层厚度为 t 的均匀衰减介质(图9.4),其吸收系数为 μ,则此时线状源在 P 点造成的注量率为

$$\varphi_{nc}(P) = \frac{S_l}{4\pi h} F(\theta_0, \mu t) \tag{9.43}$$

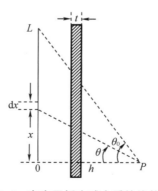

图 9.4 存在平板衰减介质的线状源

考虑宽束对应的积累因子为 B,得到 P 点处的总注量率为

$$\varphi(P) = B\varphi_{nc}(P) \tag{9.44}$$

要计算对应的剂量响应,要先计算无碰撞光子对应的剂量 $\dot{R}_{nc}(P)$,然后根据宽束效应要乘以对应响应的积累因子

$$\dot{R}(P) = B_R \dot{R}_{nc}(P) \tag{9.45}$$

考虑源为单能 γ 源，无碰撞 γ 仍为单能，剂量响应可以直接通过下式得到：

$$\dot{R}_{nc}(P) = f_R \varphi_{nc}(P) \tag{9.46}$$

9.1.6 γ 射线屏蔽方法

1. 屏蔽材料的选取

根据 γ 射线在介质中的衰减规律，γ 射线屏蔽的基本思想就是选择对 γ 射线线衰减系数比较大的材料，通过吸收或散射反应将 γ 射线的能量转化为次级电子的动能沉积在屏蔽介质中，从而减少被保护对象受到的照射剂量。线衰减系数的表达式为

$$\mu = N_V \sigma = \frac{\rho}{M} N_A \sigma \tag{9.47}$$

显然 γ 射线屏蔽材料的选择首先应当考虑那些与 γ 射线反应截面 σ 大的核素。除此之外，所选择的材料还应当具有较大的原子序数 Z 和较大的密度 ρ。当然，上述选择标准只是从 γ 射线与物质的相互作用机制角度考虑的。实际中 γ 射线的屏蔽材料的选择还需要考虑到材料的导热系数、抗辐照性能、机械强度、经济性等因素。实际中常用的 γ 射线屏蔽材料包括铅、铁、混凝土、水等。

在选择屏蔽材料时还应当注意到 γ 射线在介质中的线衰减系数与 γ 光子的能量有关。图 9.5 给出了 γ 光子在 Pb 中的线衰减系数随光子能量变化趋势，可见 μ_t 在某个能量处取极小值，记该能量为 $E_{\gamma,\min}$。这意味着能量为 $E_{\gamma,\min}$ 的 γ 射线在 Pb 中的穿透能力最强。γ 光子在不同介质中的 $E_{\gamma,\min}$ 是不同的。对于原子序数 Z 大于 50 的介质，$E_{\gamma,\min}$ 一般为 3～4 MeV。对于 Pb，$E_{\gamma,\min}$ 约为 3.4 MeV。

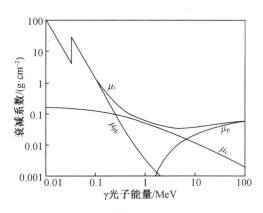

图 9.5 γ 光子在铅中的线衰减系数

2. 各向同性点 γ 源的屏蔽计算

实际计算中，如果放射源对 γ 射线自吸收的影响可以忽略，那么只要参考点到放射源的距离比放射源的尺寸大 10 倍以上，就完全可以把放射源作为点源处理。即使参考点到放射源的距离只有放射源尺寸的 5～7 倍，此时把放射源当作点源处理带来的误差也小于 5%。

因此实际屏蔽计算中可以利用点源模型方便地进行估算。

下面考虑各向同性点 γ 源的屏蔽计算。考虑一个强度为 S_0 的单能 γ 点源,记未加屏蔽时距离点源 r 处的参考点的剂量率为 $\dot{R}_0(r)$。则在加上厚度为 t 的屏蔽介质后,参考点的剂量率为

$$\dot{R}(r) = B_R(E,\mu t) f_R \varphi_{nc} = B_R(E,\mu t) f_R \frac{S_0}{4\pi r^2} e^{-\mu t} \tag{9.48}$$

假设屏蔽设计要求参考点处的剂量率低于 $\dot{R}_T$,只要求解下式便可得到所需屏蔽介质的最小厚度 t_0

$$B_R(E,\mu t_0) e^{-\mu t_0} = \frac{\dot{R}_T}{\dot{R}_0} \tag{9.49}$$

其中

$$\dot{R}_0(r) = f_R \frac{S_0}{4\pi r^2}$$

假设该各向同性点 γ 源的活度为 3.7×10^{10} Bq,其发射的 γ 射线能量为 1MeV,查表可得其质能吸收系数为 $\mu_{en}/\rho = 2.787 \times 10^{-3}$ m²/kg。忽略空气对 γ 射线的衰减,容易求得在没有屏蔽时,距离点源 1 m 处空气中的吸收剂量率为

$$\dot{D}_0 = E \frac{\mu_{en}}{\rho} \varphi = E \frac{\mu_{en}}{\rho} \frac{A}{4\pi r^2} = 4.73 \text{ mGy/h} \tag{9.50}$$

设需要添加厚度为 t_0 的铅屏蔽将距离点源 1 m 处空气中的吸收剂量率降低至 $\dot{D}_T = 25$ μGy/h。根据式(9.49),积累因子由 Berger 公式给出,则刚好达到剂量限制条件时铅屏蔽的厚度应满足

$$(1 + a\mu t_0 e^{b\mu t_0}) e^{-\mu t_0} = \frac{\dot{D}_T}{\dot{D}_0} \tag{9.51}$$

根据 γ 射线的能量,参数 a 和 b 的取值应当为:$a = 0.3701, b = -0.0326$。该能量的 γ 光子在铅中的线衰减系数为 0.697 cm^{-1}。通过数值方法求解式(9.51)可得此时屏蔽铅层的厚度应满足

$$t_0 \geqslant 9.05 \text{ cm} \tag{9.52}$$

通过上面的例子可以看到,即便是对于最简单的情形(单能 γ 点源、均匀吸收介质、Berger 公式),式(9.49)也只能通过数值方法求解。实际中为了便于估算,经常采用减弱倍数的概念来估算所需屏蔽介质的厚度。记一个辐射场在参考点处产生的剂量率为 $\dot{R}_0$,加上屏蔽后参考点处的剂量率变为 $\dot{R}$,则减弱倍数定义为

$$K = \frac{\dot{R}_0}{\dot{R}} \tag{9.53}$$

通常将宽束单能光子在均匀介质的减弱倍数 K 与介质厚度 d 的关系制成表格。实际

中使用时,首先根据屏蔽要求确定减弱倍数,然后根据表格查得所需屏蔽介质的厚度。

需要说明的是以上概念虽然是以 γ 射线为例提出的,但是这些概念本身对其他辐射(例如 X 射线、中子、β 射线)也是适用的。

9.2 中子的屏蔽与剂量计算

9.2.1 中子剂量计算

中子剂量的计算同样采用式(9.5)或式(9.6)进行。目前实际中使用较多的是中子剂量当量率,单能中子的剂量当量率可用下式计算:

$$\dot{H} = f_H \varphi \tag{9.54}$$

其中,f_H 为中子注量-剂量当量换算因子。目前已根据大量的理论和实验工作得到了不同能量中子的注量-剂量换算因子,并将其制成表格(表9.8)。实际中在得到中子注量率后,查表即可计算得到其对应的剂量当量率。

表 9.8 不同能量的中子的注量-剂量当量换算因子

中子能量 /MeV	换算因子 ($\times 10^{-15}$ Sv·m^2)	中子能量 /MeV	换算因子 ($\times 10^{-15}$ Sv·m^2)
2.5×10^{-8}	1.068	1.0×10^{-1}	5.787
1.0×10^{-7}	1.157	5×10^{-1}	19.84
1.0×10^{-6}	1.263	1	32.68
1.0×10^{-5}	1.208	2	39.68
1.0×10^{-4}	1.157	5	40.65
1.0×10^{-3}	1.029	10	40.85
1.0×10^{-2}	0.992	20	42.74

以 Am-Be 中子源为例,设 ^{241}Am 的放射性活度为 $A = 3.7 \times 10^8$ Bq,已知该同位素中子源的中子产额为 $y = 0.65 \times 10^{-4}$ s^{-1}·Bq^{-1}。如果假设该中子源为一个各向同性点源,且忽略中子在空气中的衰减,则根据表9.9提供的数据,容易计算得到距离该点源 $R = 1$ m 处的空气中的剂量当量率为

$$\begin{aligned}\dot{H} &= f_H \varphi = \frac{Ay}{4\pi R^2} f_H = \frac{3.7 \times 10^8 \times 0.65 \times 10^{-4}}{4\pi \times 1^2} \times 39.5 \times 10^{-15} \\ &= 7.56 \times 10^{-11} \text{ Sv/s} \\ &\approx 0.272 \text{ μSv/h}\end{aligned} \tag{9.55}$$

表 9.9　几种常用同位素中子源的注量–剂量当量换算因子

同位素中子源	平均能量 /MeV	换算因子 ($\times 10^{-15}$ Sv·m^2)
Am-Be	4.5	39.5
Pu-Be	4.5	35.2
Po-Be	4.2	35.2
Ra-Be	3.9	34.5
^{252}Cf	2.13	33.21

式(9.54)考虑的是单能中子的情形。如果中子具有一定的能量分布,则此时的剂量当量率可写为

$$\dot{H} = \int f_H(E) \varphi_E \mathrm{d}E \tag{9.56}$$

9.2.2　中子屏蔽过程分析

中子屏蔽计算不存在普遍适用的积累因子,除极少数情况外,点核方法遇到了很大的困难。

首先,快中子在很多介质中被散射的概率远高于被吸收的概率,这将使得被散射的快中子数与未碰撞的快中子数的比值 φ_s/φ_{nc} 较大。如果介质中含有较重的核,由于这些核对中子的慢化能力较低,使得散射后的中子仍然属于快中子,这将使得 φ_s/φ_{nc} 进一步增加。因此,相比 γ 射线,中子产生的总剂量中被散射快中子的贡献要大得多,亦即中子的积累因子的值很大。这意味着即使积累因子的相对误差很小,也会对剂量计算结果造成较大的影响。

其次,被散射中子对剂量的贡献与具体问题的几何、材料成分、能谱密切相关。即便材料成分相同,对于中子而言,无限介质与有限介质的输运计算结果(能谱、注量分布等)相差也是较大。直接将基于无限介质计算得到的积累因子应用于有限体系,将带来较大的误差。中子与物质的反应截面强烈依赖于中子的能量,这也使得中子的注量–剂量转换系数随中子能量的变化范围较大。而且中子散射后的运动方向随中子能量的变化(相对 γ 光子)更为剧烈。以上这些因素都使得被散射中子对剂量的贡献(或积累因子)强烈地依赖于中子的能谱。

因此目前对中子屏蔽计算通常采用输运理论,求解得到空间中子辐射场的分布 $\varphi_E(r, E)$,进而计算中子辐射的剂量。中子与介质反应产生的次级粒子(主要是 γ 光子)对剂量也有贡献。甚至在某些情况下,这些次级粒子对剂量的贡献可能比中子本身还大。所以,在计算中,通常需要考虑中子–光子的联合输运。

9.2.3　快中子衰减的分出截面法

尽管一般无法通过简单地引入积累因子对未碰撞中子的剂量进行修正来得到中子总

剂量，但是对于含氢介质的中子屏蔽计算，仍可以通过引入特定参数实现计算的简化。在这种情况下，快中子束的衰减对散射中子的积累不敏感。这时中子在与氢的弹性散射中平均动能损失最大，大约为初始中子动能的一半。快中子与氢发生弹性散射后能量迅速降低，变为中能中子或热中子，从快中子能群中移出。同时中子与氢的反应截面随着中子能量降低而增大。所以，中子在与重核屏蔽介质发生非弹性散射，又经过氢散射的中子到达参考点处的概率是非常小的。

设有一点中子源 S（图 9.6），在中子源与参考点 P 之间有足够厚的含氢介质。在中子源与含氢介质之间插入厚度为 t 的板状屏蔽材料，此时 P 点处的中子注量率可以用简单的指数衰减规律来描述，即

$$\varphi(P,t)=\varphi_0(P)\exp(-\Sigma_R t) \tag{9.57}$$

其中，$\varphi_0(P)$ 和 $\varphi(P,t)$ 分别是设置屏蔽体前和设置屏蔽体后 P 点处的注量率；$\Sigma_R=\sigma N_V$ 为分出截面，σ 为中子核反应截面，N_V 是介质的原子核数密度。P 点处的剂量当量率可以根据该点处的注量率乘以剂量当量换算因子计算得到：

$$\dot{H}(P,t)=f_H\varphi(P,t)=f_H\varphi_0(P)\mathrm{e}^{-\Sigma_R t}=\dot{H}_0(P)\mathrm{e}^{-\Sigma_R t} \tag{9.58}$$

可见此时 P 点处的剂量当量率随着屏蔽板的厚度是按照指数规律简单衰减的。

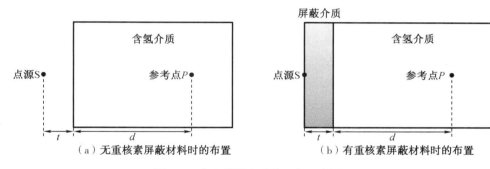

（a）无重核素屏蔽材料时的布置　　（b）有重核素屏蔽材料时的布置

图 9.6　分出截面实验的几何示意图

这里需要特别强调的是，式（9.57）和式（9.58）成立的前提是在屏蔽材料与参考点 P 之间有足够厚的含氢材料。记这个厚度的最小值为 $d_{\min}$，当氢的厚度 $d>d_{\min}$ 时上述分出截面法的使用条件得到满足。对于裂变中子源，$d_{\min}$ 值一般对应 4.5~6.5 g/cm² 的氢层，这相当于 40~60 cm 的水或 35~50 cm 的聚乙烯。

另一方面，分出截面也与屏蔽材料的厚度 t 有关。但是对单能中子源和裂变中子源的实验结果表明，当屏蔽介质的厚度 t 满足 $\Sigma_R t<5$ 时，分出截面基本上与屏蔽介质厚度 d 无关。表 9.10 和表 9.11 分别给出了屏蔽计算中涉及的材料对裂变中子源的分出截面。

表 9.10　常见核素对裂变中子源的微观分出截面

元素	σ_R/b	元素	σ_R/b	元素	σ_R/b
Li	1.0±0.05	F	1.29±0.06	Cu	2.04±0.11

表 9.10(续)

元素	σ_R/b	元素	σ_R/b	元素	σ_R/b
Be	1.07±0.06	Al	1.31±0.05	Zr	2.36±0.12
B	0.97±0.10	Cl	1.20±0.80	Pb	3.53±0.30
C	0.81±0.05	Fe	1.98±0.08	Bi	3.49±0.35
O	0.99±0.10	Ni	1.89±0.10	U	3.60±0.40

表 9.11　一些化合物(混合物)的裂变中子宏观分出截面

化合物(混合物)名称	密度/(g/cm³)	Σ_R/cm^{-1}
轻水	1.00	0.100
重水	1.10	0.091
石蜡	0.95	0.109
聚乙烯	0.92	0.110
氧化镁	3.50	0.120
硼化铁	6.00	0.160
二氧化硅	2.32	0.076
碳化硼	1.81	0.093
氧化铁	5.12	0.134
氧化铝	4.00	0.132
氧化钠	2.27	0.075
氧化钾	2.32	0.060
氢化锂	0.92	0.140
沙	2.20	0.082
石油	0.88	0.107

对于裂变中子源,质量分出截面 Σ_R/ρ 与材料原子序数 Z 的关系可以用经验公式表示如下:

$$\frac{\Sigma_R}{\rho} = \begin{cases} 0.19Z^{-0.743} & Z \leqslant 8 \\ 0.125Z^{-0.565} & Z > 8 \end{cases} \quad (\text{cm}^2/\text{g}) \tag{9.59}$$

也可以用下述经验公式根据 Z 和 A 估算质量分出截面 Σ_R/ρ,即

$$\frac{\Sigma_R}{\rho} = 0.206 A^{-1/3} Z^{-0.294} \quad (\text{cm}^2/\text{g}) \tag{9.60}$$

对于非单能情况,式(9.58)可以写为

$$\dot{H}(P,d) = \int_0^\infty f(E) \dot{H}_0(P,E) e^{-\Sigma_R(E)d} dE \tag{9.61}$$

其中,$\dot{H}_0(P,E)$ 为没有设置屏蔽体时能量为 E 的中子在参考点 P 处产生的剂量率。

下面通过一个实例来说明分出截面的使用。考虑一个点裂变中子源 S，距离其 20 cm 处有一个厚度为 80 cm 的屏蔽水层。当该中子源与屏蔽水层间无重核素屏蔽材料时，水层内 $R = 60$ cm 处参考点 P 的中子剂量当量率为 $\dot{H}_0 = 20$ mSv/h。如果在点中子源和水层之间加上 20 cm 厚的 Fe 板，取 Fe 的密度为 $\rho = 7.8$ g/cm^3，根据表 9.10 的数据，可得 Fe 的分出截面为

$$\Sigma_R(\text{Fe}) = \frac{\rho}{M} N_A \sigma_R = 0.166 \text{ cm}^{-1} \tag{9.62}$$

由此可得在加上 Fe 屏蔽层后，P 点的中子剂量当量率将降低为

$$\dot{H} = \dot{H}_0 e^{-\Sigma_R t} = 0.72 \text{ mSv/h} \tag{9.63}$$

9.2.4 中子屏蔽方法

中子与物质的相互作用，以及中子发生弹性散射后能量的取值分布情况与中子屏蔽相关的内容可以简单总结为如下三点。

（1）中子的非弹性散射反应存在阈值。

（2）中子在弹性散射中损失的平均能量份额 $\Delta E/E$ 与靶核的原子序数 A 相关，A 越小，每次散射中的 $\Delta E/E$ 越大。当靶核为氢时，$\Delta E/E$ 最大。

（3）热中子的吸收截面随中子的能量的降低而增加。

基于以上特点，对于 10~20 MeV 以上的高能中子要先通过非弹性散射使中子能量降低到 10 MeV 以下。最常用的通过非弹散射对高能中子进行降能的材料是 Fe 等高 Z 材料。中子能量降到 10 MeV 以下之后，采用"先慢化，后吸收"的策略降低中子注量率。

所谓的慢化，即通过散射反应降低中子的能量。为了评价慢化剂对中子的慢化效果，可以引入慢化能力的概念。对于单一核素，慢化能力定义为

$$\text{慢化能力} = \xi \Sigma_s \tag{9.64}$$

其中，ξ 为平均对数能降增量，其定义为

$$\xi = \overline{\ln \frac{E}{E'}} = \int_0^\infty dE \ln \frac{E}{E'} f(E \to E') \tag{9.65}$$

其中，E 和 E' 分别为散射前后中子的能量；$f(E \to E')$ 为散射函数，其含义是能量为 E 的中子在散射后能量变为 E' 的概率。实际中适合作为慢化剂的元素包括氢、铍、石墨等。表 9.12 列出了几种常见慢化剂的平均对数能降增量和慢化能力。

表 9.12 几种常见慢化剂的平均对数能降增量和慢化能力

慢化剂	H_2O	D_2O	Be	石墨
ξ	0.924	0.515	0.209	0.158
$\xi\Sigma_s/\text{cm}^{-1}$	1.53	0.177	0.16	0.063
$\xi\Sigma_s/\Sigma_a$	70	2 100	150	170

在慢化剂将快中子慢化为热中子后,需要选用对热中子吸收截面较大的材料将其吸收掉。实际中常用于吸收热中子的核素为 $^{10}_{5}B$,其吸收中子后的反应产物为 $^{7}_{3}Li$ 和 α 粒子。当中子能量为 0.025 3 eV 时,该反应的截面为 3 844 b。该反应的产物中,α 粒子很容易屏蔽;处于激发态的 $^{7}_{3}Li$ 退激时发射的 0.48 MeV 的 γ 光子也比较容易屏蔽掉。实际中常用作中子吸收体的核素还有 $^{113}_{48}Cd$,其对 0.025 3 eV 的中子的 γ 俘获截面为 19 964 b。但是其在吸收中子后会发射能量约为 9.1 MeV 的 γ 光子,使得其在中子屏蔽中的应用受到限制。

对于中子屏蔽一个很重要的问题是对次级粒子(主要是次级 γ 射线)的屏蔽。在一些情况下,这些次级 γ 射线产生的剂量甚至可能超过中子本身。为此在屏蔽材料中,必须含有一些原子序数较大的重元素用于吸收次级 γ 射线,例如铅、钨、钡、铁等。

需要说明的是,以上仅从中子与物质相互作用的角度分析了中子屏蔽材料的选择原则。实际中还应依据辐射防护最优化原则,综合考虑材料的屏蔽性能、结构性能、稳定性能、耐辐照性能,以及经济成本等因素。

9.3 β 射线的屏蔽

尽管 β 射线的贯穿能力远小于 γ 射线和中子,但是其对人体表层组织的损伤是不可忽视的。同时,由于 β 射线在与物质相互作用时会产生轫致辐射,对它的屏蔽防护具有特殊性。因此对 β 射线的剂量计算及屏蔽方法进行讨论还是很有必要的。

9.3.1 β 射线剂量计算

对 β 射线的剂量计算远比 γ 射线复杂得多。这主要是因为 β 射线的能谱是连续的,虽然其在物质中的衰减近似遵守指数衰减规律,但是介质对它的散射很显著,而且散射情况与到辐射源的距离、源周围的散射介质性质、放射源的几何形状相关。因此进行严格的 β 射线剂量计算是比较复杂的,在日常防护中通常采用经验公式进行近似计算。

1. β 点源剂量计算公式

R. Loevinger 对实验数据进行分析总结,给出了如下 β 点源的吸收剂量率半经验公式。该公式对 0.167~2.24 MeV 能量范围内的 β 粒子具有较高的精度

$$\dot{D} = 4.608 \times 10^{-8} A\rho^2 \overline{E}_\beta \frac{\mu\alpha}{r^2}(B+\mu r e^{1-\mu r}) \quad (\text{Gy/h}) \tag{9.66}$$

其中,A 为 β 点源的放射性活度,单位为 Bq;ρ 为介质密度,单位为 g/cm³;$\overline{E}_\beta$ 为 β 粒子的平均能量,单位为 MeV;r 为参考点到点源的距离,单位为 g/cm²;参数 α 的表达式为

$$\alpha = \frac{1}{c^2(3-e)+e} \tag{9.67}$$

其中,e 为自然常数。参数 B 的表达式为

$$B = \begin{cases} c-\mu r e^{1-\mu r/c} & \mu r < c \\ 0 & \mu r \geq c \end{cases} \tag{9.68}$$

对于空气,参数 c 和 μ 的表达式为

$$c = 3.11\mathrm{e}^{-0.55E_{\max}}$$

$$\mu = \frac{16.0}{(E_{\max}-0.036)^{1.40}}\left(2-\frac{\overline{E}_\beta}{\overline{E}^*}\right) \tag{9.69}$$

对于软组织,参数 c 和 μ 的表达式为

$$c = \begin{cases} 2 & 0.17 < E < 0.5 \text{ MeV} \\ 1.5 & 0.5 \leqslant E < 1.5 \text{ MeV} \\ 1 & 1.5 \leqslant E < 3 \text{ MeV} \end{cases}$$

$$\mu = \frac{18.6}{(E_{\max}-0.036)^{1.37}}\left(2-\frac{\overline{E}_\beta}{\overline{E}^*}\right) \tag{9.70}$$

其中,$E_{\max}$ 为 β 粒子的最大动能,单位为 MeV;$\overline{E}^*$ 为 β 衰变方式为容许跃迁时,理论计算的 β 能谱平均能量,单位为 MeV。对于 ^{90}Sr,$\overline{E}_\beta/\overline{E}^*$ 的值为 1.17;对于 ^{210}Bi,$\overline{E}_\beta/\overline{E}^*$ 的值为 0.77;对于其他常用 β 放射性核素,$\overline{E}_\beta/\overline{E}^*$ 的值均为 1。

下面通过一个例子来说明式(9.66)的应用。考虑一个活度为 3.7×10^7 Bq 的 ^{90}Y β 点源。其发射的 β 粒子的最大能量为 $E_{\max}=2.284$ MeV,平均能量为 $\overline{E}_\beta=0.9348$ MeV。如果取 $\overline{E}_\beta/\overline{E}^*=1$,试求距离该点源 30 cm 处空气的吸收剂量率。

首先,根据式(9.69)可得 μ 和 c 的值为

$$\mu = \frac{16.0}{(E_{\max}-0.036)^{1.40}}\left(2-\frac{\overline{E}_\beta}{\overline{E}^*}\right) = 5.15 \text{ cm}^2/\text{g}$$

$$c = 3.11\mathrm{e}^{-0.55E_{\max}} = 0.89$$

利用式(9.67)可得 α 的值为

$$\alpha = \frac{1}{3c^2-(c^2-1)\mathrm{e}} = 0.34$$

从而可得参数 B 的值为

$$B = c-\mu r \mathrm{e}^{1-\mu r/c} = 0.31289$$

已知空气的密度为 0.0129 g/cm^3,将其和上述结果代入式(9.66)可得距离该点源 30 cm 处空气中的吸收剂量率为

$$\dot{D} = \dot{D} = 4.608\times10^{-8}A\rho^2\overline{E}_\beta\frac{\mu\alpha}{r^2}(B+\mu r\mathrm{e}^{1-\mu r}) = 2.793 \text{ Gy/h}$$

2. β 平面源的剂量

对于一个半径为 a(单位为 cm)的 β 圆面源,其放射性核素的面活度浓度为 A(单位为 Bq/cm^2),在其中心上方 r 处(单位为 g/cm^2)处的吸收剂量率为

$$\dot{D} = 2.89\times10^{-7}\overline{A\mu E_\beta}\alpha(Bc+\mathrm{e}^{1-\mu r}-\mathrm{e}^{1-\mu\sqrt{r^2+a^2}}) \tag{9.71}$$

其中,参数 μ、α、c 与 β 点源剂量公式中相同[式(9.67)至式(9.70)];参数 B 的表达式为

$$B = \begin{cases} 1+\ln\dfrac{c}{\mu r}-\mathrm{e}^{1-\mu r/c} & \mu r < c \\ 0 & \mu r \geqslant c \end{cases} \quad (9.72)$$

当半径 $a \to \infty$ 时，上述圆面源可视为无限大平面源，此时式(9.71)可简化为

$$\dot{D} = 2.89 \times 10^{-7} A \mu \overline{E_\beta} \alpha (Bc + \mathrm{e}^{1-\mu r}) \quad (9.73)$$

下面通过一个例子来说明式(9.69)的应用。假设皮肤被 ^{90}Y 放射性核素污染，皮肤表面污染物的面活度浓度 $A = 3.7 \times 10^4$ Bq/cm^2。试求被污染皮肤所受的吸收剂量率。

首先，对于皮肤剂量通常以表皮基底所受的剂量为代表。辐射防护中基底层的平均深度取为 7 mg/cm^2，这个深度相比源的尺寸要小得多，因此可以将被污染的皮肤视作无限大的平面源，使用式(9.73)来进行估算，并取 $r = 0.007$ g/cm^2。

取 $E_{\max} = 2.284$ MeV，$\overline{E_\beta} = 0.9348$ MeV，$\overline{E_\beta}/\overline{E^*} = 1$，人体密度为 $\rho = 1$ g/cm^3。根据式(9.70)可得 μ 和 c 的值为

$$\mu = \frac{18.6}{(E_{\max} - 0.036)^{1.37}}\left(2 - \frac{\overline{E_\beta}}{\overline{E^*}}\right) = 6.13 \text{ cm}^2/\text{g}$$

$$c = 1$$

再利用式(9.67)可得 α 的值

$$\alpha = \frac{1}{3c^2 - (c^2 - 1)\mathrm{e}} = 0.333$$

从而可得参数 B 的值为

$$B = 1 + \ln\frac{c}{\mu r} - \mathrm{e}^{1-\mu r} = 0.445$$

已知空气的密度为 0.0129 g/cm^3，将其和上述结果代入式(9.66)可得距离该点源 30 cm 处空气中的吸收剂量率为

$$\dot{D} = 2.89 \times 10^{-7} A \mu \overline{E_\beta} \alpha (Bc + \mathrm{e}^{1-\mu r}) = 0.08465 \text{ Gy/h}$$

3. β 射线韧致辐射的剂量

当 β 粒子在介质中被完全阻止时，转换为韧致辐射的能量份额近似为

$$F \approx 3.33 \times 10^{-4} Z_e E_{\max} = 1.0 \times 10^{-3} \overline{E_\beta} Z_e \quad (9.74)$$

其中，$E_{\max}$ 和 $\overline{E_\beta}$ 的单位为 MeV；Z_e 是吸收介质的有效原子序数。由于韧致辐射具有连续能谱，因此在实际计算时可以假定韧致辐射的平均能量 E_b 等于入射 β 粒子的平均能量 $\overline{E_\beta}$，实际可近似取为 $E_b \approx E_{\max}/3$。

如果将韧致辐射看作点源，并忽略其在空气中的衰减，则在距离 β 源 r 处，韧致辐射的能量注量率为

$$\psi = 1.6 \times 10^{-13} \frac{AFE_b}{4\pi r^2} \quad (\text{J} \cdot \text{m}^{-2} \cdot \text{s}^{-1}) \quad (9.75)$$

其中，r 的单位为 m；A 为 β 源的放射性活度，单位为 Bq；E_b 的单位为 MeV。根据能量注量

率与吸收剂量率的关系可得

$$\dot{D} = 4.58 \times 10^{-14} A Z_e \left(\frac{E_b}{r}\right)^2 \frac{\mu_{en}}{\rho} \quad (\text{Gy/h}) \tag{9.76}$$

其中，μ_{en}/ρ 是平均能量为 E_b 的韧致辐射在空气中的质能吸收系数，单位为 m^2/kg。

9.3.2 β射线和单能电子束屏蔽计算

1. β射线和单能电子束屏蔽层的计算

如果要屏蔽掉所有的β粒子，只需保证屏蔽介质的厚度 d 大于β射线在介质中的射程即可。能量为 $E(\text{MeV})$ 的单能电子束在低 Z 物质中的射程 R（单位：g/cm^2）可由以下经验公式计算，即

$$R = \begin{cases} 0.412 E^{1.265-0.0954\ln E} & 0.01 < E < 2.5 \text{ MeV} \\ 0.53 E - 1.06 & 2.5 \leq E < 20 \text{ MeV} \end{cases} \tag{9.77}$$

对于最大能量为 E_{max} 的β射线，其射程可以用能量为 E_{max} 的单能电子的射程代表。在确定屏蔽材料的成分后，求出β粒子在介质中的射程，从而即可确定材料的几何厚度为

$$d = \frac{R}{\rho} \quad (\text{cm}) \tag{9.78}$$

其中，ρ 为屏蔽介质的密度，单位为 g/cm^3。如果只需将β射线强度降低至限定值之下，此时所需的屏蔽介质厚度可使用半值层 $\Delta_{1/2}$ 来进行估算。

2. 韧致辐射屏蔽层的计算

β射线在和介质发生相互作用时会产生韧致辐射，其穿透本领要大于β射线。因此在对β射线屏蔽时还必须考虑对韧致辐射的屏蔽。

韧致辐射的屏蔽计算方法与γ射线的屏蔽计算相似。例如，要求距离屏蔽层表面 r 处空气中的吸收剂量率低于限值 $\dot{D}_{L,h}$（单位为 Gy/h）。此时首先可根据式(9.76)求出没有屏蔽时的剂量率 $\dot{D}_0$，立即便可确定减弱倍数 $K = \dot{D}_0 / \dot{D}_{L,h}$。此时取韧致辐射的平均能量为 $E_b = E_{max}/3$，查表即可确定所需的屏蔽材料厚度。

3. β射线及其韧致辐射屏蔽材料的选取

根据式(9.74)可以看出，随着屏蔽材料有效原子序数 Z_e 的增加，由于韧致辐射产生的吸收剂量率也随之增加。因此对于β射线的屏蔽，应当尽量选择低 Z 材料，例如铝、有机玻璃、混凝土等材料。对于韧致辐射的选择与γ射线屏蔽相同，应当选择原子序数 Z 较大的材料，如铅、铁、混凝土等材料。

总结起来，β射线的屏蔽应当分为两层：第一层屏蔽材料选择低 Z 材料，在屏蔽β射线的同时尽量减少韧致辐射的产生；第二层屏蔽材料选择高 Z 材料，用于屏蔽β射线产生的韧致辐射。

最后通过一个例子来看一下β射线屏蔽计算方法。现有一个 ^{32}P β点源，其放射性活度为 $A = 3.7 \times 10^{11}$ Bq。已知 ^{32}P 衰变时发射的β粒子最大动能为 $E_{max} = 1.711$ MeV，平均能

量为 $\overline{E}_\beta = 0.695$ MeV。请设计其屏蔽容器厚度,使容器外 20 cm 处空气中的吸收剂量率小于 $\dot{D}_T = 25\mu$Gy/h。

根据 β 射线的屏蔽原理,需要设置两层屏蔽材料。第一层材料选择轻材料,用以屏蔽 β 射线,这里考虑选择铝作为第一层屏蔽材料;第二层材料选择中材料,以屏蔽 β 射线产生的轫致辐射,这里考虑选择铅作为第二层屏蔽材料。

首先确定第一层铝的厚度。已知铝的密度为 $\rho = 2.754$ g/cm³,铝的有效原子序数为 $Z = 13$。根据式(9.77)可得 ^{32}P 发射的 β 射线在铝中的射程为

$$R = 0.412E^{1.265-0.0954\ln E} = 0.79 \text{ g/cm}^2$$

与其对应的铝层的厚度应当为

$$d = \frac{R}{\rho} = 0.29 \text{ cm}$$

因此可以选择厚度约为 3mm 的铝皮做成内壳以屏蔽 β 射线。

下面考虑第二层铅的厚度。此时轫致辐射光子的平均能量为 $E_b = \overline{E}_\beta = 0.695$ MeV,查表可得空气对该能量的光子的质能吸收系数为 $\mu_{en}/\rho = 2.918 \times 10^{-3}$ m²/kg。利用式(9.76)可得无铅屏蔽时空气中的吸收剂量率为

$$\dot{D}_0 = 4.58 \times 10^{-14} AZ_e \left(\frac{E_b}{r}\right)^2 \frac{\mu_{en}}{\rho} = 7.763 \text{ mGy/h}$$

从而可得减弱倍数为

$$K = \frac{\dot{D}_0}{\dot{D}_T} \approx 310$$

查表可得能量为 0.695 MeV 的光子在铅中的减弱 310 倍所需的铅厚度为 5.48 cm。

习 题

1. 已知某房间中有一段流动放射性废液的直形管道。管道长 1.2 m,截面积为 5 cm²,其中流动的废液的放射性浓度为 3.2×10^7 Bq/cm,其发射的 γ 射线的能量为 1 MeV。试求与管轴线中点垂直距离为 2m 处的吸收剂量率?(取质能吸收系数为 $\mu_{en}/\rho = 2.787 \times 10^{-3}$ m²/kg)

2. 现有一个放射性活度为 3.7×10^{10} Bq 的 ^{60}Co 点 γ 源。已知其比释动能率常数为 $\Gamma_K = 8.67 \times 10^{-17}$ Gy·m²·Bq⁻¹·s⁻¹。

(1) 试求在距离该点源 5 m 处空气中的比释动能率。

(2) 如果想将距离该点源 5 m 处空气中的比释动能率降至 2.5 μGy/h 以下,试求所需屏蔽铅层的厚度。(假设此时铅层的积累因子 $B = 3.12$ 且为常数)

3. 现在有一个平面单向裂变中子源,紧贴该中子源的有一厚度为 10 cm 的铁板。在铁板后面有 80 cm 后的水层。试问将铁板抽走后,水层外表面的剂量当量率将增加为原来的

多少倍？（已知铁对裂变中子源的微观分出截面为1.98 b）

4. 现有一个活度为 3.7×10^{10} Bq 的 β^- 点源，其发射的 β 射线的最大能量 $E_{max}=2.284$ MeV，平均能量 $\bar{E}_\beta=0.9348$ MeV。现考虑对该放射源进行屏蔽，希望将距离该点源 30 cm 处空气中的吸收剂量率降低至 25 μGy/h 以下。（计算中取 $\bar{E}_\beta/\bar{E}^*=1$，能量为 1 MeV 左右的 γ 射线在空气中的质能吸收系数为 $\mu_{en}/\rho=2.787\times10^{-3}$ m^2/kg，能量为 1 MeV 左右的 γ 射线在铅中的半值层为 $\Delta_{1/2}=0.9$ cm）

（1）在内层选择铝作为屏蔽材料，用来屏蔽 β^- 射线。试求所需的铝壳厚度。

（2）在外层采用铅作为屏蔽材料，用来屏蔽 β^- 射线产生的轫致辐射。试求所需的铅层的厚度。

5. 请简述 β 射线外照射屏蔽的特点，以及应该如何考虑对 β 射线的屏蔽设计。

6. 通过高能质子（GeV）轰击重核可以发生散裂反应产生高能中子，对散裂中子进行屏蔽应该如何设计屏蔽层？

7. 为什么在屏蔽材料后存在厚的水层的情况下，中子在水层中的吸收剂量是按照指数规律衰减的？如果水层的厚度小于 50 cm，会对分出截面造成什么影响？

8. 已知 1 MeV 的 γ 光子在混凝土中的线衰减系数约为 0.12 cm^{-1}，试求该能量的 γ 射线的强度衰减为原来一半所需的混凝土厚度 $\Delta_{1/2}$（半值层）和衰减为原来十分之一所需的混凝土厚度 $\Delta_{1/10}$（十倍衰减厚度）。

9. 现有一个高度 $H=1$ m，直径 $R=60$ cm 的放射性废液储存桶。其内部储存放射性废液的总活度为 3.7×10^9 Bq，发射的 γ 射线平均能量为 $\bar{E}=1$ MeV。如果忽略废液对 γ 射线的吸收以及桶体对 γ 射线的屏蔽，试估算桶体侧面一半桶高处空气中的吸收剂量率（取 γ 射线的质能吸收系数为 $\mu_{en}/\rho=2.8\times10^{-3}$ m^2/kg）。

参 考 文 献

[1] 夏益华,陈凌. 高等电离辐射防护教程[M]. 哈尔滨:哈尔滨工程大学出版社,2010.

[2] 谢弗 N M. 核反应堆屏蔽工程学[M]. 北京:原子能出版社,1983.

[3] JAMES W. Computational methods in reactor shielding[M]. Oxford:Pergamon Press,1932.

[4] 古雪夫 Н Г. 电离辐射防护[M]. 北京:原子能出版社,1988.

[5] 李德平,潘自强. 辐射防护手册[M]. 北京:原子能出版社,1991.

[6] 王汝赡,卓韵裳. 核辐射测量与防护[M]. 北京:原子能出版社,1990.

[7] SHULTI J K,RICHARD E F. Radiation shielding[M]. [s. l.]:American Nuclear Society,Inc.,2000.

[8] SHULTI J K,FAW R E. Radiation shielding and radialogical protection[M]. Berlin:Springer,2010.

[9] SHAHEEN A D,NOLAN E H. Advanced radiation protection dosimetry[M]. Boca Raton:

CRC Press,2019.

[10] MARTIN A,HARBISON S,BEACH K,et al. An introduction to radiation protection[M]. 7th ed. Boca Raton:CRC Press,2019.

[11] ICRP. 1990 Recommendations of the international commission on radiological protection[M]. Oxford:Pergamon Press,1991.

[12] SHULTIS J K,FAW R E. Radiation shielding technology[J]. Health Physics,2005(88):297-322.

[13] 谢仲生,吴宏春,张少泓. 核反应堆物理分析(修订本)[M]. 西安:西安交通大学出版社,2004.

[14] 谢仲生,邓力. 中子输运理论数值计算方法[M]. 西安:西北工业大学出版社,2005.

[15] ROBERT L. The dosimetry of beta sources in Tissue:the point-source function. The Fortieth Annual Meeting of the Radiological Society of North America[J]. Los Angeles,1954,61(1):55-62

第 10 章 内照射剂量评估

内照射剂量指的是被摄入人体内的放射性核素对人体产生的剂量。放射性物质进入人体后将会有相当一部分滞留于体内,直接且不间断地对人体组织产生照射。除了衰变和排泄外,无法通过一般的控制方法控制内照射。这意味着内照射对人体的伤害更为直接和严重,因而对内照射剂量的评估尤为重要。

10.1 内照射剂量评估方法

根据涉及的场景,内照射剂量评估通常可分为医疗内照射剂量评估、职业内照射评估和环境内照射评估。其中,医疗内照射剂量评估使用吸收剂量作为最终的评估量;职业内照射评估和环境内照射评估使用待积当量剂量作为最终的评估量。下面分别加以介绍。

10.1.1 吸收剂量

为了描述人体器官(组织)中放射性核素沉积和受照射的情况,可将器官(或组织)分为源器官(S)和靶器官(T)两类。放射性核素摄入体内以后,放射性核素含量显著的器官称为源器官,吸收辐射的器官则称为靶器官。源器官和靶器官既可以是同一器官,也可以是不同的器官。例如,人体肺部沉积了 γ 放射性核素,因此肺是源器官;肺中沉积的 γ 放射性核素不仅使肺受到照射,而且使邻近器官(如心脏)也受到照射,因此肺和心脏都是靶器官。

t 时刻由源器官 S 中的放射性核素在靶器官 T 中产生的吸收剂量率可用下式计算,即

$$\dot{D}(\bm{r}_T, t) = \sum_{\bm{r}_S} A(\bm{r}_S, t) S(\bm{r}_T \leftarrow \bm{r}_S, t) \tag{10.1}$$

其中,$A(\bm{r}_S, t)$ 是摄入放摄性核素后 t 时刻源器官中放射性核素的活度,可由生物动力学模型计算得到,或通过直接测量得到;$S(\bm{r}_T \leftarrow \bm{r}_S, t)$ 是摄入放摄性核素后 t 时刻源器官中单位活度辐射在靶器官中产生的平均吸收剂量率。

$S(\bm{r}_T \leftarrow \bm{r}_S, t)$ 的取值与具体的核素、参考人体模型参数,以及源器官与靶器官之间的器官组织有关,可由下式计算,即

$$S(\bm{r}_T \leftarrow \bm{r}_S, t) = \sum_i E_{R,i} Y_{R,i} \frac{\phi(\bm{r}_T \leftarrow \bm{r}_S, E_{R,i}, t)}{M(\bm{r}_T, t)} \tag{10.2}$$

其中,$E_{R,i}$ 为 R 类辐射(如伽马、中子、电子等)中 i 粒子的能量。例如,考虑 ^{60}Co 放出的伽马射线,下标 R 用来标识伽马射线,对应 $i=1$ 的伽马射线能量为 1.173 MeV,$i=2$ 的伽马射线能量为 1.332 MeV。$Y_{R,i}$ 为辐射 i 对应的产额,$M(\bm{r}_T, t)$ 为 t 时刻靶器官的质量。

$\phi(\mathbf{r}_T \leftarrow \mathbf{r}_S, E_i, t)$ 为(能量)吸收分数，其含义为：t 时刻源器官 S 中一个能量为 $E_{R,i}$ 的辐射粒子 i 在靶器官 T 中沉积能量的份额。通常将吸收分数与靶器官质量的比值定义为比吸收分数(specific absorbed fraction, SAF)，则

$$\Phi(\mathbf{r}_T \leftarrow \mathbf{r}_S, E_{R,i}, t) = \frac{\phi(\mathbf{r}_T \leftarrow \mathbf{r}_S, E_{R,i}, t)}{M(\mathbf{r}_T, t)} \tag{10.3}$$

比吸收分数 Φ 表示 t 时刻源器官 S 中一个能量为 $E_{R,i}$ 的辐射粒子 i 在单位质量靶器官 T 中沉积能量的份额。利用比吸收分数，可将 $S(\mathbf{r}_T \leftarrow \mathbf{r}_S, t)$ 写为

$$S(\mathbf{r}_T \leftarrow \mathbf{r}_S, t) = \sum_i E_{R,i} Y_{R,i} \Phi(\mathbf{r}_T \leftarrow \mathbf{r}_S, E_{R,i}, t) \tag{10.4}$$

在多数情况下，源器官和靶器官的质量在整个照射期间都是常量，即 $S(\mathbf{r}_T \leftarrow \mathbf{r}_S, t)$ 与时间无关，写作 $S(\mathbf{r}_T \leftarrow \mathbf{r}_S)$。

根据式(10.1)，在摄入放射性核素 τ 时间后，靶器官总吸收剂量为

$$D(\mathbf{r}_T, \tau) = \int_0^\tau \dot{D}(\mathbf{r}_T, t) \mathrm{d}t = \sum_{\mathbf{r}_S} S(\mathbf{r}_T \leftarrow \mathbf{r}_S) \int_0^\tau A(\mathbf{r}_S, t) \mathrm{d}t \tag{10.5}$$

由于核医疗中常用的放射性核素的半衰期(表10.1)基本都远小于人的寿命，对于这些核素式(10.5)中的积分上限值通常取为无限长，即 $\tau \to \infty$。如果 $A(\mathbf{r}_S, t)$ 归一化到单位给药活度，称其为源器官的给药活度分数，用符号 $a(\mathbf{r}_S, t)$ 表示。设 A_0 为总的给药活度，则

$$a(\mathbf{r}_S, t) = \frac{A(\mathbf{r}_S, t)}{A_0} \tag{10.6}$$

由此可定义靶器官中的吸收剂量系数 $d(\mathbf{r}_T, \tau)$ 为

$$d(\mathbf{r}_T, \tau) = \sum_{\mathbf{r}_S} S(\mathbf{r}_T \leftarrow \mathbf{r}_S) \int_0^\tau a(\mathbf{r}_S, t) \mathrm{d}t \tag{10.7}$$

对应单位给药活度，经过时间 τ 在靶器官 T 上产生的吸收剂量。

表 10.1 临床核医学常用放射性核素

核素	半衰期	射线	用途
^{99m}Tc	6.02 h	γ	SPECT 检查
^{18}F	109.8 min	β^+、γ	PET 检查
^{131}I	8.04 d	β^-、γ	甲状腺癌及甲亢的治疗
^{125}I	60.2 d	β^-、γ	体外放射分析
^{89}Sr	50.5 d	β^-、γ(极少)	转移性骨痛治疗
^{90}Sr	28.8 a	β^-	核素敷贴治疗
^{90}Y	64.1 h	β^-、γ(极少)	核素敷贴治疗
^{32}P	14.28 d	β^-	核素敷贴治疗

10.1.2 待积当量剂量

在职业内照射和环境内照射剂量评估中，使用的是待积当量剂量。引入

$$S_w(\boldsymbol{r}_T \leftarrow \boldsymbol{r}_S) = \sum_i w_R S(\boldsymbol{r}_T \leftarrow \boldsymbol{r}_S, E_{R,i}) = \sum_R w_R \sum_i E_{R,i} Y_{R,i} \Phi(\boldsymbol{r}_T \leftarrow \boldsymbol{r}_S, E_{R,i}) \quad (10.8)$$

则摄入放射性核素后 t 时间靶器官中的当量剂量率可写为

$$\dot{H}_T(t) = \sum_{\boldsymbol{r}_S} A(\boldsymbol{r}_S, t) S_w(\boldsymbol{r}_T \leftarrow \boldsymbol{r}_S) \quad (10.9)$$

从而在摄入放射性核素 τ 时间后，靶器官中的待积当量剂量为

$$H_T(\tau) = \int_0^\tau \dot{H}_T(t) \, \mathrm{d}t = \sum_{\boldsymbol{r}_S} S_w(\boldsymbol{r}_T \leftarrow \boldsymbol{r}_S) \int_0^\tau A(\boldsymbol{r}_S, t) \, \mathrm{d}t \quad (10.10)$$

考虑到男女的生理特性差异，记男性参考人体模型和女性参考人体模型的计算结果分别为 H_T^M 和 H_T^F，取二者平均值作为估算结果，从而可得摄入放射性核素 τ 时间后，人体的待积有效剂量为

$$E(\tau) = \sum_T w_T \left[\frac{H_T^M(\tau) + H_T^F(\tau)}{2} \right] \quad (10.11)$$

实际上在职业照射的剂量估算中，可采用简单的隔室模型代表器官中的放射性核素的转移、沉积和排出，进而简化内照射剂量的估算。

采用 IAEA Safety Reports Series No. 37 使用的生物动力学和剂量学模型时，源器官 S 中放射性核素活度随时间的变化可用下式描述，即

$$A_S(t) = \sum_m A_0 f_1 f_S T_m a_m (1 - \mathrm{e}^{-0.693 t / T_m}) \quad (10.12)$$

其中，A_0 初始时刻为摄入的总活度；f_1 为放射性物质转移到体液的分数；f_S 为从体液转移到源器官 S 的分数；T_m 为该放射性物质相应于第 m 个隔室的有效半排期；a_m 为第 m 项占的分数。

利用式(10.12)，可定义待积当量剂量的剂量系数 $h(\tau)$ 为

$$h(\tau) = \int_0^\tau \sum_{\boldsymbol{r}_S} \sum_m f_1 f_S T_m a_m (1 - \mathrm{e}^{-0.693 t / T_m}) S_w(\boldsymbol{r}_T \leftarrow \boldsymbol{r}_S) \, \mathrm{d}t \quad (10.13)$$

$h(\tau)$ 的含义为：每单位摄入量的待积器官当量剂量的预定值，其单位为 Sv/Bq。利用 $h(\tau)$，摄入放射性核素 τ 时间后的待积当量剂量可表示为

$$H_T(\tau) = A_0 h(\tau) \quad (10.14)$$

类似可定义待积有效剂量的剂量系数 $e(\tau)$，其含义为每单位摄入量引起的待积有效剂量预定值，单位为 Sv/Bq。并可得有效剂量的估算式为

$$E(\tau) = A_0 e(\tau) \quad (10.15)$$

当涉及多种放射性核素 j 时，式(10.14)和式(1.15)变为

$$H_T(\tau) = \sum_j A_{j,0} h_j(\tau)$$

$$E(\tau) = \sum_j A_{j,0} e_j(\tau) \quad (10.16)$$

ICRP 第 67、69、71 和 72 号出版物给出了基于生物动力学和剂量学模型计算得到的 $h(\tau)$ 和 $e(\tau)$。实际中只要能估算出初始摄入量 A_0，就可以方便地计算出器官待积当量剂量 $H_T(\tau)$ 和待积有效剂量 $E(\tau)$。

通过上面的介绍可以看到，无论是吸收剂量，还是待积有效剂量，都必须知道初始时刻

的放射性摄入量。实际中,可以基于生物动力学模型建立微分方程组并求解,得到人体内摄入量随时间的变化,然后结合内照射监测结果估算初始摄入量。

10.2 生物动力学模型

10.2.1 放射性物质进入人体的途径以及进入人体后的行为

放射性核素的摄入可以通过吸入、食入、伤口、无损伤的皮肤途径发生。在职业照射的情况下,摄入的主要途径是吸入;沉积在呼吸系统中的一部分物质将转移到咽喉部并被吞食,造成在胃肠道被吸收的机会。

放射性核素在进入人体后,除了继续发生放射性衰变外,还会发生沉积、转移、吸收、排泄等一系列过程。图 10.1 描述了放射性核素的摄入途径,以及摄入后放射性核素在人体内的转移和排泄途径。这些过程的特征和输入物质的物理、化学特性相关,也和人体的内部构造和功能有关。例如,镭容易被骨骼吸收,而碘主要被甲状腺吸收。放射性核素沉积在某个器官后,经过一段时间可能又进入血液,然后被另一个器官吸收。这些过程在放射性核素最终被排泄出体外之前将一直进行着。

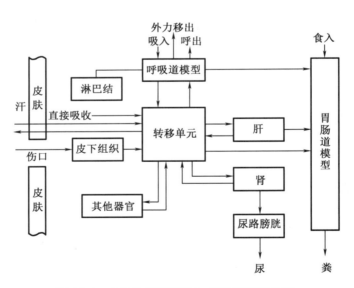

图 10.1　放射性核素的摄入、转移和排泄途径

为了更好地用数学形式描述这种过程,常常采用一些根据实验或实测资料概化出来的生物动力学模型。对受到职业照射的工作人员,ICRP 已经开发出一套描绘通过吸入或食入方式进入体内的放射性核素的行为模型,这些模型能够用于工作场所的监管。

对于吸入和食入放射性核素的情况,ICRP 第 30 号出版物给出了根据放射性核素的摄入量评估器官(组织)当量剂量的生物动力学模型。在这些动力学模型中采用了隔室模型,其基本思想为:(1)将人体组织或器官按照功能划分为若干个单元,每个单元称为一个隔室;(2)每个隔室内的材料都是均匀混合填充的;(3)各隔室间的相互作用通过交换材料的方式进行。这些生物动力学模型描述了放射性物质在各个隔室内的转移,其基本结构如图10.2所示。这些模型主要用于计算预期剂量和设定摄入限值。当放射性核素摄入量很小时,这些模型对于防护目的是足够的。

由图10.2可以看到,在ICRP第30号出版物给出的生物动力学模型中,主要考虑了呼吸系统模型和胃肠道模型,分别对应吸入和食入两种放射性摄入方式。在呼吸系统模型中,吸入放射性物质的沉积与气溶胶的直径有关。ICRP第30号出版物中的待积当量剂量都是对活度中值空气动力学直径(activity median aerodynamic diameter,AMAD)1 μm的气溶胶计算的。对于其他AMAD的待积当量剂量,需要对颗粒直径的影响进行修正。

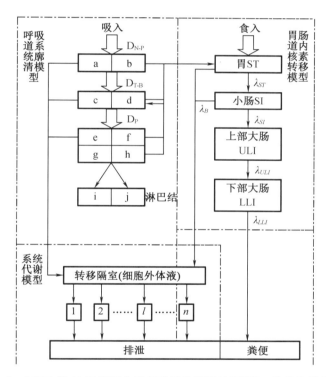

图10.2 ICRP第30号出版物所描述的放射性核素摄入、转移和排泄模式

1994年出版的ICRP第66号出版物发布了新的呼吸道模型(图10.3),该模型用于计算基本安全标准(BSS)中给出的吸入剂量系数。新的模型考虑了呼吸道特定组织的剂量,并且考虑到了辐射灵敏度方面的差异。在新的模型中,呼吸道可分为胸腔外区和胸区。其中胸腔外区由前鼻通道 ET_1,以及由后鼻通道和口腔通道、咽和喉组成的 ET_2 构成;胸区由主支气管区(BB)、细支气管区(bb)和肺泡间质区(AI)构成。

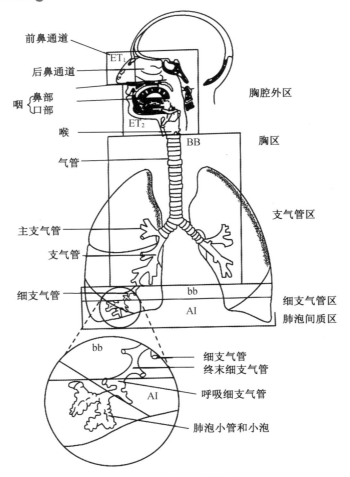

图 10.3 新的呼吸道模型

对于粒径在 0.6 nm 活度中值热力学直径(activity median thermodynamic diameter, AMTD)到 100 μm AMAD 的各种颗粒,新的模型给出了与年龄相关的沉积参数缺省值。在考虑日平均活度模式的基础上,新的模型给出了职业受照射人员的沉积参数缺省值。目前认为工作场所中放射性核素的最恰当的颗粒粒径缺省值为 5 μm,因此在 BSS 中给出了 AMAD 为 5 μm 的吸入剂量系数,也给出了 AMAD 为 1 μm 的剂量系数。

人血液中放射性核素的吸收量取决于沉积在呼吸系统中的放射性核素的物理化学形态。新的模型考虑到溶解和吸收到血液中的量随时间的变化,建议使用物质特有的溶解速度。对于无法获得特有参数的情况,新的模型给出了吸收参数的缺省值,即 F 类(快速)、M 类(中速)和 S 类(慢速)。这些物质的特性见表 10.2。

对于工作人员吸入的微粒形态的放射性核素,通常假定其进入呼吸道以及在呼吸道中的区域性沉积情况仅由气溶胶颗粒的大小分布支配。但是对于气体和蒸汽,情况有所不同。此时在呼吸道的沉积是随物质而异的:几乎所有被吸入气体的分子都同气道表面接触,但通常会返回空气中,除非它们溶解在内表层或同其发生反应。因此沉积在各区中的吸入气体或蒸汽的份额取决于其溶解度和反应率。根据呼吸道沉积的初步模式,新的模型将气体和蒸汽的溶解度/反应率(SR)分成三个缺省类别(表10.3)。

表 10.2 F 类、M 类和 S 类物质的特性

类别	特性	半排期	典型例子
F 类	几乎所有沉积在 BB、bb 和 AI 的 F 类物质都被迅速吸收,沉积在 ET_2 区的 50% 通过粒子输运被廓清到消化道,另一半被吸收	10 min	铯和碘的化合物
M 类	沉积在 BB、bb 和 AI 的 10% 的 M 类物质和沉积在 ET_2 区的 5% 的 M 类物质被迅速吸收,大约有 70% 沉积在 AI 区的最终被吸收到体液	被吸收的 10% 物质的生物半排期为 10 min,90% 物质的生物半排期为 140 d	镭和锕的化合物
S 类	ET、BB 和 bb 区吸收的很少,大约有 10% 沉积在 AI 区的最终被吸收到体液	被吸收的 0.1% 物质的生物半排期为 10 min,99.9% 物质的生物半排期为 7 000 d	铀和钚的不能溶解的化合物

表 10.3 溶解度/反应率级别

级别	说明	实例
SR-0 级	不溶或不起反应:在呼吸道中的沉积可忽略不计	^{41}Ar、^{85}Kr、^{133}Xe
SR-1 级	可溶解或反应:在整个呼吸道可以发生沉积	氡气、^{14}CO、^{135}I 蒸汽、^{135}Hg 蒸汽
SR-3 级	高度可溶或反应:完全沉积在胸腔外气道(ET_2)。为计算目的,可以认为它们似乎是直接注入血液中的	有机化合物和氚水中的 ^3H

10.2.2 核素放射性活度变化方程

利用隔室模型,可以建立起各隔室内放射性核素活度随时间变化的方程。现在考虑隔室 j 中的某放射性核素 i,其是摄入的母核的衰变链上的第 i 个核素[即 $(i-1)$ 代子体]。记隔室 j 中核素 i 的活度为 $A_{i,j}(t)$,造成核素 $A_{i,j}(t)$ 变化的原因包括以下几项。

(1) 核素 i 自身衰变。
(2) 由当前隔室转移至其他隔室。
(3) 其他核素衰变产生核素 i。
(4) 由其他隔室转移至当前隔室。

根据以上分析,可以写出 $A_{i,j}(t)$ 随时间变化的方程为

$$\frac{\mathrm{d}}{\mathrm{d}t}A_{i,j}(t) = \sum_{\substack{k=1 \\ k \neq J}}^{M} A_{i,k}\lambda_{i,k \to j} - A_{i,j}\left(\lambda_i^P + \sum_{\substack{k=1 \\ k \neq J}}^{M} \lambda_{i,j \to k}\right) + \sum_{l=1}^{i-1} A_{l,j}\beta_{l,i}\lambda_i^P \qquad (10.17)$$

其中，M 为总的隔室数；$\lambda_{i,k \to j}$ 为核素 i 从第 k 个隔室向第 j 个隔室的廓清速率常数，其含义为一个核素单位时间内由第 k 个隔室转移至第 j 个隔室的概率；λ_i^p 为核素 i 的衰变常量；$\beta_{l,i}$ 为摄入的母核的衰变链上第 l 个核素发生衰变产生核素 i 的分支比。

只要给出相应的初值条件，针对衰变链上的所有核素求解式(10.17)，即可得到核素 i 的放射性活度随时间变化的规律。通常认为摄入前体内没有放射性核素，母核是通过摄入隔室进入体内，然后通过沉积、转移等过程进入其他隔室。因此对于非摄入隔室有

$$A_{i,j}(0) = 0 \tag{10.18}$$

对于摄入隔室

$$A_{i,j}(0) = \begin{cases} 0 & (i \neq 1) \\ A_0 & (i = 1) \end{cases} \tag{10.19}$$

其中，A_0 为初始摄入量。实际中，为了使式(10.17)的结果具有通用性，通常假设 $A_0 = 1$，即考虑单位活度的摄入情形。此时的 $A_{i,j}(t)$ 称为摄入滞留函数(intake retention function)，用符号 $m_{i,j}(t)$ 表示，其是一个无量纲量。在分析尿液或粪便中的放射性活度时，$m_{i,j}(t)$ 称为摄入排泄函数(intake excretion function)。

下面以 ^{131}I 为例说明根据生物动力学计算滞留函数的方法。在 ICRP 建议的涉及 ^{131}I 的生物动力学模型中含有 3 个隔室，分别代表：血液(记为隔室 1)、甲状腺(记为隔室 2)、其他身体器官(记为隔室 3)。各隔室之间的相互作用如图 10.4 所示。血液中的 ^{131}I 既可能进入甲状腺(约 30% 的比例)，也可能直接经过尿液排出体外(约 70% 的比例)。在甲状腺中，^{131}I 转变为有机碘的形式存在，其以一定的速率转移到其他身体器官中。在进入身体其他器官后，^{131}I 既可能重新进入血液中(约 80% 的比例)，也可能通过粪便直接排出体外。

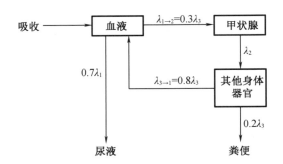

图 10.4　ICRP 建议的碘的生物动力学模型

由于此时仅考虑 ^{131}I 一种核素，因此在下面的讨论中省略了 $m_{i,j}$ 中表示放射性核素种类的脚标 i，仅保留表示隔室的脚标 j。根据图 10.4 所示关系，可得三个隔室中的 ^{131}I 活度随时间变化的方程为

$$\begin{cases} \dfrac{\mathrm{d}m_1(t)}{\mathrm{d}t} = -\lambda_1 m_1(t) + \lambda_{3\to 1} m_3(t) \\ \dfrac{\mathrm{d}m_2(t)}{\mathrm{d}t} = -\lambda_2 m_2(t) + \lambda_{1\to 2} m_1(t) \\ \dfrac{\mathrm{d}m_3(t)}{\mathrm{d}t} = -\lambda_3 m_3(t) + \lambda_{2\to 3} m_2(t) \end{cases} \quad (10.20)$$

其中,λ_i 为第 i 个隔室中的放射性核素向其他所有器官或组织廓清速率常数之和,即

$$\lambda_i = \sum_j \lambda_{i\to j} \quad (10.21)$$

方程组(10.20)的初值条件如下:

$$m_1(0) = 1$$
$$m_2(0) = m_3(0) = 0 \quad (10.22)$$

血液、甲状腺和身体其他器官之间的廓清速率常数见表 10.4。根据初值条件,容易得到式(10.20)的解(即摄入单位活度 ^{131}I 后 t 时间各隔室中 ^{131}I 的活度)为

$$m_1(t) = 1.00\mathrm{e}^{-2.77t} - 0.000\,841\mathrm{e}^{-0.060\,2t} + 0.000\,809\mathrm{e}^{-0.006\,32t}$$
$$m_2(t) = -0.301\mathrm{e}^{-2.77t} + 0.013\,6\mathrm{e}^{-0.060\,2t} + 0.287\mathrm{e}^{-0.006\,32t}$$
$$m_3(t) = 0.000\,961\mathrm{e}^{-2.77t} - 0.049\,4\mathrm{e}^{-0.060\,2t} + 0.048\,4\mathrm{e}^{-0.006\,32t} \quad (10.23)$$

表 10.4 ^{131}I 在各隔室中的廓清速率常数

途径	廓清速率常数/d^{-1}
λ_1	2.77
$\lambda_{1\to 2}$	0.832
λ_2	0.008 66
λ_3	0.057 8
$\lambda_{3\to 1}$	0.046 2

10.3 摄入量估算方法

在获得摄入滞留/排泄函数后,便可结合内照射测量结果得到摄入量的估算值。对于体外直接测量和排泄物分析,在明确摄入途径和摄入时间的情况下,通过个人监测的测量值 M(单位:Bq)即可直接估算摄入量 A_0(单位:Bq)。假设针对特定的核素、特定隔室进行讨论,则可略去摄入滞留/排泄函数 $m_{i,j}(t)$ 中表示隔室的脚标 j 和表示核素种类的脚标 i,将其记为 $m(t)$。摄入滞留/排泄函数 $m(t)$ 的含义是对应单位活度的摄入量,t 时刻隔室中核素的活度。$A_0 m(t)$ 就应当为摄入后 t 时刻器官(隔室)中的放射性核素活度。当只有一次测量值时,设摄入后 t 时刻测量结果为 M,显然有

$$A_0 = \dfrac{M}{m(t)} \quad (10.24)$$

当不知道摄入时间或摄入方式时,应当先确定摄入时间和摄入方式再进行评估。对于内照射常规个人监测,通常假定摄入发生在监测周期 T(单位:d)的中间时刻 $T/2$,此时摄入量的估算式为

$$A_0 = \frac{M}{m(T/2)} \quad (10.25)$$

实际中通常将参数 $m(t)$ 和 $m(T/2)$ 制作成表格以便查阅使用。

当有多次测量结果时,理论上应当有

$$M_i = A_0 m(t_i) \quad i=1,2,\cdots,n \quad (10.26)$$

其中,M_i 为摄入后 t_i 时刻的测量结果。但实际上由于测量结果的误差、生物动力学模型中参数的误差等因素的影响,一般来讲并不存在一个常数 A_0,使得式(10.26)对所有时间点的测量结果 M_i 都成立。但此时可以找到一个 A_0,使得下式取极小值:

$$S = \sum_{i=1}^{n} w_i [M_i - A_0 m(t_i)]^2 \quad (10.27)$$

其中,w_i 为第 i 次测量结果的权重。当 S 取最小值时有

$$\frac{dS}{dA_0} = -\sum_{i=1}^{n} 2 w_i m(t_i) [M_i - A_0 m(t_i)] = 0 \quad (10.28)$$

从而可得摄入量的估算值 A_0 为

$$A_0 = \frac{\sum_{i=1}^{n} w_i m(t_i) M_i}{\sum_{i=1}^{n} w_i [m(t_i)]^2} \quad (10.29)$$

当各时刻测量结果的权重相同时,有

$$A_0 = \frac{\sum_{i=1}^{n} m(t_i) M_i}{\sum_{i=1}^{n} [m(t_i)]^2} \quad (10.30)$$

仍以之前 ^{131}I 摄入问题为例,设摄入后各时刻测量结果的权重相同,具体数据见表10.5,则利用式(10.30)可得摄入量为 $A_0 = 9.198 \times 10^6$ Bq。

表10.5 各时刻甲状腺中 ^{131}I 的摄入滞留分数取值与测量值

时间/d	$R(t_i)$	x_i/MBq
0.5	0.0929	0.73
1	0.120	0.89
2	0.119	1.22
3	0.109	1.01
5	0.0902	1.04
7	0.0748	0.80
9	0.0620	0.49
10	0.0560	0.48
20	0.0220	0.25

10.4 内照射个人监测方法

对体内或排泄物中放射性核素的种类和活度,以及利用个人空气采样器(PAS)对吸入放射性核素的种类和活度进行的测量及其对结果的解释,称为内照射个人监测。通过内照射个人监测可以获得测量量 $M(t)$。根据监测目的,内照射个人监测可分为常规监测、任务相关监测和特殊监测。常规监测是按国家相关的法规和标准对未豁免的放射工作单位应开展的日常性规范化监测,其监测结果是判断放射工作是否符合国家法规和标准的依据。任务相关监测是为特定操作提供有关操作和管理方面的即时决策而进行的个人监测。特殊监测是为了说明某一特定问题,而在一个有限期内进行的个人监测。例如,在进行辐射源事故处理时,对事故应急处理人员进行的个人监测。伤口检测和医学应急监测都属于特殊监测。

内照射个人监测方法包括:(1)体外直接测量;(2)排泄物分析;(3)空气采样分析。其中排泄物分析与空气采样分析统称为间接测量。以上三种测量方法各有其优缺点,选择何种测量方法很大程度上取决于要测量的辐射的类型。从数据解释的准确度考虑,三种监测方法的选择顺序为体外直接测量、排泄物分析、空气采样分析。

体外直接测量是直接从体外对全身或器官中的放射性核素进行测量。体外直接测量要求被测量对象能够发射足够能量和数量的光子,这样光子才能够逃逸出人体并被外部探测器测得。许多 γ 放射性裂变产物和活化产物都满足这个要求。直接测量能够快速、方便地估算出体内或身体规定部位的内总放射性活度,其准确度一般优于间接测量。全身和单个器官的直接测量对生物动力学模型的依赖程度低于间接测量,但是它们存在较大的校准确定性问题,尤其是对于低能光子发射体。直接测量对于鉴别及定量确定可能已被吸入、食入或注入的混合物中的放射性核素是特别有用的。另外,直接测量可测定体内放射性分布,这有助于识别摄入的方式。

排泄物分析是对排泄物或其他生物样品中放射性核素的分析。不能发射高能光子的放射性核素(例如 ^{3}H、^{14}C、^{239}Pu)通常只能采用排泄物分析。但是有些 β 发射体,特别是那些能发射高强度、高能 β 射线的发射体(例如 ^{32}P 或 ^{90}Sr/^{90}Y),有时能对其产生的轫致辐射直接测量。但这种轫致辐射测量的探测灵敏度较差,通常不适用于常规监测。排泄物分析可测定放射性物质通过某一特定途径排出体外的速率,并且必须通过生物动力学模型将它同体内含量和摄入量关联起来。由于放射化学分析能探测出低水平放射性活度,所以排泄物分析通常能够灵敏地探测体内放射性活度。但是排泄物分析对摄入量的确定更加依赖于生物动力学模式,因此其误差一般要大于体外直接测量。

空气采样分析是对空气样品中放射性核素的分析。空气样品的测量是一种辅助手段,对测量结果的解释不太容易。因为其测量的是取样器所在地方的空气中的放射性核素浓度,而不一定是工作人员呼吸区空气中的放射性核素浓度。但是工作人员携带的 PAS 所收集到的样品浓度更接近于工作人员吸入空气中的放射性浓度。在利用空气浓度测量结果估算摄入量(主要是吸入)时,需要假定呼吸率和呼吸量,结合照射次数便可粗略估算摄入量。吸入微粒的颗粒大小会影响其在呼吸系统中的沉积,因此颗粒大小分布信息对于正确解释生物学检验结果及后续的剂量评估非常重要。在利用 PAS 监测数据进行内照射剂量估算时,应测定吸入微粒大小的分布。在没有关于粒子大小的专门资料的情况下,可假定 AMAD 为 5 μm。一般来说,能获得的针对具体现场和物质的信息越多,剂量评估可信度就越好。

空气采样分析通常采用 PAS 直接对内污染进行监测,并利用间接结果直接估算放射性核素吸入量。当监测结果是监测周期内的累积放射性活度时,则可直接视为摄入量。如果监测结果是核素空气浓度 $c_{j,\text{air}}$(单位:Bq/m³),则核素 j 摄入量的最佳估计值 $A_{j,0}$(单位:Bq)可用下式计算:

$$A_{j,0} = c_{j,\text{air}} BT \tag{10.31}$$

其中,B 为呼吸率(单位:m³/h),在无法获取实际值时,根据 ICRP 第 66 号出版物,对于职业照射可取 $B = 1.2$ m³/h;T 为一个监测周期内在工作场所停留的总有效时间(单位:h)。

10.5 内照射剂量估算实例

下面以一个具体实例说明利用式(10.15)估算内照射剂量的方法。设某工作人员在日常工作中受到 UF$_6$ 和 UO$_2$F$_2$ 的照射,其中铀的各同位素丰度与天然铀相同。在完成某任务后,对假定摄入后的第 1 天、第 3 天和第 5 天进行了尿样和粪样的采样,并进行了生物样品检测,测得 ^{238}U 的放射性活度 $M(t)$,见表 10.6。

表 10.6 尿样和粪样抽样结果

摄入后天数/d	尿样/(Bq/24 h)	粪样/(Bq/24 h)
1	360	140
3	12	90
5	10	12

估算这次内照射摄入量的首要问题是确定摄入的途径。由表 10.6 可以看到,在第 1 天摄入后,尿样的放射性测量结果比粪样高;在摄入后的第 5 天,尿样的放射性测量结果与粪样结果差别不大。这两种情况都与食入途径的情况不符,因此可认为该工作人员接受的是 ^{238}U 的 F 类吸入途径的内照射。

ICRP 第 78 号出版物给出了摄入不同核素后排泄物相应时间排泄函数 $m(t)$ 值。将排泄函数 $m(t)$ 和活度监测量 $M(t)$ 具体值代入式(10.24)即可得到摄入量的估算值。相关结果见表 10.7。由于尿样结果更为可靠,因此取表 10.8 中三次尿样检测结果估算摄入量,利用式(10.30)可得摄入量 $A_0 \approx 2\ 000$ Bq。

表 10.7　吸入 ^{234}U、^{235}U、^{238}U 的滞留排泄函数值（单位：Bq/Bq）

吸收类型	F		M		S	
t/d	尿样	肺部	尿样	肺部	尿样	粪样
1	1.80×10^{-1}	5.80×10^{-2}	2.30×10^{-2}	6.40×10^{-2}	7.0×10^{-4}	1.10×10^{-1}
2	6.40×10^{-3}	5.60×10^{-2}	1.10×10^{-3}	6.30×10^{-2}	4.4×10^{-5}	1.60×10^{-1}
3	5.10×10^{-3}	5.50×10^{-2}	5.50×10^{-4}	6.20×10^{-2}	2.6×10^{-5}	8.40×10^{-2}
4	4.60×10^{-3}	5.40×10^{-2}	7.90×10^{-4}	6.10×10^{-2}	2.4×10^{-5}	3.50×10^{-2}
5	4.20×10^{-3}	5.30×10^{-2}	7.30×10^{-4}	6.10×10^{-2}	2.2×10^{-5}	1.40×10^{-2}
6	3.80×10^{-3}	5.30×10^{-2}	6.90×10^{-4}	6.00×10^{-2}	2.0×10^{-5}	5.70×10^{-3}
7	3.50×10^{-3}	5.20×10^{-2}	6.50×10^{-4}	6.00×10^{-2}	1.9×10^{-5}	2.50×10^{-3}
8	3.20×10^{-3}	5.10×10^{-2}	6.10×10^{-4}	5.90×10^{-2}	1.8×10^{-5}	1.30×10^{-3}
9	2.90×10^{-3}	5.00×10^{-2}	5.70×10^{-4}	5.80×10^{-2}	1.7×10^{-5}	8.20×10^{-4}
10	2.70×10^{-3}	5.00×10^{-2}	5.40×10^{-4}	5.80×10^{-2}	1.6×10^{-5}	6.50×10^{-4}

表 10.8　摄入后的尿样和粪样测量结果分析

摄入后天数/d	样品	活度/(Bq/24 h)	$m(t)$/(Bq/Bq)	摄入量估算值/Bq
1	尿样	360	1.8×10^{-1}	2 000
1	粪样	140	5.6×10^{-2}	2 500
3	尿样	12	5.1×10^{-3}	2 353
3	粪样	90	3.9×10^{-2}	2 308
5	尿样	10	4.2×10^{-3}	2 381
5	粪样	12	6.2×10^{-3}	1 935

ICRP 第 72 号出版物给出了主要核素在不同摄入途径下的剂量系数表格，^{238}U 对应的相关数据见表 10.9。查表可得 ^{238}U 在 AMAD = 5 μm、F 类吸入照射时的剂量系数为 $e_{238}(\tau) = 5.8\times10^{-7}$ Sv/Bq。利用式（10.15）可得该工作人员受到 ^{238}U 内照射的有效剂量为

$$E_{238}(50) = 2\,000\times5.8\times10^{-7} \approx 1.16 \text{ mSv} \tag{10.32}$$

天然铀中 ^{234}U、^{235}U 和 ^{238}U 的放射性活度比值为

$$A_{234} : A_{235} : A_{238} = \frac{\varepsilon_{234}}{T_{1/2,234}} : \frac{\varepsilon_{235}}{T_{1/2,235}} : \frac{\varepsilon_{238}}{T_{1/2,238}} \approx 1.00829 : 0.04604 : 1 \tag{10.33}$$

查表可得对于 ^{234}U 和 ^{235}U，在 AMAD = 5 μm、F 类吸入时的剂量系数分别为 $e_{234}(\tau) = 6.4\times10^{-7}$ Sv/Bq 和 $e_{235}(\tau) = 6.0\times10^{-7}$ Sv/Bq，从而可得该工作人员吸入天然铀受到的内照射剂量为

$$E(50) = 1.00829\times2\,000\times6.4\times10^{-7} + 0.04604\times2\,000\times6.0\times10^{-7} + 2\,000\times5.8\times10^{-7}$$
$$= 2.51 \text{ mSv} \tag{10.34}$$

表 10.9 ^{238}U 的吸入有效剂量因子(单位:Sv/Bq)

照射时间/a	1	5	10	15	成年人年限
F	1.30×10^{-6}	8.20×10^{-7}	7.30×10^{-7}	7.40×10^{-7}	5.00×10^{-7}
M	9.40×10^{-6}	5.90×10^{-6}	4.00×10^{-6}	3.40×10^{-6}	2.90×10^{-6}
S	2.50×10^{-5}	1.60×10^{-5}	1.00×10^{-5}	8.70×10^{-5}	8.00×10^{-6}

习 题

1. 相对于外照射,内照射的特殊性在什么地方?
2. 放射性进入人体的主要途径有哪些?
3. 摄入滞留函数和摄入排泄函数的含义是什么?
4. 什么是内照射个人监测?内照射个人监测可以分为哪几种情况?
5. 内照射个人监测常用方法有哪些?它们各有哪些优缺点?
6. 实际中如何由内照射个人监测结果评估内照射摄入量?

参 考 文 献

[1] 夏益华,陈凌. 高等电离辐射防护教程[M]. 哈尔滨:哈尔滨工程大学出版社,2010.

[2] SHAHEEN A D, NOLAN E H. Advanced radiation protection dosimetry [M]. Boca Raton:CRC Press, 2019.

[3] MARTIN A,HARBISON S,BEACH K,et al. An introduction to radiation protection[M]. 7th ed. Boca Raton:CRC Press, 2019

[4] 刘庆芬,刘强,武权,等.《放射性核素摄入量及内照射剂量估算规范》编制说明[J]. 中国辐射卫生,2011(20):49-51.